画法几何及机械制图学习指导

曾 红 姚继权 主编

北京理工大学出版社
BEIJING INSTITUTE OF TECHNOLOGY PRESS

内 容 简 介

本书为画法几何及机械制图配套使用的习题集，为了便于学生学习，书中对每章学习的内容、题目的类型进行了归纳和总结，并配合典型题例的解题示例对解题的方法和思路进行了详细的解答。全书共分11章，主要包括制图的基本知识与技能、点和直线、平面、投影变换、立体及其表面交线、组合体视图、机件常用的表达方法、轴测投影图、零件图、标准件与常用件、装配图。本书配置了多媒体学习光盘，光盘的内容为本书中各章习题的三维电子实体模型，有助于学习者了解模型的结构，克服解题过程中空间想象的困难。

本书可供本科高等工业院校机械类及近机类专业的学生学习画法几何及机械制图课程时配合教材使用。

版权专有　侵权必究

图书在版编目（CIP）数据

画法几何及机械制图学习指导／曾红，姚继权主编 . —北京：北京理工大学出版社，2020.8 重印
ISBN 978 – 7 – 5640 – 8704 – 3

Ⅰ. ①画… Ⅱ. ①曾… ②姚… Ⅲ. ①画法几何 – 高等学校 – 教学参考资料 ②机械制图 – 高等学校 – 教学参考资料 Ⅳ. ①TH126

中国版本图书馆 CIP 数据核字（2014）第 174843 号

出版发行／北京理工大学出版社有限责任公司
社　　址／北京市海淀区中关村南大街5号
邮　　编／100081
电　　话／（010）68914775（总编室）
　　　　　82562903（教材售后服务热线）
　　　　　68948351（其他图书服务热线）
网　　址／http：//www.bitpress.com.cn
经　　销／全国各地新华书店
印　　刷／唐山富达印务有限公司
开　　本／787毫米×1092毫米　1/16
印　　张／13
字　　数／257千字
版　　次／2020年8月第1版　第5次印刷
定　　价／35.00元

责任编辑／陈莉华
文案编辑／陈莉华
责任校对／周瑞红
责任印制／李志强

图书出现印装质量问题，请拨打售后服务热线，本社负责调换

编委会名单

主 任 委 员：毛　君　何卫东　苏东海

副主任委员：于晓光　单　鹏　曾　红　黄树涛　舒启林　回　丽　王学俊
　　　　　　付广艳　刘　峰　张　珂

委　　　员：肖　阳　刘树伟　魏永合　董浩存　赵立杰　张　强

秘 书 长：毛　君

副 秘 书 长：回　丽　舒启林　张　强

机械设计与制造专业方向分委会主任：毛　君

机械电子工程专业方向分委会主任：于晓光

车辆工程专业方向分委会主任：单　鹏

编写说明

根据教育部教高〔2011〕5号"关于"十二五"普通高等教育本科教材建设的若干意见"文件和"卓越工程师教育培养计划"的精神要求，为全面推进高等教育理工科院校"质量工程"的实施，将教学改革的成果和教学实践的积累体现到教材建设和教学资源统合的实际工作中去，以满足不断深化的教学改革的需要，更好地为学校教学改革、人才培养与课程建设服务，确保高质量教材进课堂。为此，由辽宁工程技术大学机械工程学院、沈阳工业大学机械工程学院、大连交通大学机械工程学院、大连工业大学机械工程与自动化学院、辽宁科技大学机械工程与自动化学院、辽宁工业大学机械工程与自动化学院、辽宁工业大学汽车与交通工程学院、辽宁石油化工大学机械工程学院、沈阳航空航天大学机电工程学院、沈阳化工大学机械工程学院、沈阳理工大学机械工程学院、沈阳理工大学汽车与交通学院、沈阳建筑大学交通与机械工程学院等辽宁省11所理工科院校机械工程学科教学单位组建的专委会和编委会组织主导，经北京理工大学出版社、辽宁省11所理工科院校机械工程学科专委会各位专家近两年的精心组织、工作准备和调研沟通，以创新、合作、融合、共赢、整合跨院校优质资源的工作方式，结合辽宁省11所理工科院校对机械工程学科和课程教学理念、学科建设和体系搭建等研究建设成果，按照当今最新的教材理念和立体化教材开发技术，本着"整体规划、制作精品、分步实施、落实到位"的原则确定编写机械设计与制造、机械电子工程及车辆工程等机械工程学科课程体系教材。

本套丛书力求结构严谨、逻辑清晰、叙述详细、通俗易懂。全书有较多的例题，便于自学，同时注意尽量多给出一些应用实例。

本书可供高等院校理工科类各专业的学生使用，也可供广大教师、工程技术人员参考。

辽宁省11所理工科院校机械工程学科建设及教材编写专委会和编委会
2013年6月6日

前 言

"画法几何及机械制图"是一门实践性很强的技术基础课,在学习过程中须通过大量的作业练习,才能掌握其基本理论、基本知识、基本技能,提高空间的想象力和创造力。根据作者多年的教学实践,不少学生在学习本课程时存在"课堂听得懂,教材能看懂,独立做题难"的情况,为了解决学生这一难题,使之尽快掌握空间思维和几何表达技能,作者总结多年的教学经验编写本书,旨在帮助学生克服学习此类课程的困难,开拓解题的思路,提高解题的能力。

全书共分 11 章,每章由内容概要、类型题归纳、典型题例的解题示例和练习题四部分组成。内容概要是对本章的基本概念、基本理论和基本方法进行了归纳总结,以便学生掌握课程内容的重点、难点;类型题归纳是对学习和考试中涉及的类型题进行归纳分类;典型题例的解题方法及示例是通过典型题例,介绍解题或画图的分析方法、作图步骤及注意事项,给学生解题进行引导;最后给定练习题目,让学生自主练习。

本书配置了多媒体学习光盘,光盘的内容为本书中各章习题的三维电子实体模型,这些模型可以实现不同角度的浏览、视图的切换、任意面的动态剖切以及装配件的爆炸视图、装配等功能,有助于学习者了解模型的结构,建立三维与二维图形之间空间转换的关系,帮助学生克服解题过程中空间想象的困难。

参加本书编写工作的有:刘佳(第 1 章、第 4 章、第 5 章),胡亚彬(第 2 章),晋伶俐(第 3 章、第 10 章),贺奇(第 6 章),张玉成(第 7 章),于晓丹(第 8 章),姚继权(第 9 章),曾红(第 11 章);全书由曾红、姚继权担任主编,多媒体光盘由曾红、刘淑芬、周孟德等设计制作。

胡建生老师在本书的编写过程中提供了大量的帮助,在此表示感谢!

书中所有长度尺寸单位皆为 mm,后文不再标注。作为教学改革的尝试,一定会有某些不足之处,编者殷切希望广大读者对书中不妥之处提出批评和改进意见。

编 者

目　　录

第1章　制图的基本知识与技能 ………………………………………………………………… 1
　　一、习题 …………………………………………………………………………………………… 1
第2章　点和直线 ………………………………………………………………………………… 10
　　一、内容概要 ……………………………………………………………………………………… 10
　　二、题目类型 ……………………………………………………………………………………… 10
　　三、示例及解题方法 ……………………………………………………………………………… 11
　　四、习题 …………………………………………………………………………………………… 17
第3章　平面 ……………………………………………………………………………………… 26
　　一、内容概要 ……………………………………………………………………………………… 26
　　二、题目类型 ……………………………………………………………………………………… 26
　　三、示例及解题方法 ……………………………………………………………………………… 27
　　四、习题 …………………………………………………………………………………………… 31
第4章　投影变换 ………………………………………………………………………………… 38
　　一、内容概要 ……………………………………………………………………………………… 38
　　二、题目类型 ……………………………………………………………………………………… 38
　　三、示例及解题方法 ……………………………………………………………………………… 39
　　四、习题 …………………………………………………………………………………………… 42

第5章 立体及其表面交线 ··· 49
  一、内容概要 ··· 49
  二、题目类型 ··· 49
  三、示例及解题方法 ··· 50
  四、习题 ··· 55

第6章 组合体视图 ··· 69
  一、内容概要 ··· 69
  二、题目类型 ··· 69
  三、示例及解题方法 ··· 70
  四、习题 ··· 74

第7章 机件常用的表达方法 ··· 107
  一、内容概要 ··· 107
  二、题目类型 ··· 107
  三、示例及解题方法 ··· 108
  四、习题 ··· 115

第8章 轴测投影图 ··· 143
  一、内容概要 ··· 143
  二、题目类型 ··· 143
  三、示例及解题方法 ··· 144
  四、习题 ··· 150

第9章 零件图 ··· 160
  一、内容概要 ··· 160
  二、题目类型 ··· 160

三、示例及解题方法 …………………………………………………………………… 161
　　四、习题 …………………………………………………………………………………… 164
第 10 章　标准件与常用件 ……………………………………………………………… 169
　　一、内容概要 ……………………………………………………………………………… 169
　　二、题目类型 ……………………………………………………………………………… 169
　　三、示例及解题方法 …………………………………………………………………… 170
　　四、习题 …………………………………………………………………………………… 173
第 11 章　装配图 ……………………………………………………………………………… 183
　　一、内容概要 ……………………………………………………………………………… 183
　　二、题目类型 ……………………………………………………………………………… 183
　　三、示例及解题方法 …………………………………………………………………… 184
　　四、习题 …………………………………………………………………………………… 186

第1章　制图的基本知识与技能

一、习题1-1　字体

机械工程制图标准大学院校系专业班级标题栏正

投影主俯仰斜视向前后左右半剖面其余调质倒棱

比例材料零件序号基本知识密封热处理锐边润滑

螺栓螺母螺柱螺钉垫圈平键销齿轮滚动轴承端盖壳体端盖蜗轮杆

零部件测绘装配钻孔硬度铸铁钢板辽宁工业大学扳手底座减速器

专业：　　　　　　班级：　　　　　　姓名：　　　　　　学号：

习题 1-2　字体

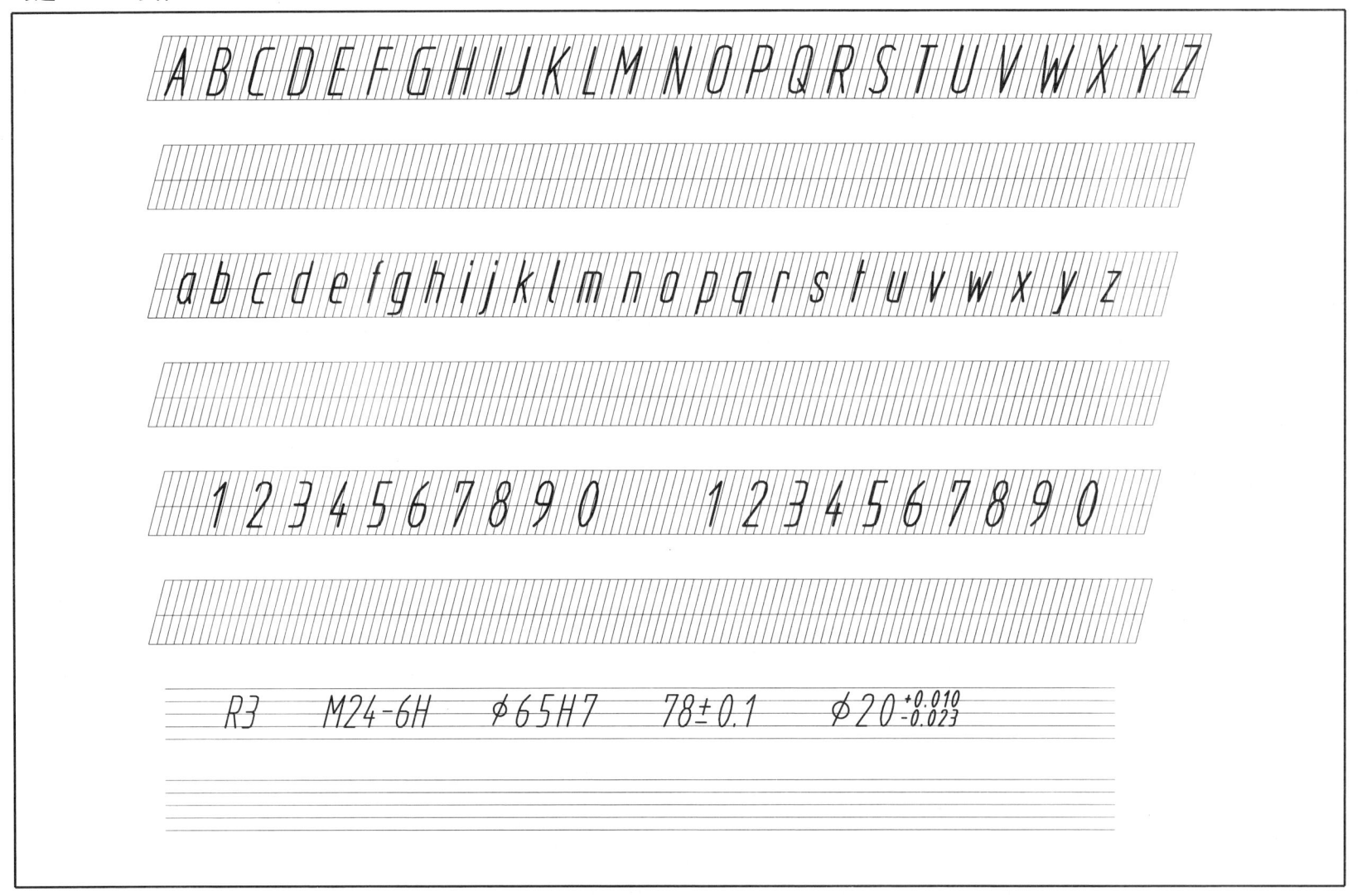

ABCDEFGHIJKLMNOPQRSTUVWXYZ

abcdefghijklmnopqrstuvwxyz

1234567890　1234567890

R3　M24-6H　φ65H7　78±0.1　φ20 $^{+0.010}_{-0.023}$

专业：　　　班级：　　　姓名：　　　学号：

习题 1-3 图线

1. 在指定位置，画出并补全各种图线和图形。

专业：   班级：   姓名：   学号：

习题 1-4　比例、圆内接正多边形

1. 参照下列图形，按照 1:2、2:1 的比例在指定位置画出图形（不注尺寸）。

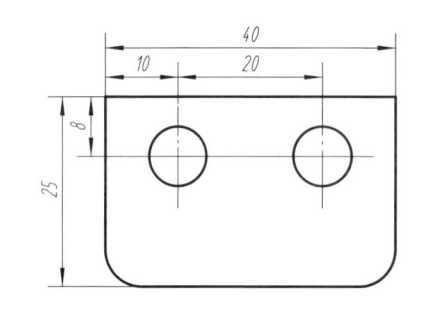

1:2　　　　　　　　　　　　2:1

2. 用作图法作圆的内接正五边形和正六边形。

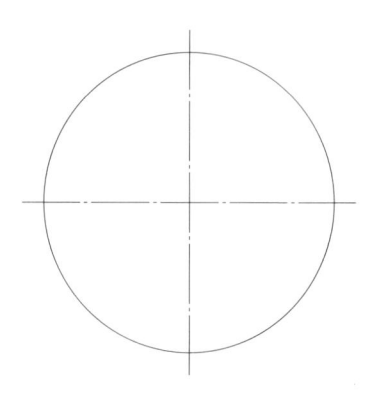

专业：　　　　　　　　班级：　　　　　　　　姓名：　　　　　　　　学号：

习题 1−5　几何作图

1. 在指定位置，用四心近似圆弧法画椭圆。

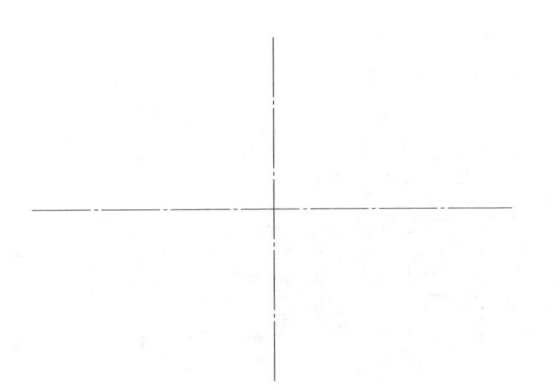

2. 参照下列图形，在指定位置按照 1∶1 比例画出图形，并标注尺寸。

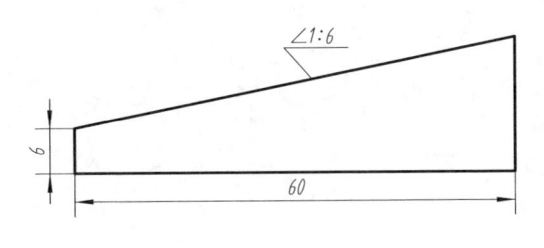

专业：　　　　　　　班级：　　　　　　　姓名：　　　　　　　学号：

习题 1-6　几何作图

1. 参照下列图形，按照 1:1 的比例在指定位置画出图形，并标注尺寸。

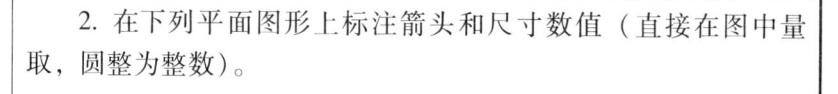

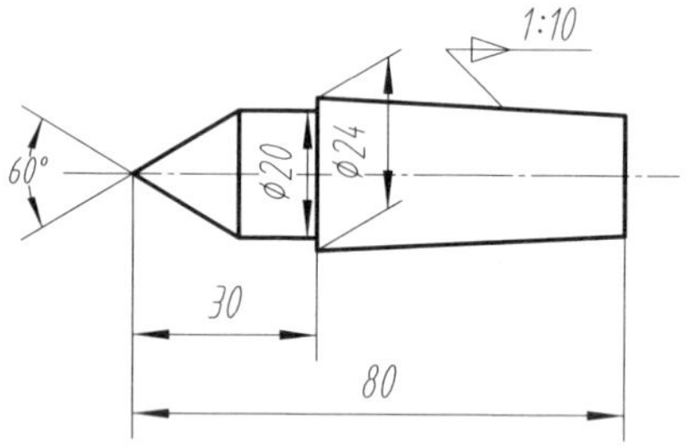

2. 在下列平面图形上标注箭头和尺寸数值（直接在图中量取，圆整为整数）。

（1）

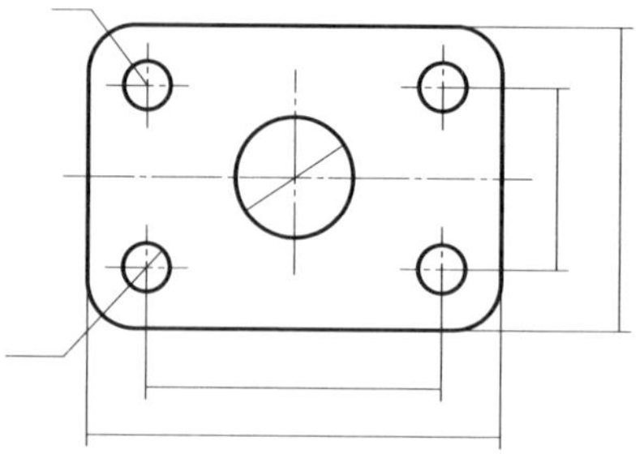

（2）

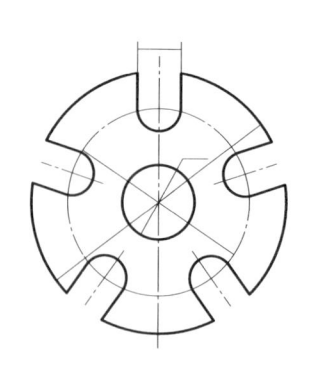

专业：　　　　　　　班级：　　　　　　　姓名：　　　　　　　学号：

习题 1-7　尺寸标注

1. 标注下列平面图形的尺寸（直接在图中量取，圆整为整数）。

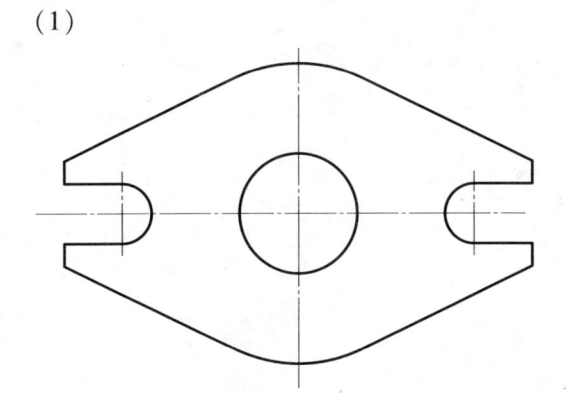

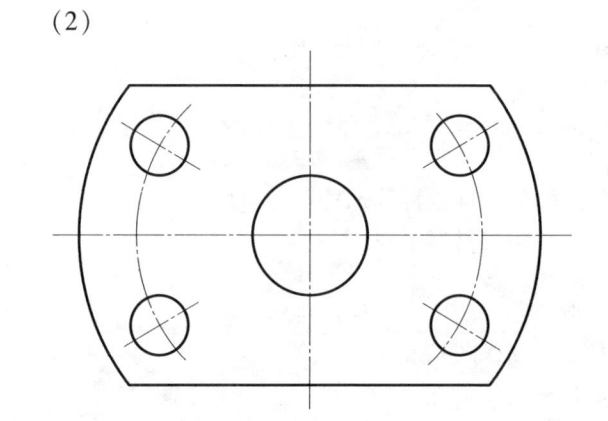

（1）

（2）

专业：　　　　　班级：　　　　　姓名：　　　　　学号：

习题 1-8　几何作图

几何作图

一、作业目的

1. 掌握尺规作图的基本方法，提高绘图技能。
2. 熟悉国标中对尺寸标注的相关规定。

二、内容和要求

1. 在 A3 图纸上按照 1∶1 的比例画出下列平面图形，图名为几何作图。
2. 图形的尺寸正确，线型粗细分明、光滑匀称，字体工整，图面整洁，布局合理。
3. 图纸幅面、标题栏等均按照规定尺寸。
4. 所有字体均打格书写。

三、作图步骤

1. 对平面图形的尺寸和线段进行分析。
2. 布图，画作图基准线。
3. 画底稿（底稿线要细而轻），先画已知线段、中间线段，最后画连接线段。
4. 检查底稿，修正错误，擦掉多余图线。
5. 依次描深图线；标注尺寸；填写标题栏。

四、注意事项

1. 分清已知线段、中间线段和连接线段。定形尺寸和定位尺寸齐全的线段为已知线段；只有定形尺寸和一个方向的定位尺寸，另一个方向的定位尺寸须根据几何作图的方法画出的线段为中间线段；只有定形尺寸而无定位尺寸，定位尺寸要根据与其相邻的两个线段的连接关系才能画出的线段为连接线段。
2. 图形布置要匀称，留出标注尺寸的位置。先依据图纸幅面、绘图比例和平面图形的总体尺寸大致布图，再画出作图基准线，确定每个图形的具体位置。

五、图例

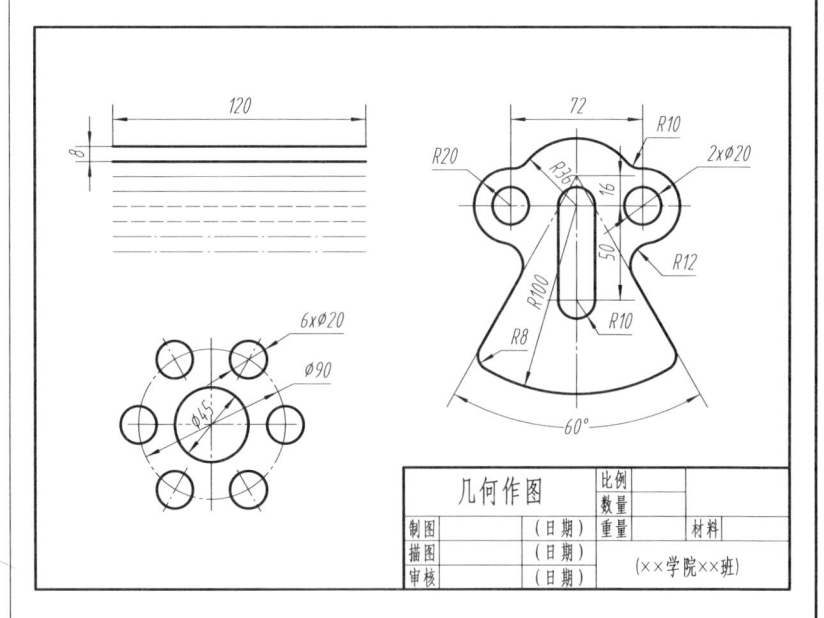

专业：　　　　　班级：　　　　　姓名：　　　　　学号：

习题 1-9　几何作图

几何作图

一、作业目的
1. 掌握尺规作图的基本方法，提高绘图技能。
2. 熟悉国标中对尺寸标注的相关规定。

二、内容和要求
1. 在 A3 图纸上按照 1∶1 画出下列平面图形，图名为几何作图。
2. 图形的尺寸正确，线型粗细分明、光滑匀称，字体工整，图面整洁，布局合理。
3. 图纸幅面、标题栏等均按照规定尺寸。
4. 所有字体均打格书写。

三、作图步骤
1. 对平面图形的尺寸和线段进行分析。
2. 布图，画作图基准线。
3. 画底稿（底稿线要细而轻），先画已知线段、中间线段，最后画连接线段。
4. 检查底稿，修正错误，擦掉多余图线。
5. 依次描深图线；标注尺寸；填写标题栏。

四、注意事项
1. 分清已知线段、中间线段和连接线段。定形尺寸和定位尺寸齐全的线段为已知线段；只有定形尺寸和一个方向的定位尺寸，另一个方向的定位尺寸须根据几何作图的方法画出的线段为中间线段；只有定形尺寸而无定位尺寸，定位尺寸要根据与其相邻的两个线段的连接关系才能画出的线段为连接线段。
2. 图形布置要匀称，留出标注尺寸的位置。先依据图纸幅面、绘图比例和平面图形的总体尺寸大致布图，再画出作图基准线，确定每个图形的具体位置。

五、图例

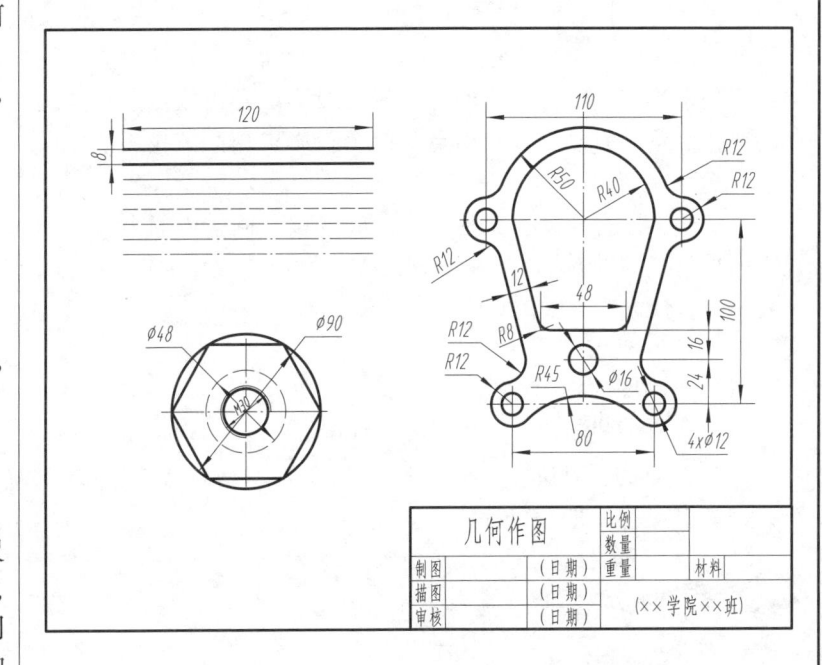

第 2 章 点 和 直 线

一、内容概要

1. 目的要求。

三视图的形成及规律是组合体的画图、读图的前提，点和直线是构成立体的重要几何元素，这些都是学习本门课程的基础和入门。可从三面投影体系的建立开始，要求学生能够熟练掌握点、直线的投影规律，由易而难，应注意点的空间位置与其投影之间的对应关系，着重掌握由空间点绘制其投影图和由投影图想象出点的空间位置的方法，以及由点的两个投影求作第三投影的作图要领。

在各种位置直线的投影特性中，应着重掌握投影面平行线和投影面垂直线的投影特性，为加深理解，可用铅笔作为空间直线，反复练习，建立起直线的空间概念。

2. 重点、难点。

（1）三视图的投影规律。
（2）点在三投影面体系中的投影规律。
（3）两点的相对位置。
（4）各类直线的投影特性。
（5）点、直线与直线的相对位置。

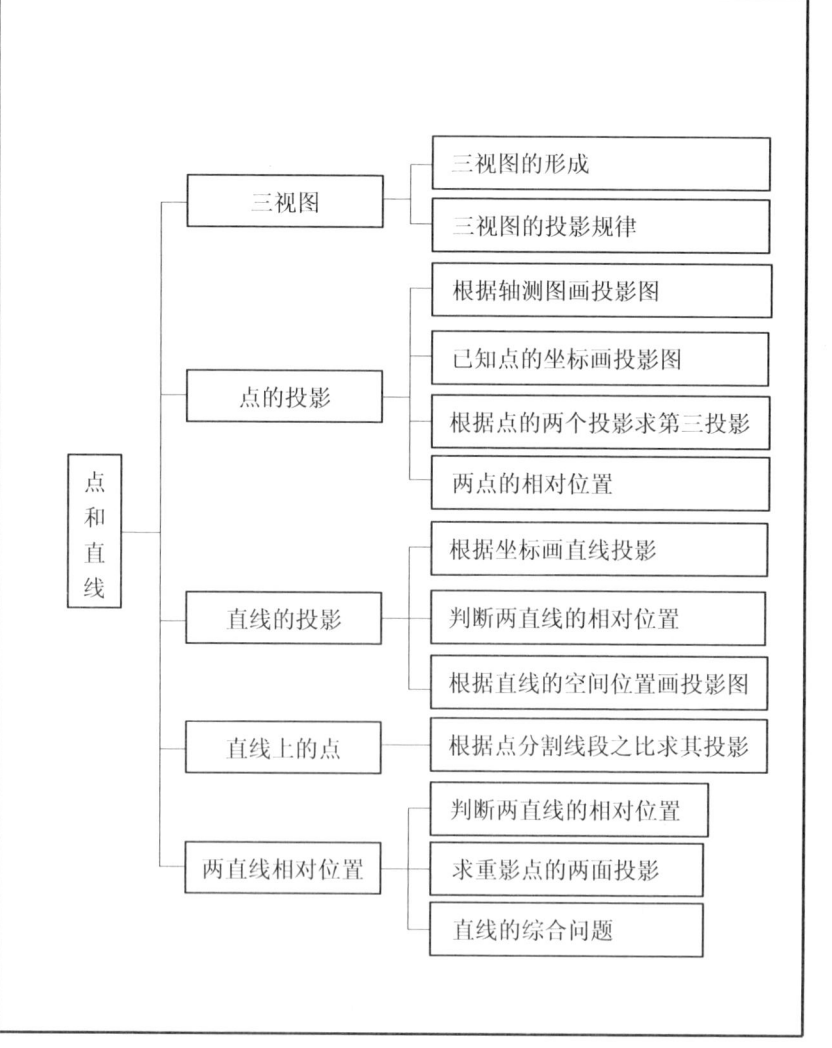

二、题目类型

点和直线
- 三视图
  - 三视图的形成
  - 三视图的投影规律
- 点的投影
  - 根据轴测图画投影图
  - 已知点的坐标画投影图
  - 根据点的两个投影求第三投影
  - 两点的相对位置
- 直线的投影
  - 根据坐标画直线投影
  - 判断两直线的相对位置
  - 根据直线的空间位置画投影图
- 直线上的点
  - 根据点分割线段之比求其投影
- 两直线相对位置
  - 判断两直线的相对位置
  - 求重影点的两面投影
  - 直线的综合问题

三、示例及解题方法　例 2–1　三视图示例

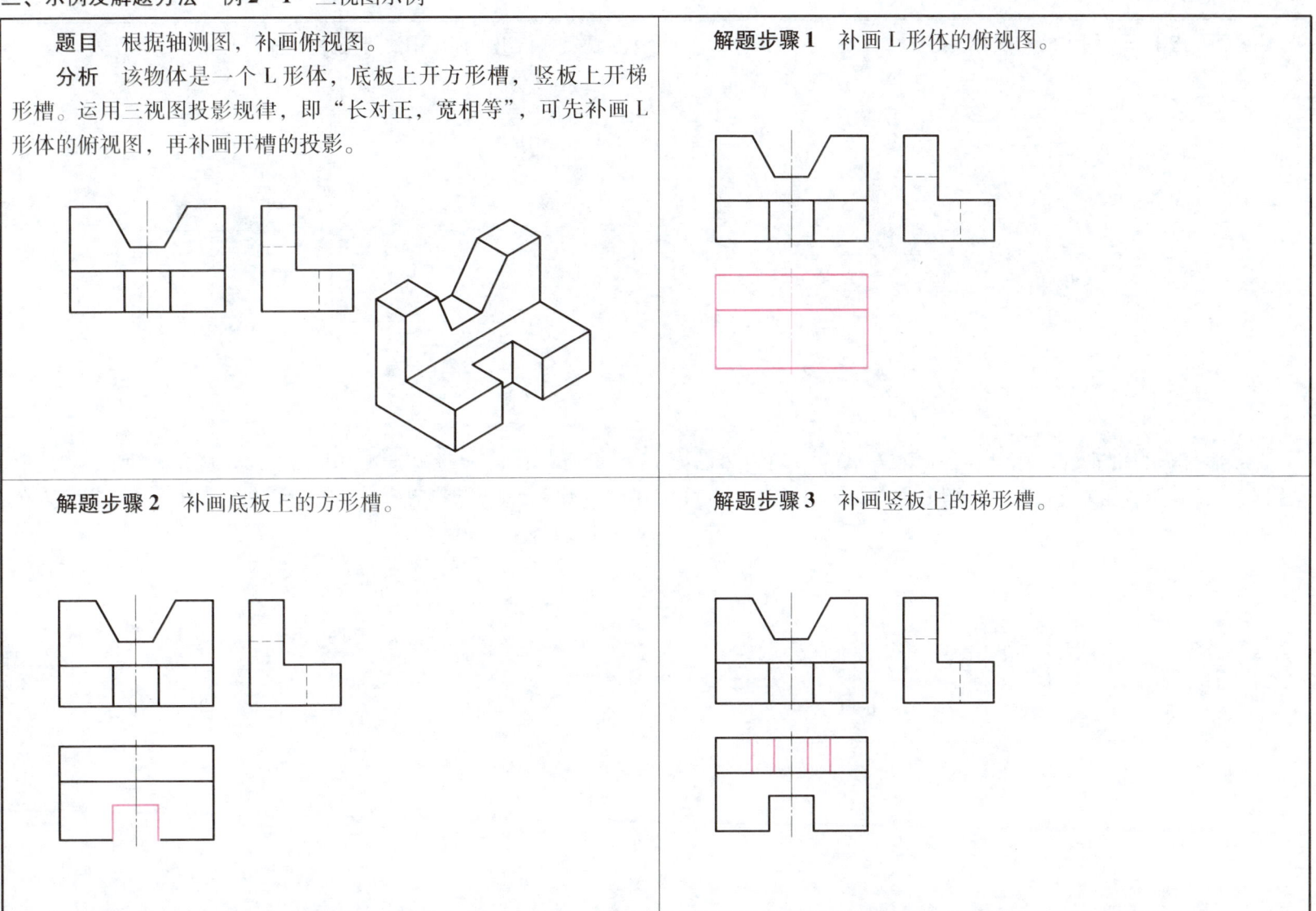

题目　根据轴测图，补画俯视图。

分析　该物体是一个 L 形体，底板上开方形槽，竖板上开梯形槽。运用三视图投影规律，即"长对正，宽相等"，可先补画 L 形体的俯视图，再补画开槽的投影。

解题步骤 1　补画 L 形体的俯视图。

解题步骤 2　补画底板上的方形槽。

解题步骤 3　补画竖板上的梯形槽。

例 2−2　根据点的两个投影求第三投影示例

题目　指出下面图中的错误并改正。

题目　指出下面图中的错误并改正。

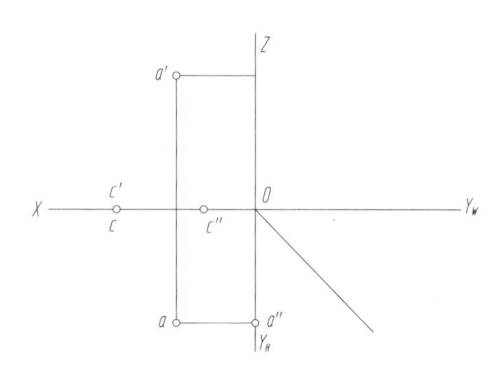

分析　由 a'、a 的 X、Y、Z 坐标均不为 0，得点 A 在空间位置上，因此 a'' 不应在轴上；由 c、c' 得 C 点在 X 轴上，因此 c'' 应在原点处。

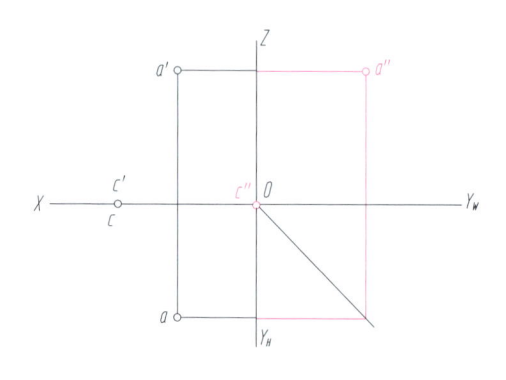

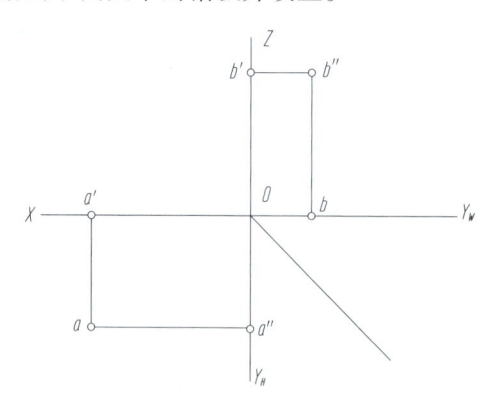

分析　由 a、a' 可知点 A 在 H 面上，a'' 应在 Y 轴上，但题中 a'、a'' 不符合点的投影规律，a'' 应在 Y_W 轴上；由 b'、b'' 得 B 点在 W 面上，b 应在 Y_H 轴上。

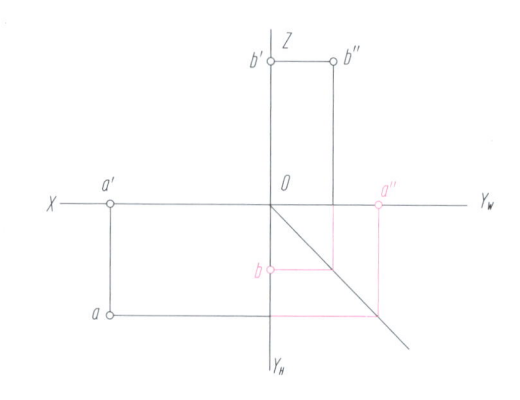

例 2-3　两点的相对位置示例

题目　已知点 B 距点 A 为 15，点 C 与点 A 是对 V 面的重影点，点 D 在点 A 的正下方 15，求各点的三面投影。

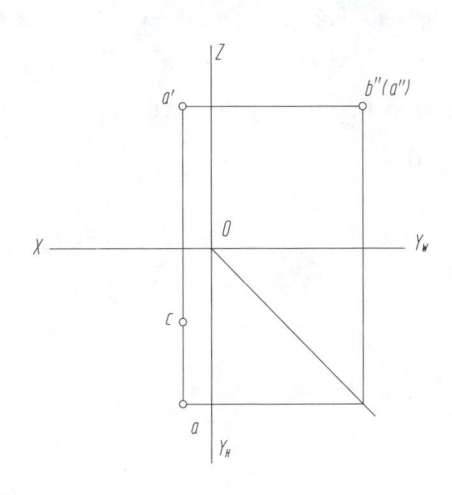

作图步骤

（1）过 a' 向左作投影连线在相距 15 处确定 b'，过 b' 向下作垂直线，与从 a 向左作的投影连线延长并相交，确定该点为 b。

（2）在 a' 处确定 c' 为不可见，根据点的投影规律求 c''。

（3）在 a' 下方沿投影连线另取 15，确定 d'，在水平投影 a 处确定 d 为不可见（d），二补三求 d''。

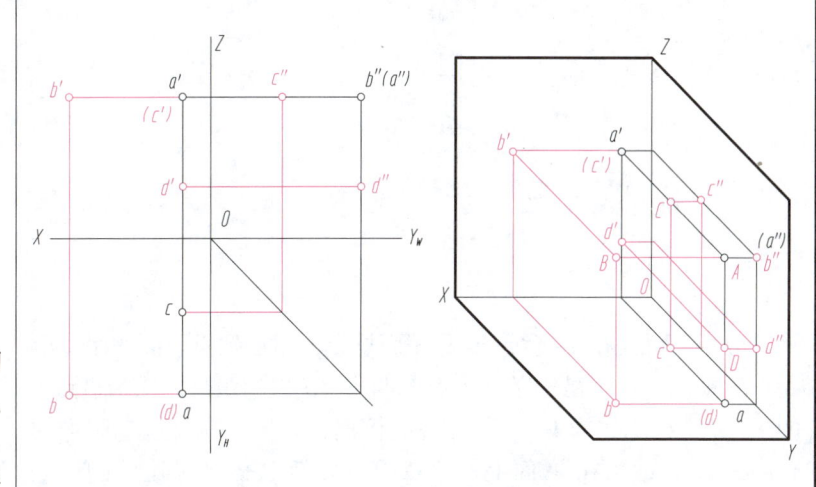

分析

（1）侧面投影 a''、b'' 重合为一点，A、B 两点在垂直于侧面的同一投影线上，且距点 A 为 15，又因 a'' 不可见，故可知 B 在左、A 在右。

（2）因点 C 与点 A 是对 V 面的重影点，a、c 在同一投影线上，故正面投影 c'、a' 重合，又因 a 在前、c 在后，故 a' 可见，c' 不可见。

（3）点 D 在点 A 的正下方 15，即 A、D 两点为对水平投影面的重影点，且因 A 在上、D 在下，故 a 可见，d 不可见。

例 2-4 直线上点的投影示例

题目 在直线 CD 上求一点 K，使点 K 与 V、H 面的距离之比为 1:2。

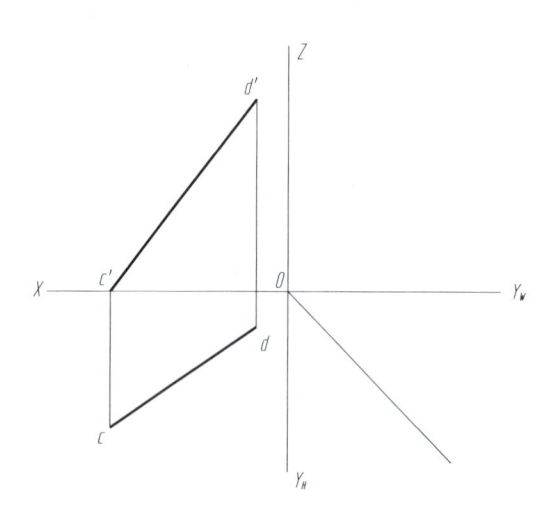

分析 可先作出直线 CD 的侧面投影，因点到投影面的距离反映点的坐标，可由已知条件中点 K 与 V、H 面的距离之比知道点 K 的 Y、Z 坐标之比为 1:2，因为只有侧面投影能同时反应空间点的 Y、Z 坐标，故可在 W 面上过原点 O 作出反映该坐标比例的一条射线与 CD 的侧面投影相交，交点即是点 K 的侧面投影，最后根据直线上点的从属性作出点 K 的另两面投影。

作图步骤
(1) 根据图中的 cd、c'd' 作出 c"d"。
(2) 在 Y_W 轴上作一个等量单位得到点 1，在 Z 轴上作出两个等量单位得到点 2，过该两点分别作出 Y_W、Z 轴的平行线并得到一交点 3，过原点 O 和交点 3 作出一条射线与 c"d" 相交，即为 k"。
(3) 根据 k" 作出 k、k'。

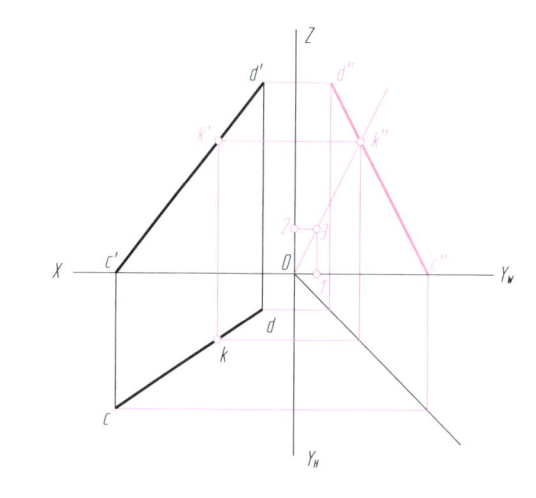

例 2-5 直线的综合问题示例

题目 线段 CM 是等腰 △ABC 的高，点 A 在 H 面上，点 B 在 V 面上，作出 △ABC 的投影。

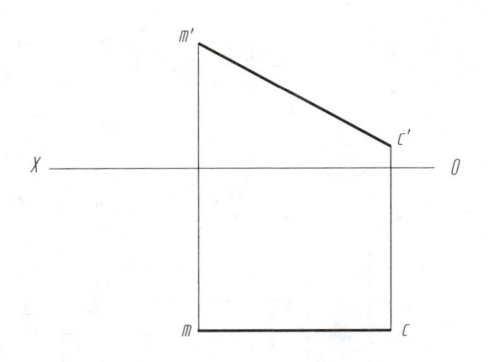

分析 作 △ABC，以 AB 为底边，过中点 M 作 AB 的中垂线。根据直角投影定理，AB 垂直 CM，且 CM 为正平线，故正面投影反映直角。又因点 A 在 H 面上，点 B 在 V 面上，故 a′、b 均在 X 轴上。

作图步骤
(1) 过 m′ 作 c′m′ 的垂线，延长并交在 X 轴上得 a′。
(2) 取 b′m′ = a′m′ 得 b′。
(3) 过 b′ 作投影连线垂直于 X 轴并交 X 轴得 b。
(4) 过 bm 连线并延长，再过 a′ 向下作投影连线与 bm 延长线交于 a，最后连线得 △ABC 的投影。

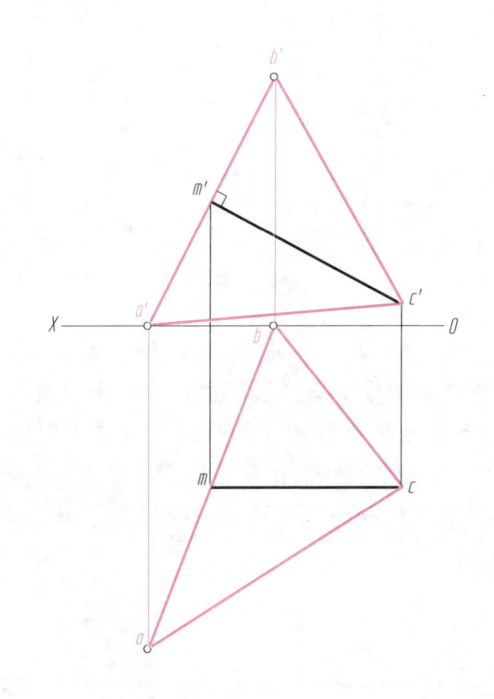

例 2-6　两直线相对位置示例

题目　作任意一直线与已知 AB、CD、EF 三直线相交。

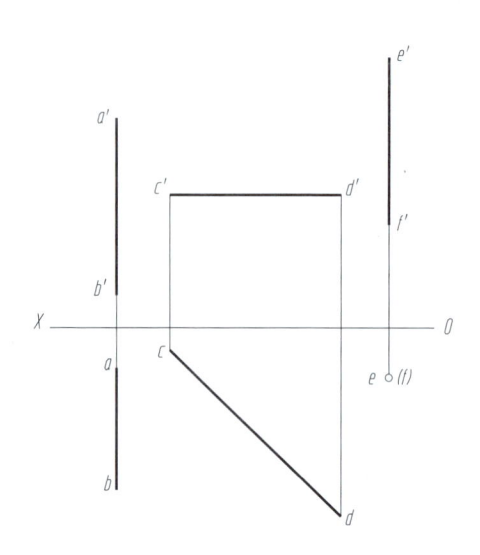

分析　三直线中 EF 为铅垂线，其 H 面投影积聚为一点，与 EF 相交的直线其水平投影必经过此点，故所求直线的水平投影是过 ef 与 AB、CD 的水平投影相交的直线，只要求出该线与 ab、cd 的交点，连线即为所求直线的正面投影。所作直线与 CD 的交点可以直接求出，与 AB 的交点则需用定比分割的方法求得。

作图步骤
（1）过 ef 重影点任意引一条直线与 ab、cd 交于 m、n。
（2）用点分割线段成定比的方法求出 m'。
（3）利用点在直线上的投影求 n'。
（4）求 p'，连 m'n' 并延长至 e'f' 相交于 p'；则 mnp、m'n'p' 即为所求。

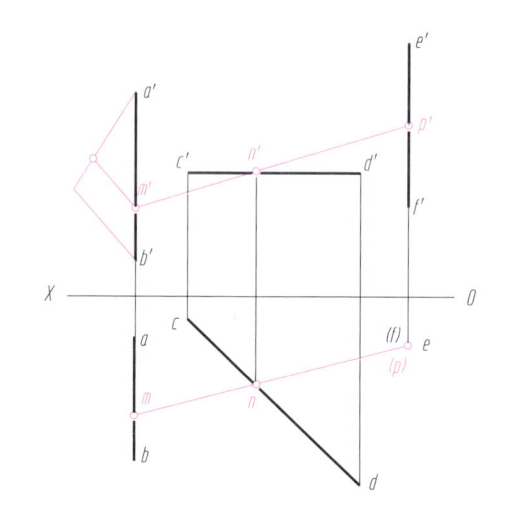

四、习题 2－1　三视图　观察物体的三视图，找出其相应的轴测图，并在"○"内填写对应的序号

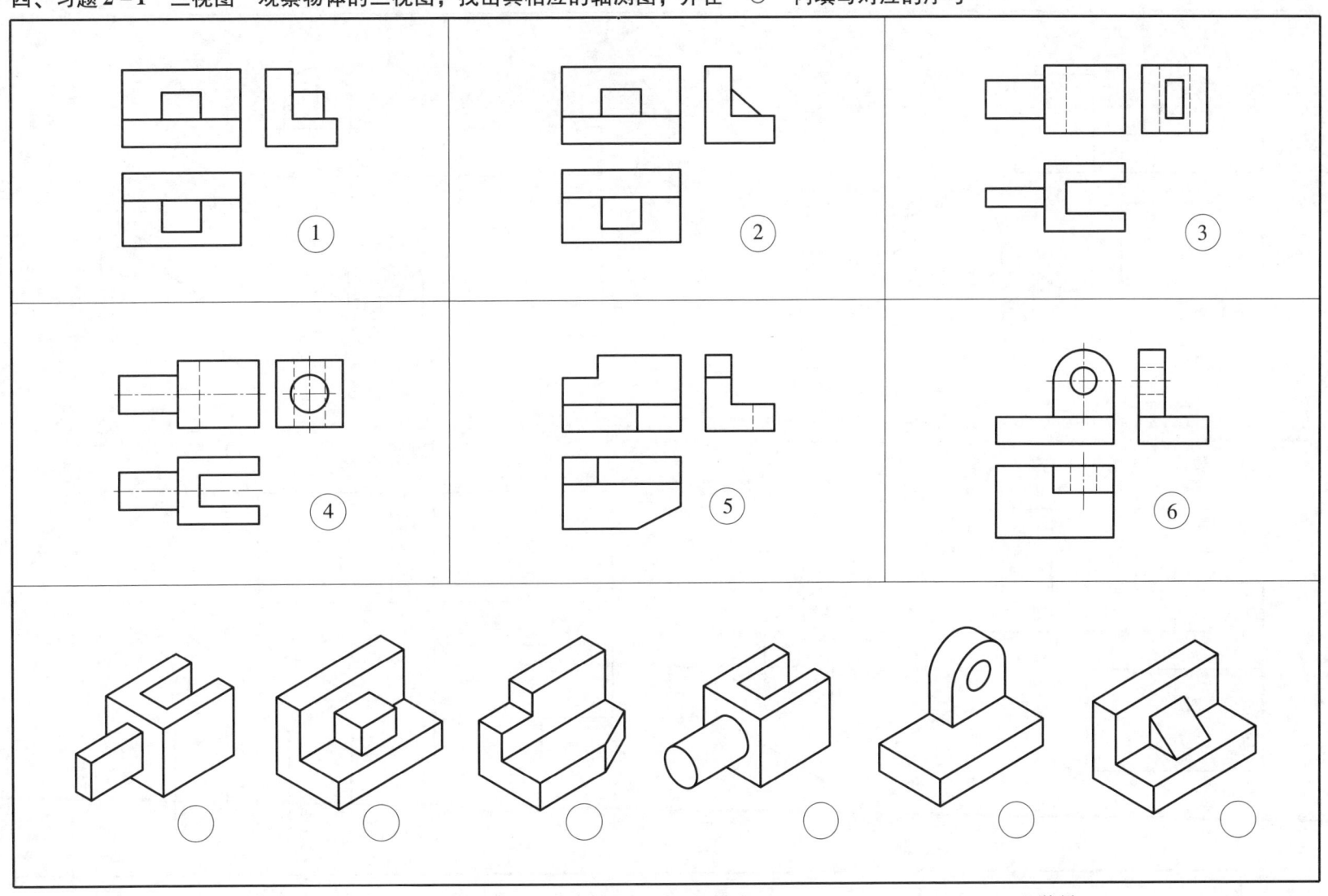

习题 2-2　参照轴测图，补画视图中所缺的图线

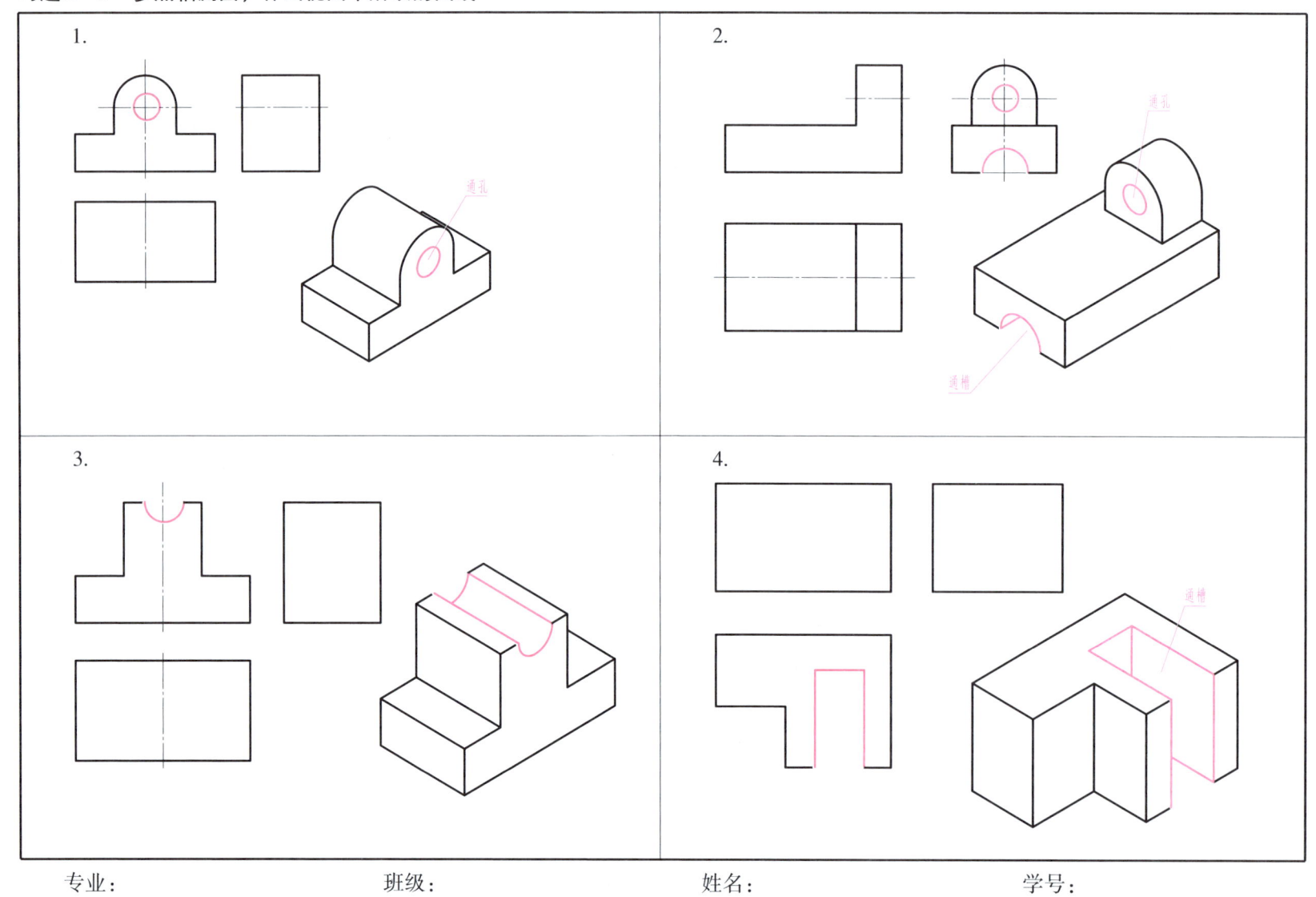

1.

2.

3.

4.

专业：　　　　　　　班级：　　　　　　　姓名：　　　　　　　学号：

习题 2-3 根据轴测图补画第三视图

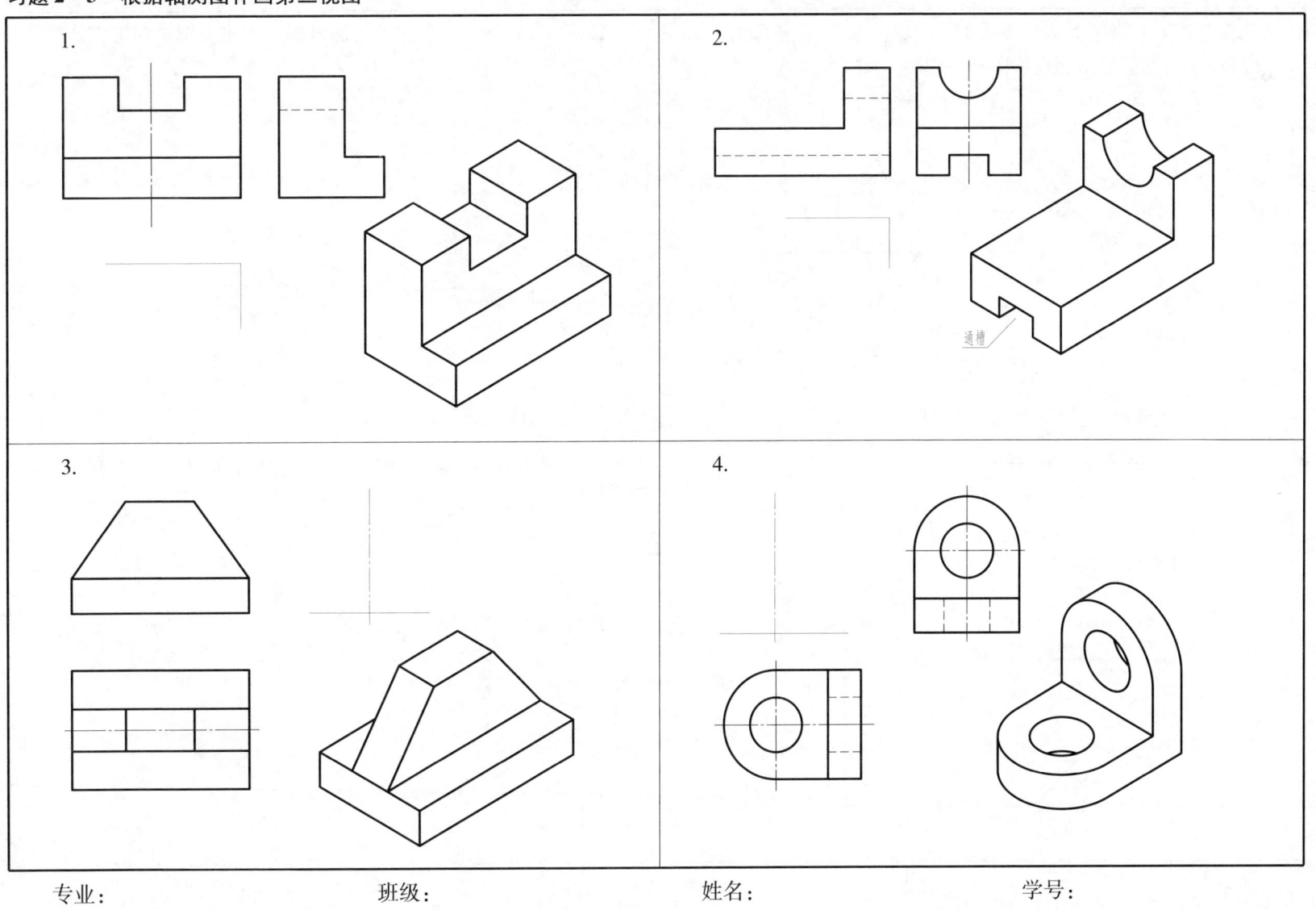

1.

2.

通槽

3.

4.

专业：　　　　　　　　　　　班级：　　　　　　　　　　　姓名：　　　　　　　　　　　学号：

习题 2-4 点的投影

1. 已知点 A 的坐标为（20，15，20），点 B 的坐标为（30，0，10），作出它们的三面投影图和直观图。

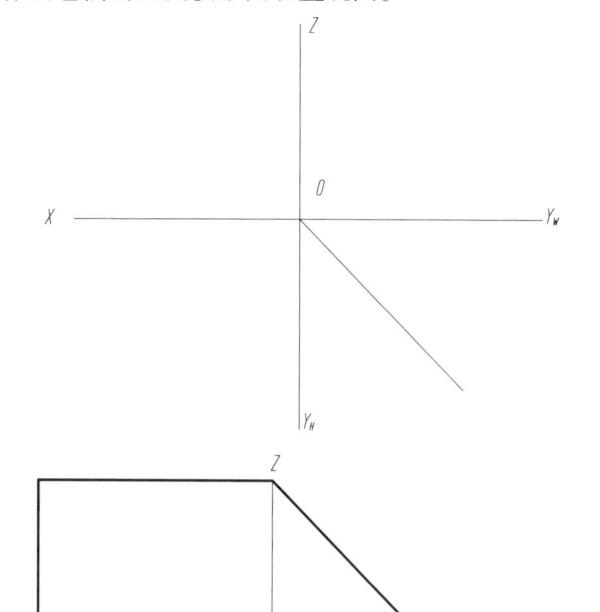

2. 已知 A、B、C 三点的两面投影，作出其第三投影。

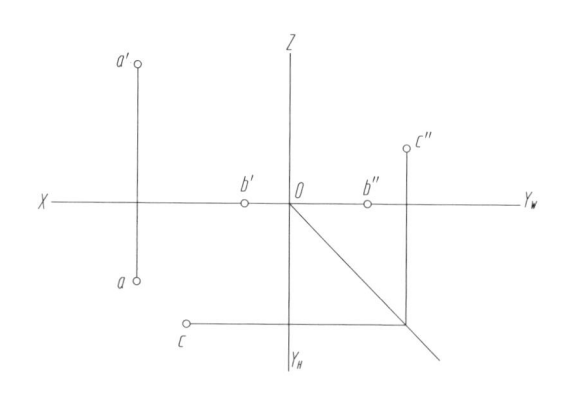

3. 点 A 在 Y 轴，点 B 距 V 面 20，点 C 距 H 面 20，补全各点的投影。

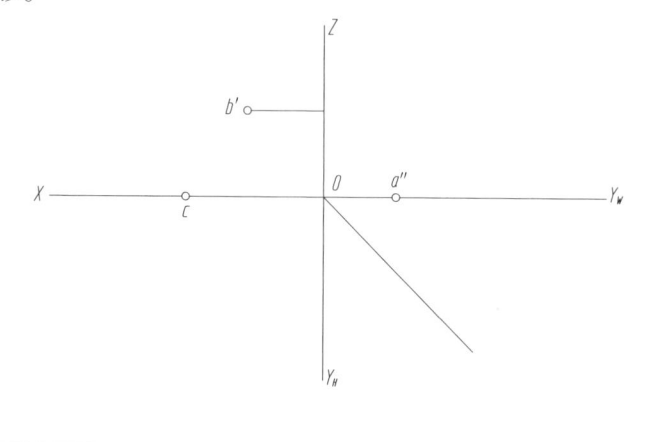

专业： 班级： 姓名： 学号：

习题 2-5　点的投影

1. 根据 A、B、C 三点的轴测图，作出它们的投影图（从轴测图上准确量取坐标）。

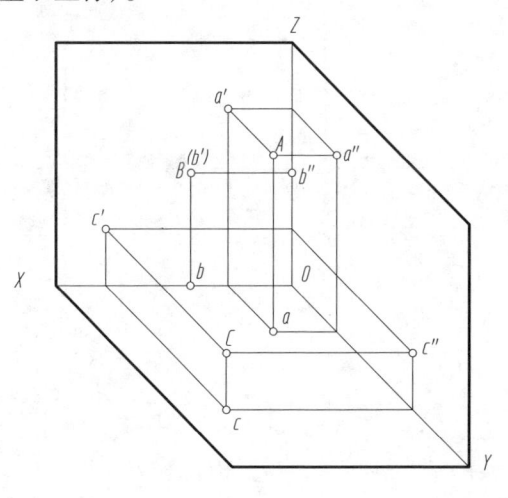

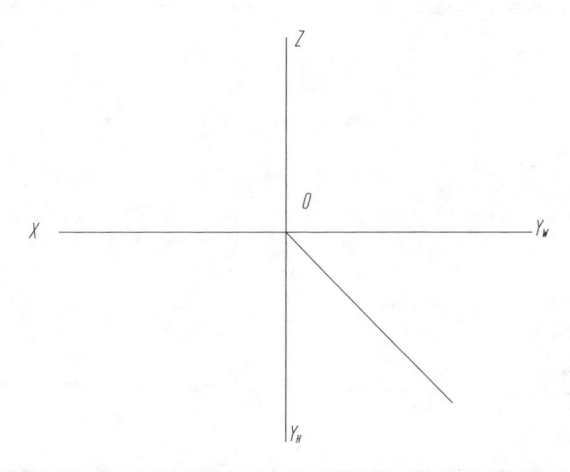

2. 已知点 B 对点 A 在 X、Y、Z 方向的相对坐标为（-10，+5，-10）；点 C 在 A 之左 10、A 之后 5、A 之上 5。作出 B、C 点的三面投影。

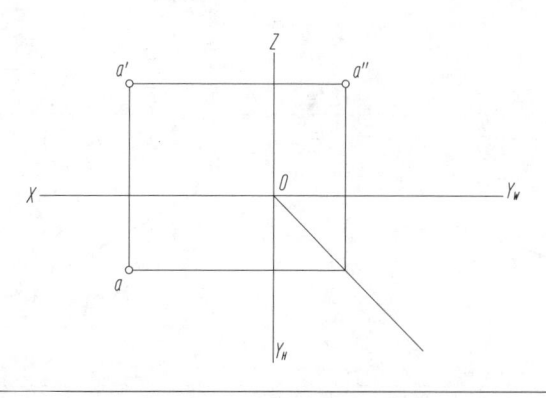

3. 已知 A、B 两点是对正面投影的一对重影点，点 B 在点 A 的正前方 10 处，作出 A、B 两点的三面投影。

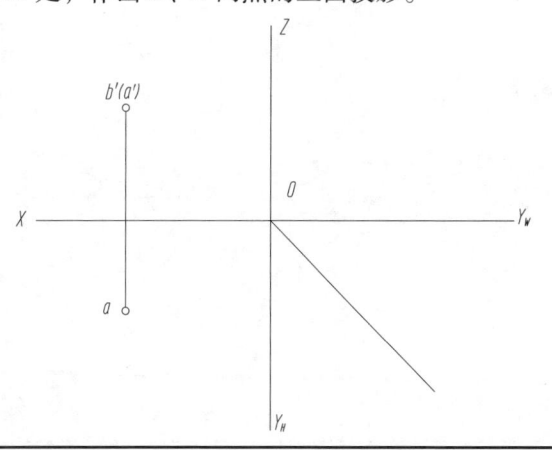

专业：　　　　　　　班级：　　　　　　　姓名：　　　　　　　学号：

习题 2-6 直线的投影

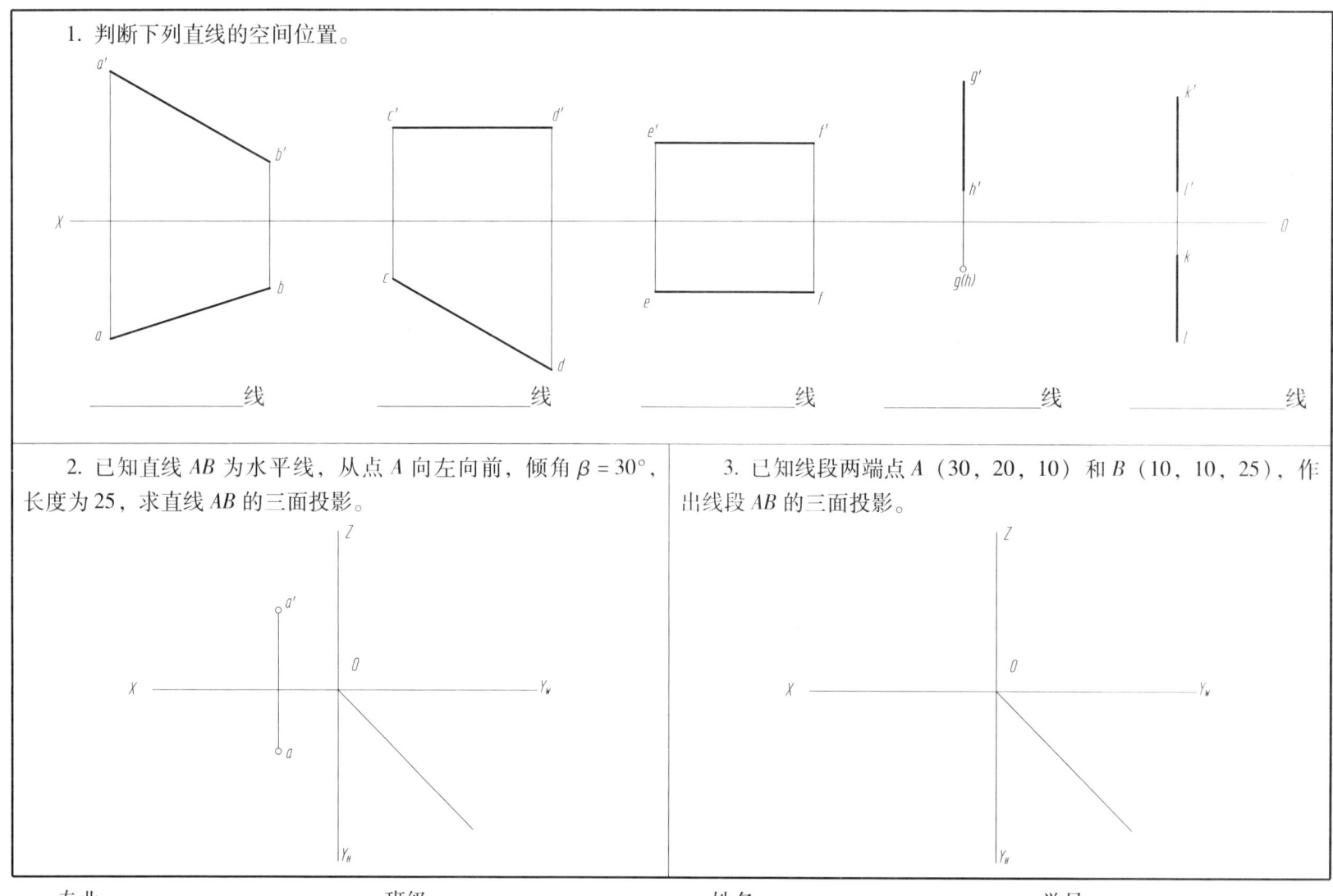

1. 判断下列直线的空间位置。

_____线   _____线   _____线   _____线   _____线

2. 已知直线 AB 为水平线，从点 A 向左向前，倾角 $\beta = 30°$，长度为 25，求直线 AB 的三面投影。

3. 已知线段两端点 A（30，20，10）和 B（10，10，25），作出线段 AB 的三面投影。

专业：　　　　　　班级：　　　　　　姓名：　　　　　　学号：

习题 2−7　两直线的相对位置

1. 判断 AB 和 CD 两直线的相对位置（平行、相交、异面）。

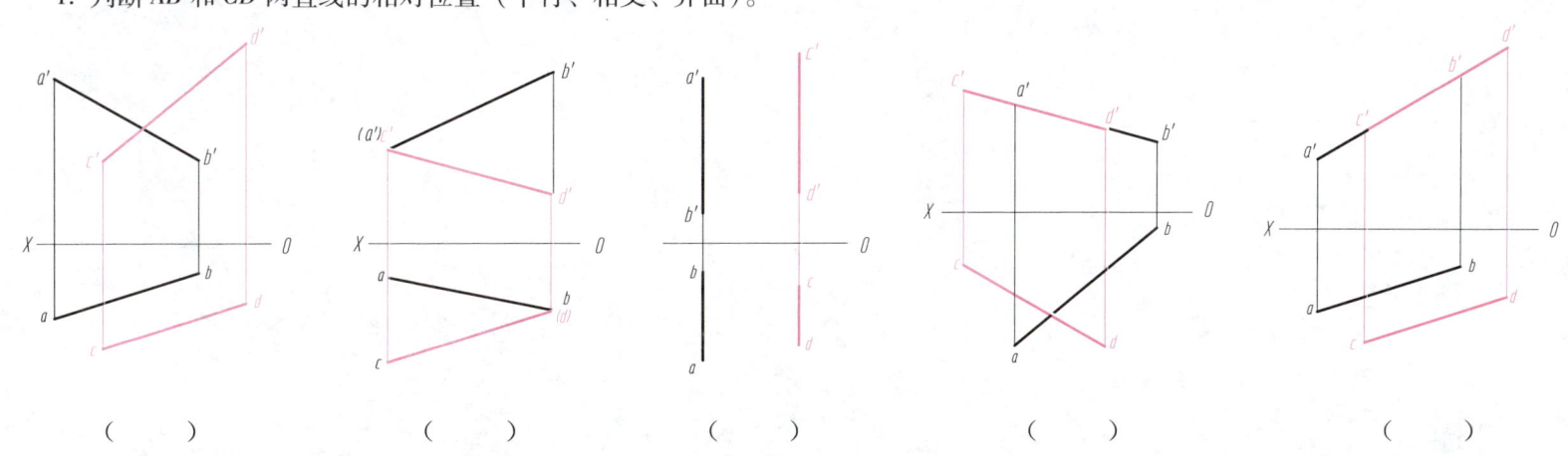

(　　)　　(　　)　　(　　)　　(　　)　　(　　)

2. 在直线 AB 上取一点 K，使 AK/KB = 3/2，求点 K 的两面投影。

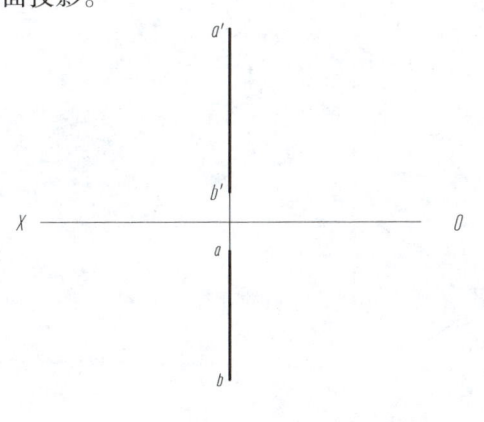

3. 判断下列各图的点 C 是否在直线 AB 上。

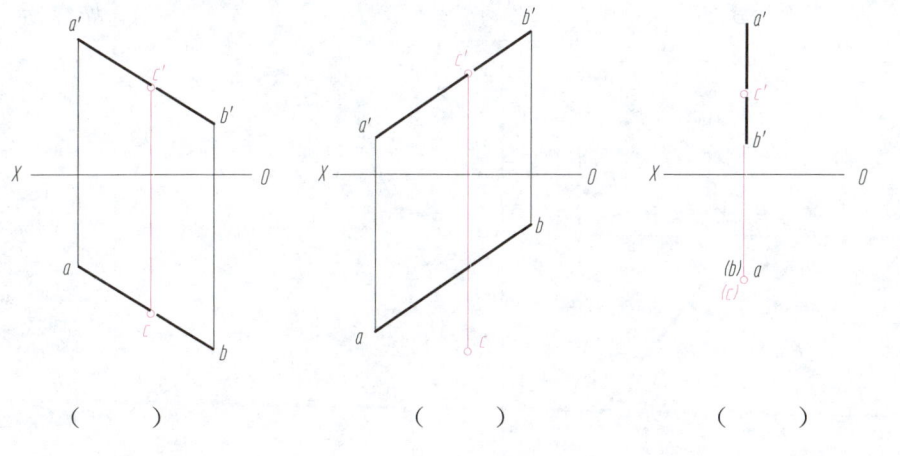

(　　)　　(　　)　　(　　)

专业：　　　　班级：　　　　姓名：　　　　学号：

习题 2-8　两直线的相对位置

1. 过点 C 作出一条侧平线 CD 与 AB 相交，已知 CD 实长为 25。

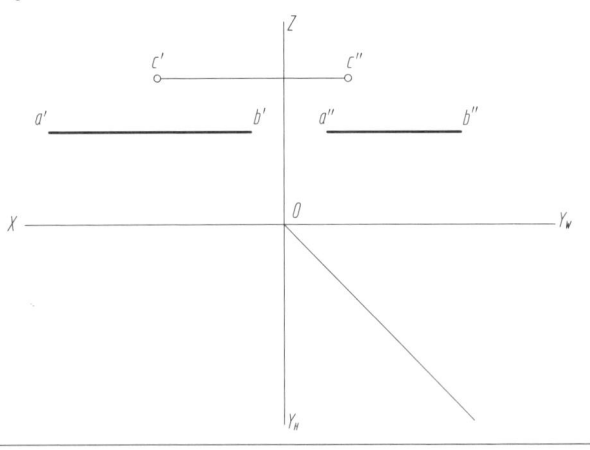

2. 标注出各重影点的正面、水平投影。

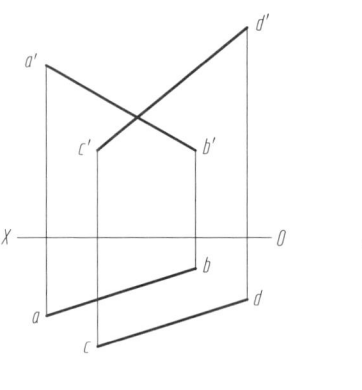

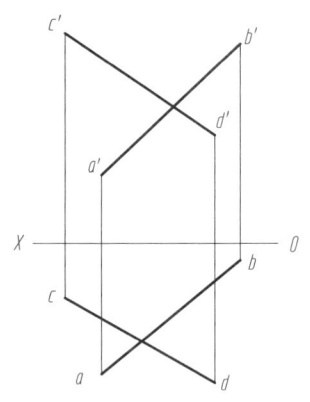

3. 作正平线 EF 距 V 面 15，并与直线 AB、CD 相交（点 E、F 分别在直线 AB、CD 上）。

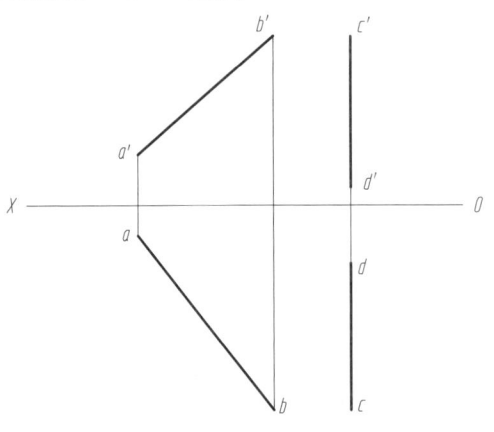

4. 作一直线 KL 与 AB、CD 均相交，且使 KL 上各点到 H 面的距离均为 20。

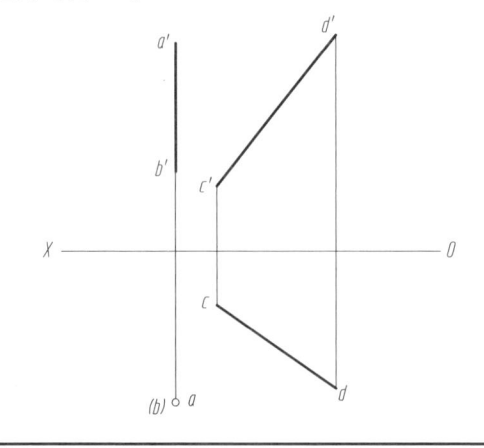

专业：　　　　　　　　　班级：　　　　　　　　　姓名：　　　　　　　　　学号：

习题 2-9　两直线的相对位置

1. 过点 C（10，20，25）作出直线 CD 的三面投影，使 $AB/\!/CD$。

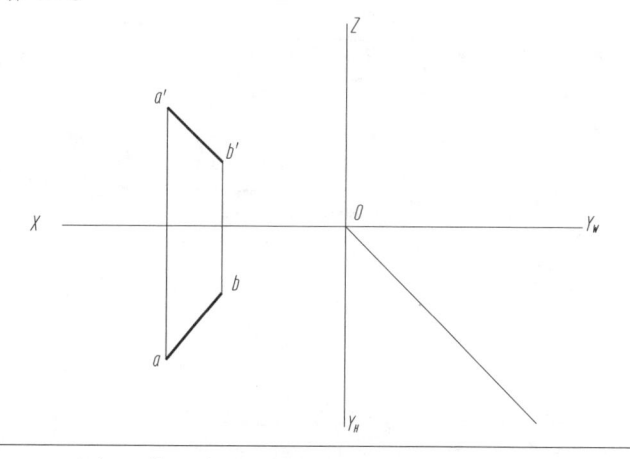

2. 过点 M 作一直线 MN 与正平线 AB 垂直相交。

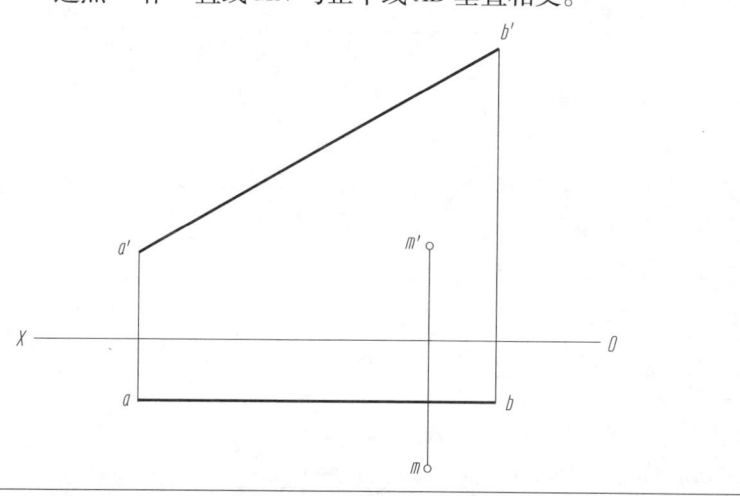

3. 过点 K 作一条水平线与 AB 相交。

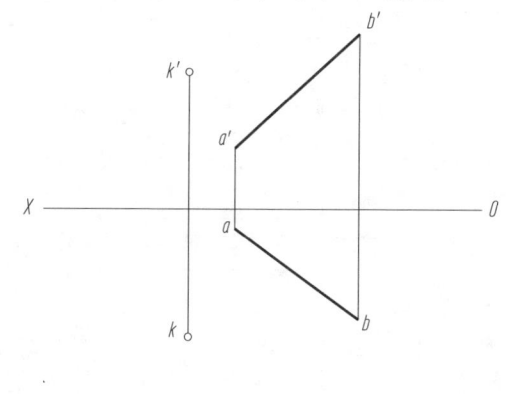

4. 已知 AC 为水平线，作出等腰三角形 ABC（B 为顶点）的水平投影。

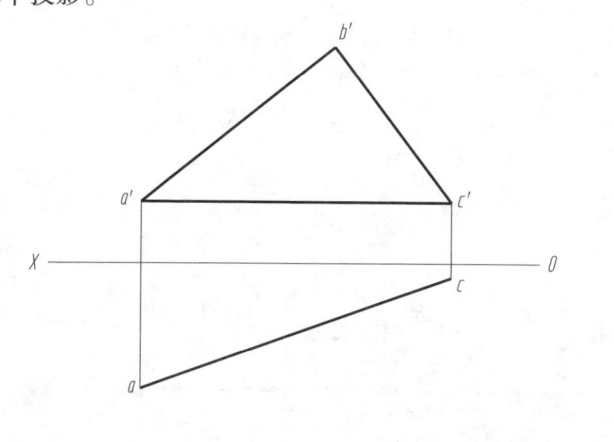

专业：　　　　　　班级：　　　　　　姓名：　　　　　　学号：

— 25 —

第3章 平　　面

一、内容概要

1. 目的要求。

平面是物体表面的重要组成部分，通过本章的学习，进一步建立空间构思、空间想象、空间解题能力，掌握图示、图解各类平面问题的基本方法，尤其在解难度较大的提高题，要有较强的空间分析和图解能力，具备扎实的平面、立体几何的知识。

（1）平面的投影作图是点和直线的投影作图的综合，这三种元素是互相依存（从属关系）且可相互转化的。其中平面上取点和取线的作图是图示和图解作图的重要基础之一，要求学生必须掌握"定点先定线""作线先找点"的原理。

（2）必须掌握平面对一个投影面的投影，用模型（书或本）演示对投影面的三种相对位置及其投影特征，要注意区分投影面平行面和投影面垂直面的概念，抓住积聚性投影的特性是判断平面之间相互位置的一个重要手段。

（3）在相交问题中，可见性问题只存在于投影重叠部分，各投影的轮廓总是可见的，交点和交线也总是可见的，而且是可见与不可见的分界点、分界线。

2. 重点、难点。

（1）各类位置平面的投影特性。

（2）面内取线、取点。

（3）直线、平面与平面的相对位置。

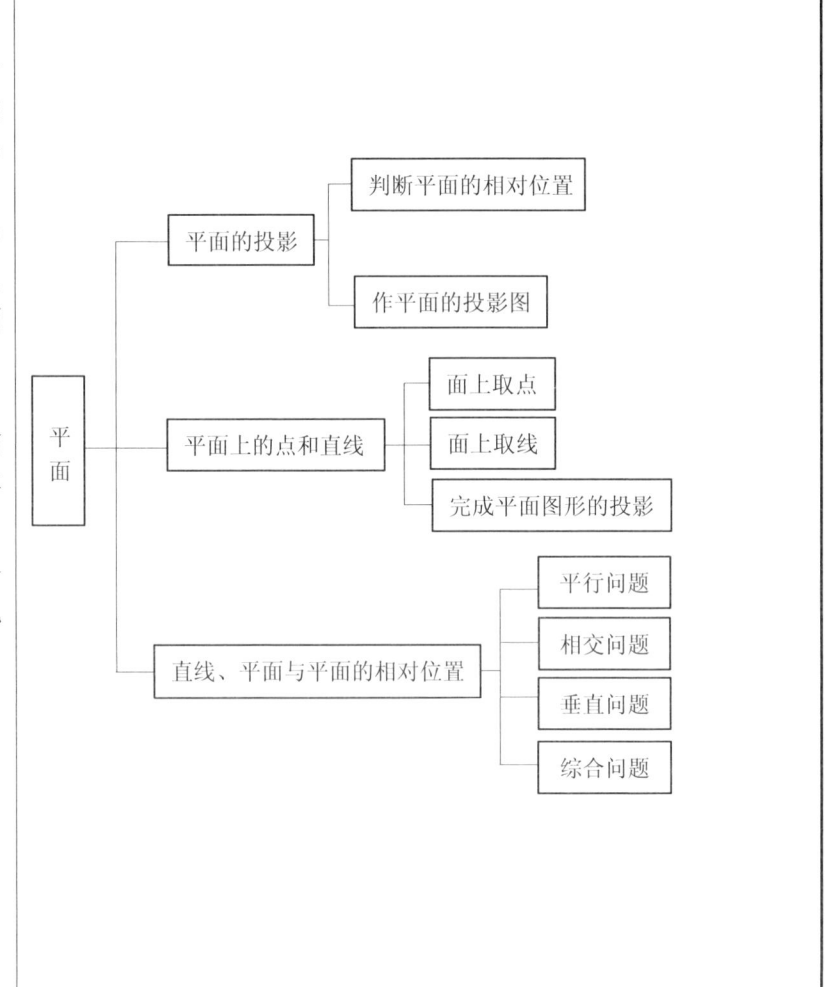

二、题目类型

平面
- 平面的投影
  - 判断平面的相对位置
  - 作平面的投影图
- 平面上的点和直线
  - 面上取点
  - 面上取线
  - 完成平面图形的投影
- 直线、平面与平面的相对位置
  - 平行问题
  - 相交问题
  - 垂直问题
  - 综合问题

三、示例及解题方法　例 3-1　平面上的点和直线示例

题目　已知五边形 *ABCDE* 的水平面投影及两邻边的正面投影，完成其正面的投影。

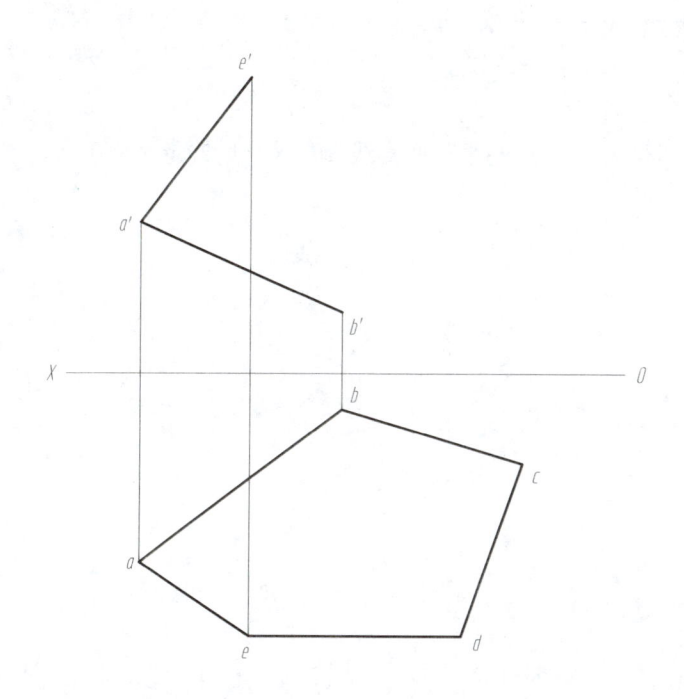

分析　由已知五边形其中两边的正面投影 *a'b'*、*a'e'*，两条相交直线确定一个平面，因此五边形正面投影确定。D、C 是面上点，应用面上取点的作图方法。一直线经过平面上两个点，则此直线一定在该平面上；如点在平面内的任一直线上，则此点一定在该平面上。连接五边形的已知点作辅助线，从而完成全图。

作图步骤
（1）连 *be*，连 *ac*、*ad* 交 *be* 于点 1、2；
（2）连 *b'e'*，自点 1、2 引投影连线与 *b'e'* 交于点 1'、2'；
（3）连 *a'1'*、*a'2'* 并延长，与过 *c*、*d* 的投影连线交于 *c'*、*d'*；
（4）连 *b'c'*、*c'd'*、*d'e'*，即完成五边形 *ABCDE* 的正面投影。

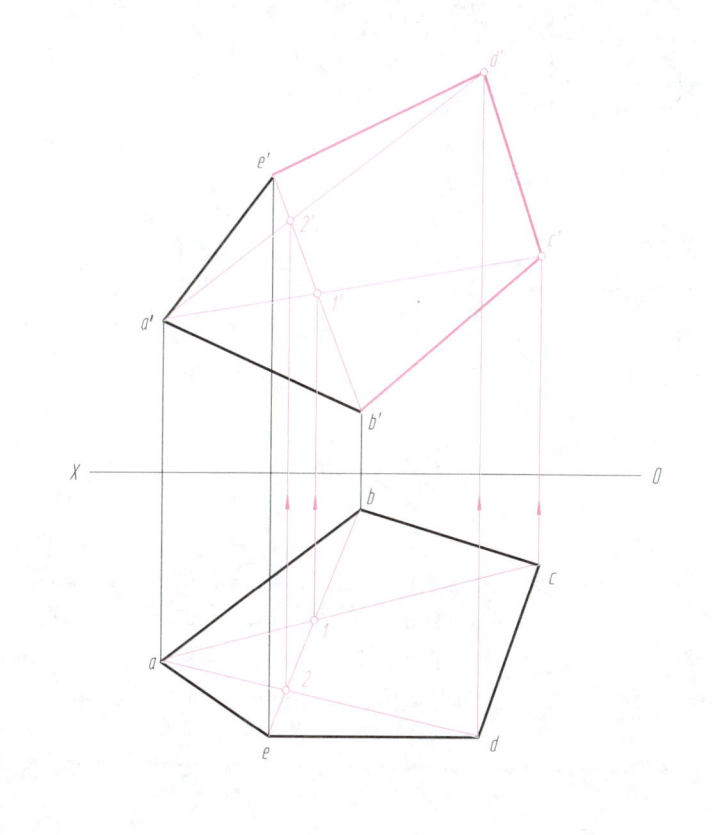

— 27 —

例 3–2　平面上的点和直线示例

题目　由点 E 作一平面 EFG 与平行两直线 AB、CD 所确定平面平行。

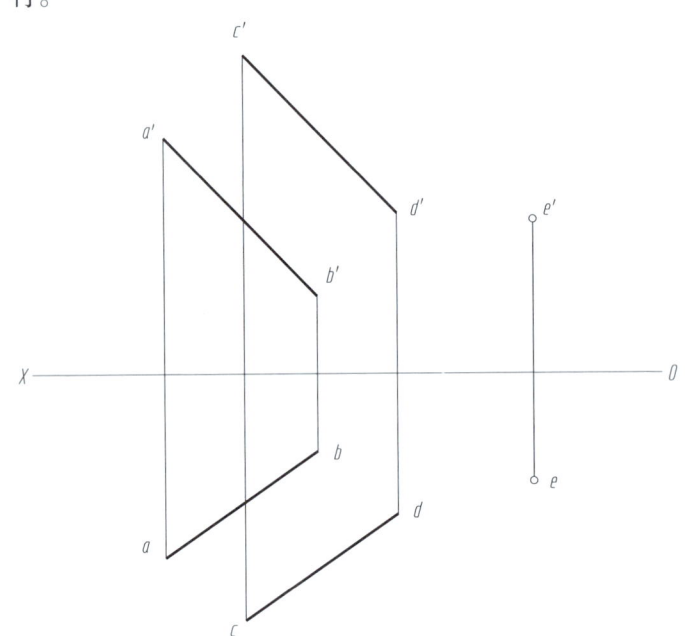

分析　两平面的平行条件是：一个平面上的两条相交直线对应平行另一个平面上的两条相交直线，则两平面平行。因此，在平行两直线 AB、CD 所确定平面内作相交两直线，再过 E 作相交两直线与之对应平行，即可作出满足条件的平面。

作图步骤
(1) 连 bd、$b'd'$。
(2) 过 e 作 $ef/\!/cd$，$eg/\!/bd$。
(3) 过 e' 作 $e'f'/\!/c'd'$，$e'g'/\!/b'd'$。
(4) 连 fg、$f'g'$。
即得平面 EFG 与平行两直线 AB、CD 所确定平面平行。

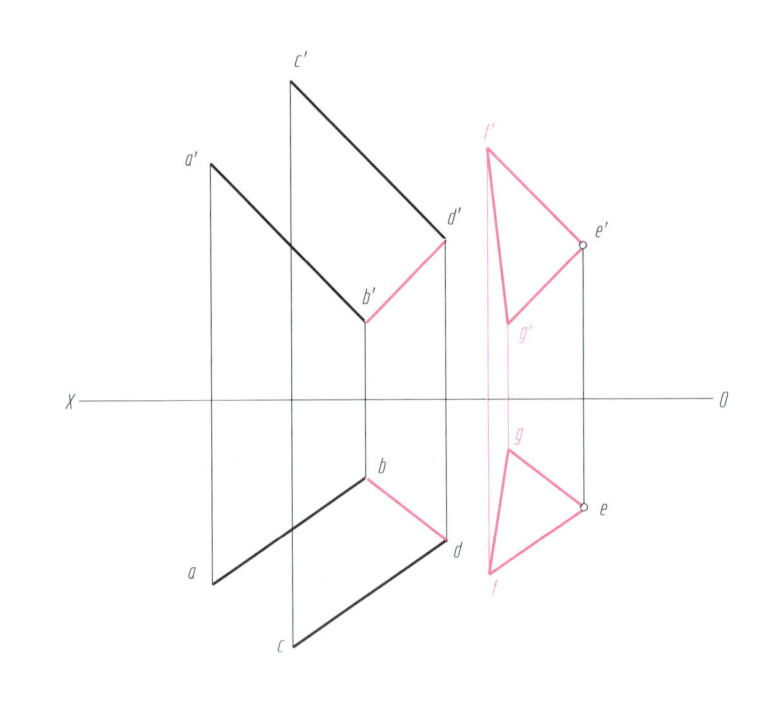

例 3-3 直线、平面与平面的相对位置示例

题目 已知矩形 ABCD 一个边 AB 的两面投影及邻边 AD 的正面投影，完成矩形的两面投影。

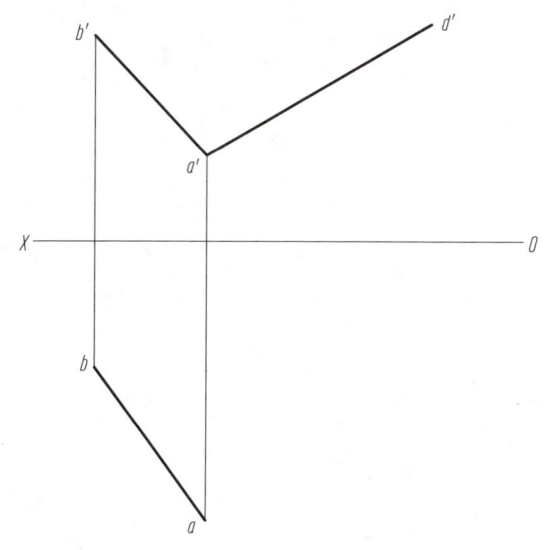

分析 矩形的邻边相互垂直，对边互相平行，其任一边均在邻边的垂线上。

作图步骤

（1）根据对边相互平行，即同面投影相互平行，作 c'd' // a'b'，b'c' // a'd' 得出矩形的正面投影。

（2）过点 A 作直线 AB 的垂直面，此面用与直线 AB 垂直的水平线和正平线表示。由点 A 作水平线垂直于 AB 直线，其正面投影平行 OX 轴，水平投影与 ab 垂直；作正平线垂直 AB 直线，其水平投影平行 OX 轴，正面投影与 a'b' 垂直，矩形边 AD 必在此垂面上。

（3）作 AD 的水平投影，连 1'2' 交 a'd' 于 k'，连 12 与过 k' 的投影连线交于 k，连 ak 与过 d' 的投影连线交于 d，连 ad。

（4）作矩形的水平投影。在水平投影上，由 d 点作 dc // ab，由 b 点作 bc ⊥ ab，即得矩形的两面投影。

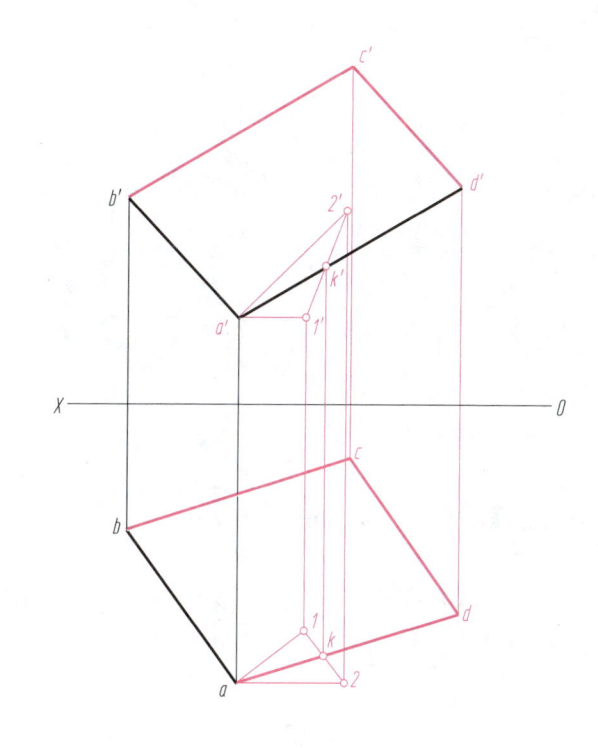

例 3-4 直线、平面与平面的相对位置示例

题目 由点 K 作一平面垂直于 △ABC 平面，并平行于直线 DE。

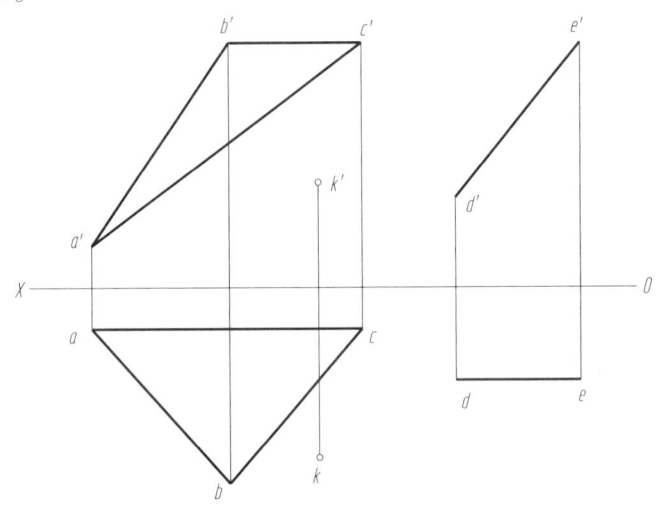

分析

(1) 用相交两直线 KF、KG 表示平面，如果 KF 直线垂直三角形 ABC 平面，KG 平行于 DE 直线，则 FKG 平面即垂直于三角形 ABC 平面，又平行于 DE 直线。

(2) 由 K 点作 KF 直线垂直于三角形 ABC 平面，再由 K 点作 KG 直线平行于 DE 直线，则由 KF、KG 相交两直线所构成的平面即为所求。

作图步骤

(1) 过点 K 作直线 KF 垂直于三角形 ABC，三角形 ABC 的 BC 边的正面投影 b'c' 平行 OX，则 BC 为水平线；AC 边的水平投影 ac 平行 OX 轴，则 AC 为正平线，根据直角投影定理，直线 KF 的正面投影 k'f' 垂直于 a'c'，其水平投影 kf 垂直于 bc。

(2) 过点 K 作 KG 平行于直线 DE，其正面投影 k'g' 平行 d'e'，水平投影 kg 平行 de。

(3) KF、KG 相交二直线构成一平面，由该平面上的 KF 直线垂直于三角形 ABC，KG 直线平行于 DE 直线，所以 FKG 平面即与三角形 ABC 平面垂直，又与 DE 直线平行。

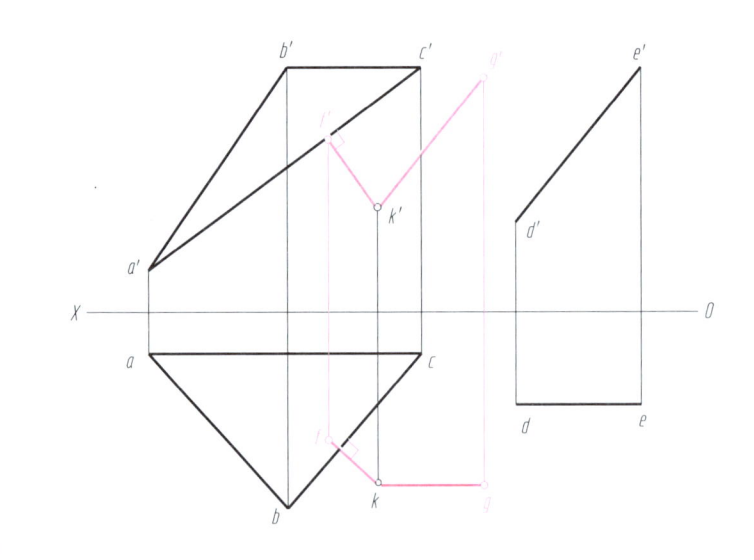

四、习题 3-1　平面的投影

1. 根据平面的两面投影，求作其第三面投影。

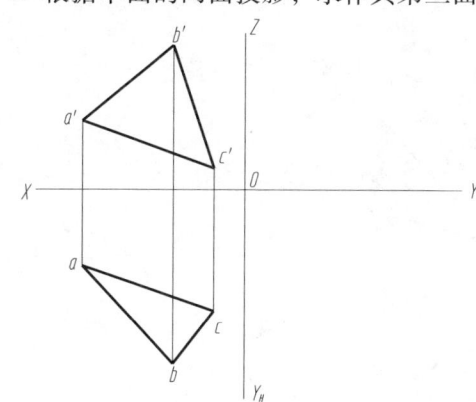

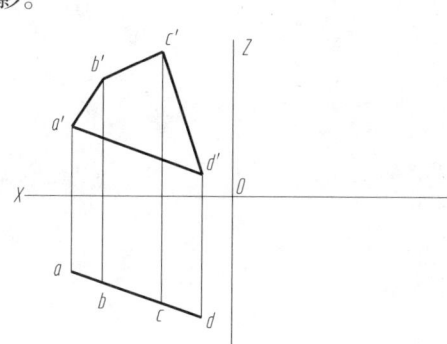

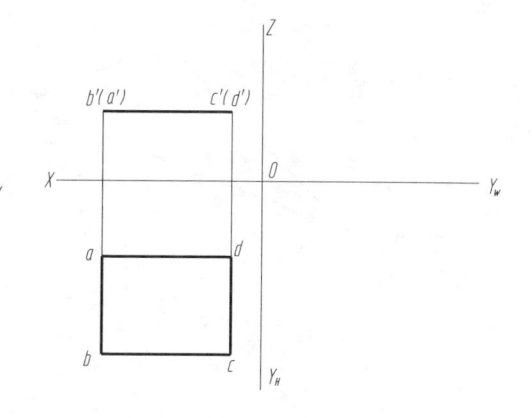

2. 判断下列各个平面的位置。

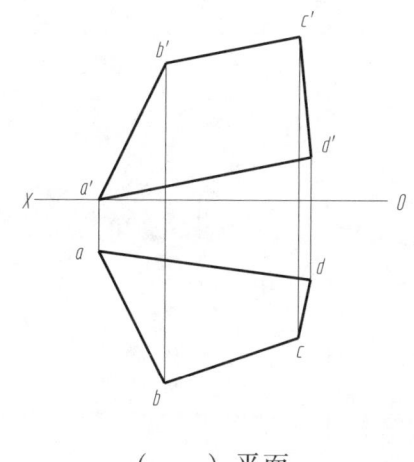

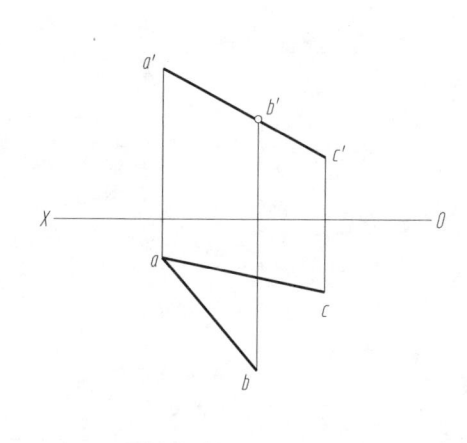

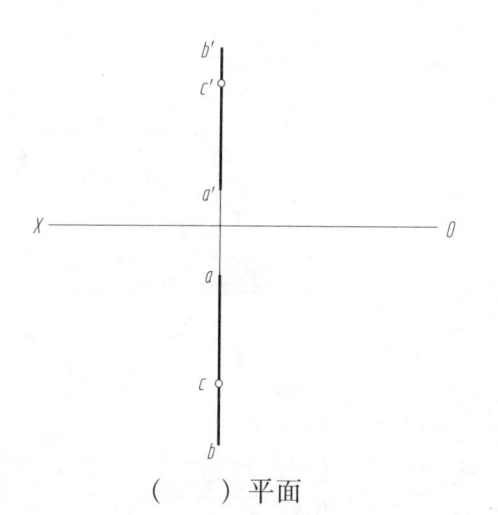

（　）平面　　　　　　　（　）平面　　　　　　　（　）平面

专业：　　　　　　　　班级：　　　　　　　姓名：　　　　　　　学号：

习题 3－2 平面取点、取线

1. 试判断点 D 与点 F 是否在 △ABC 平面内。

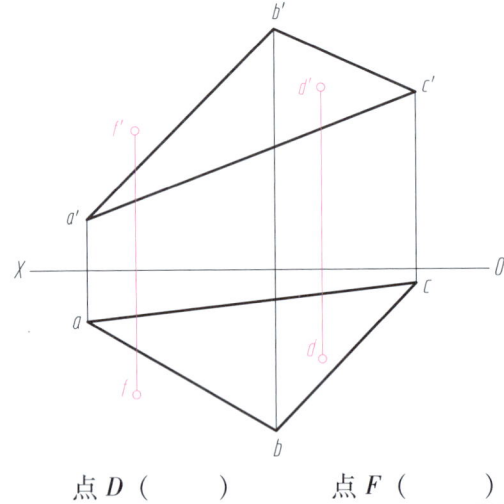

点 D (   )　　　　点 F (   )

2. 已知 △ABC 平面内点 K 与点 L 的一个投影，求它们的另一投影。

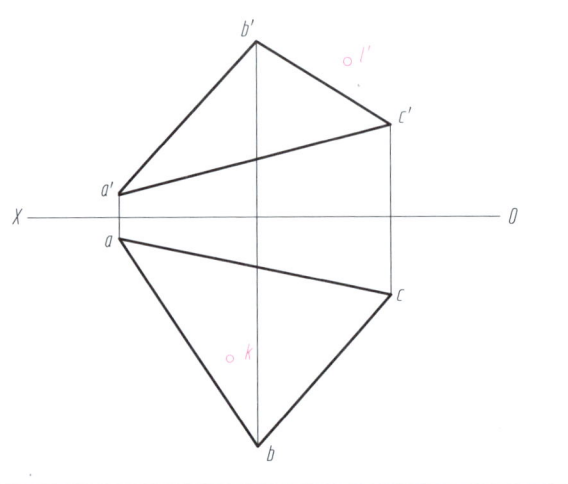

3. 三角形 EFG 在平行四边形 ABCD 所在平面上，求作 △efg。

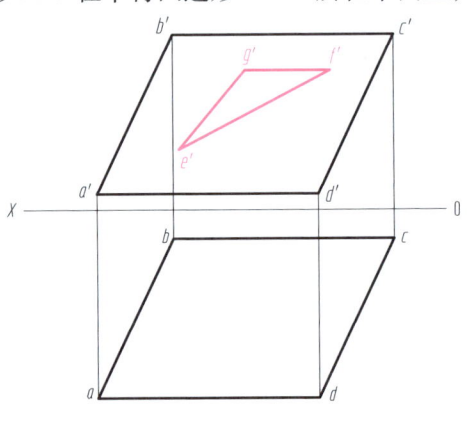

4. 在 △ABC 平面上作正平线，距 V 面 20；作水平线，距 H 面 15。

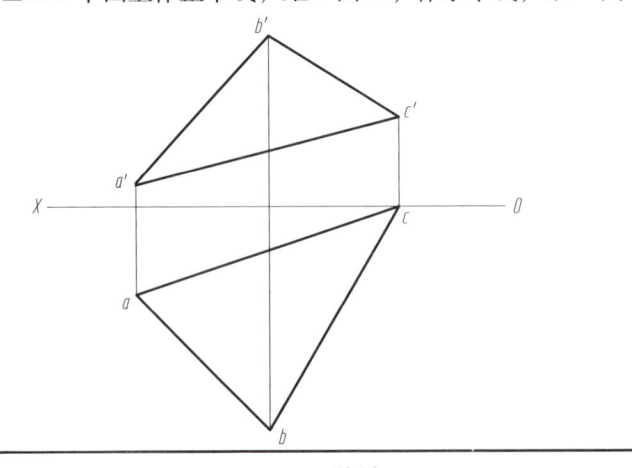

专业：　　　　　　　班级：　　　　　　　姓名：　　　　　　　学号：

习题 3−3 平面取点、取线

1. 在 △ABC 内找一点 K，且点 K 距 H 面为 20，距 V 面为 15，求其两面投影。

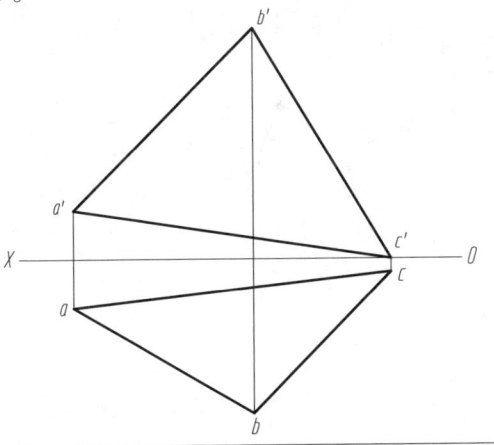

2. 完成平面图形 ABCDE 的水平投影。

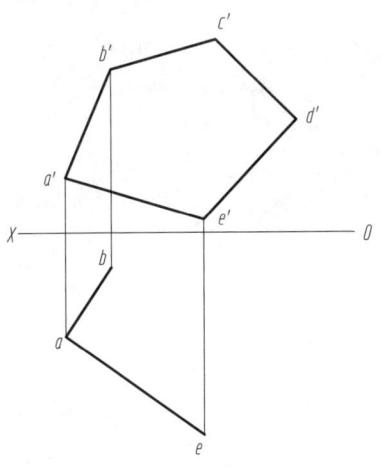

3. 完成平面图形 ABCDEF 的正面投影。

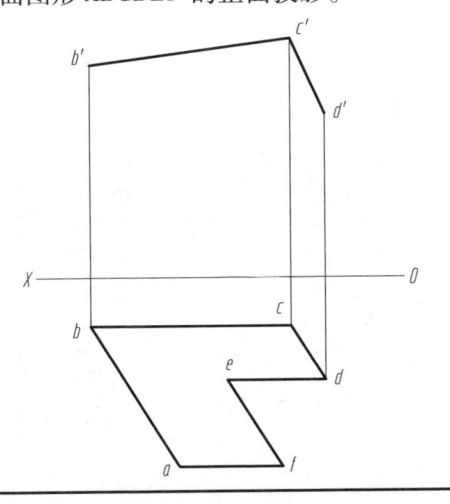

4. 完成平面图形 ABCDE 的两面投影。

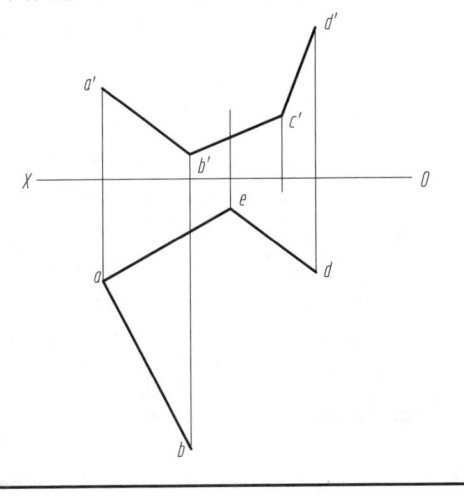

专业：　　　　　　班级：　　　　　　姓名：　　　　　　学号：

习题 3-4 直线、平面与平面的相对位置

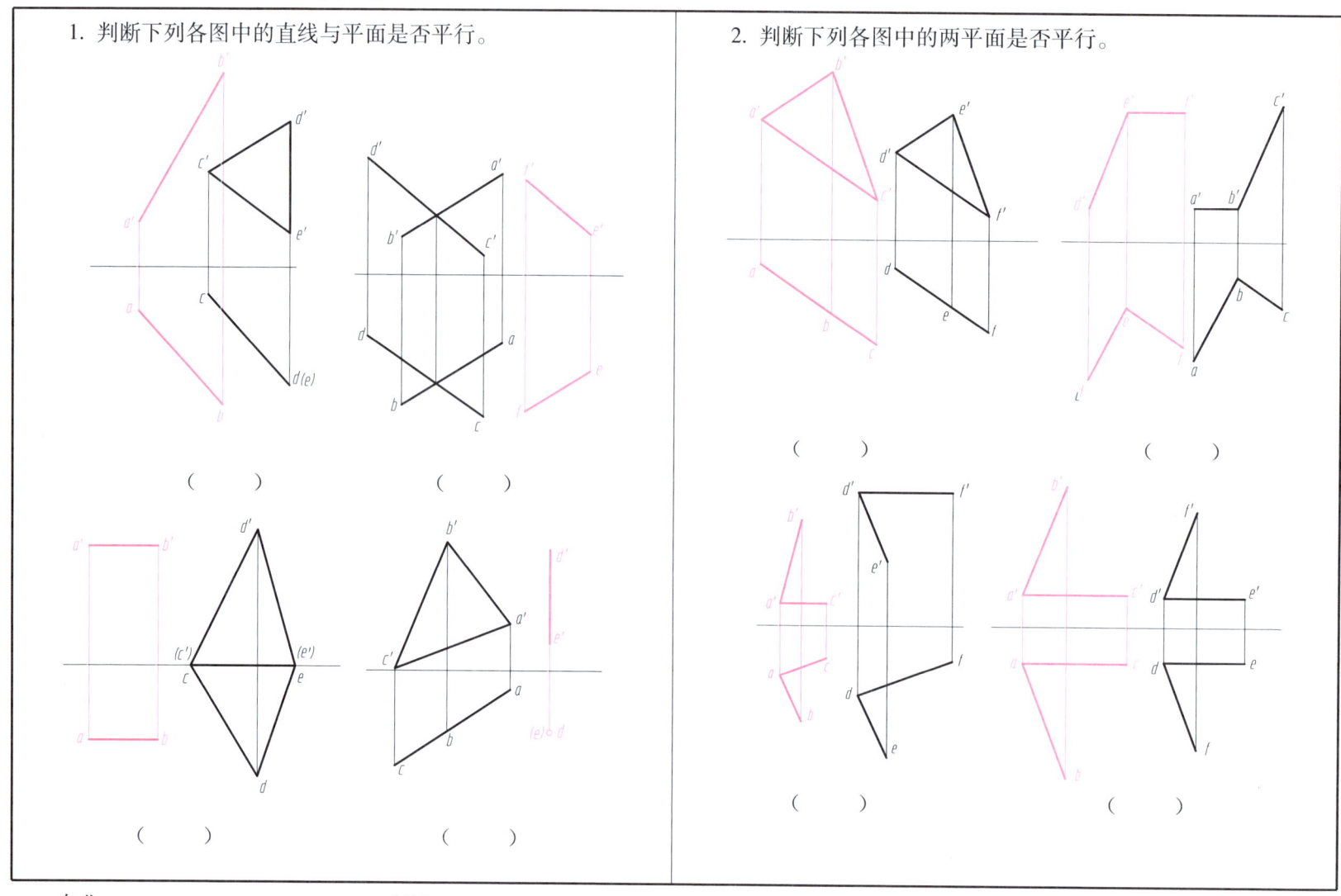

1. 判断下列各图中的直线与平面是否平行。

2. 判断下列各图中的两平面是否平行。

习题 3-5 直线、平面与平面的相对位置

1. 过点 K 作正平线 KL 平行 △ABC。

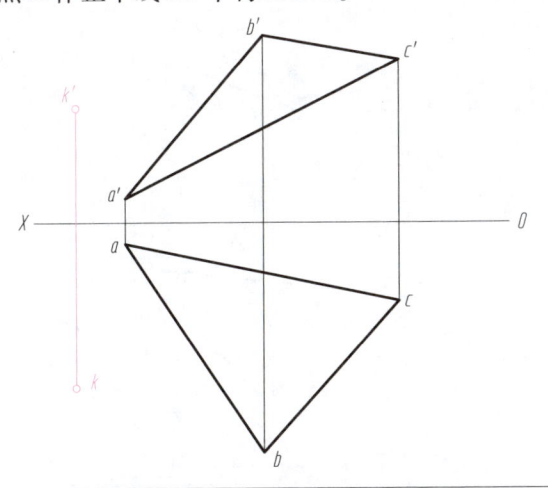

2. 过点 K 作一平面平行直线 AB。

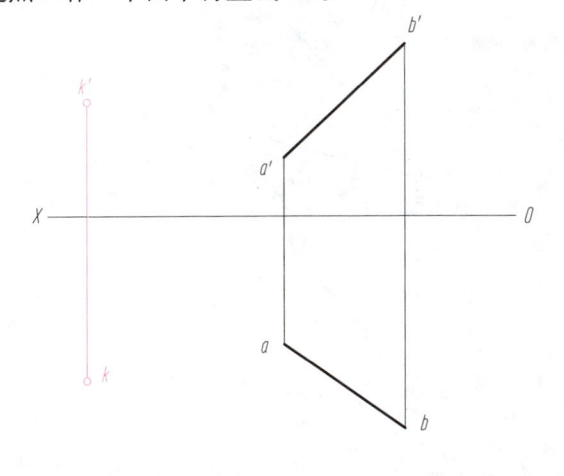

3. 过点 K 作一平面平行于 △ABC。

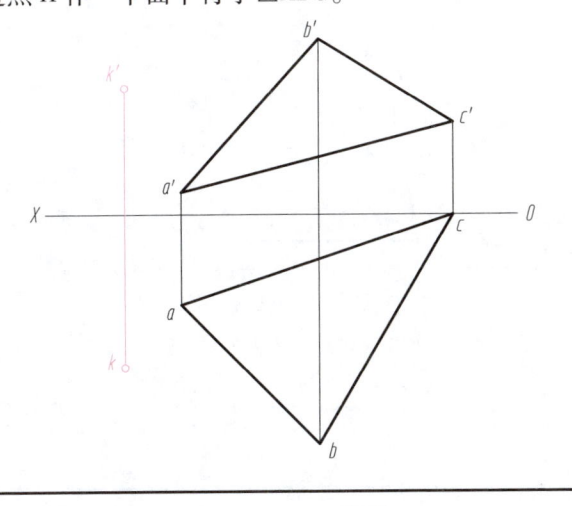

4. 已知 AB∥CD，其确定的平面平行于 △EFG，完成该平面的投影。

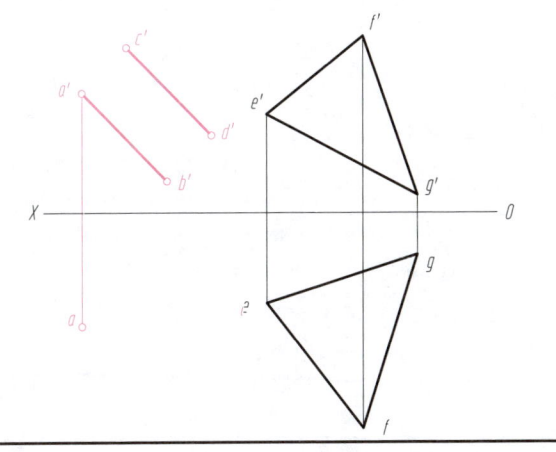

| 专业： | 班级： | 姓名： | 学号： |

习题 3-6 直线、平面与平面的相对位置

1. 求直线 EF 与平面 ABC 的交点，并判断可见性。

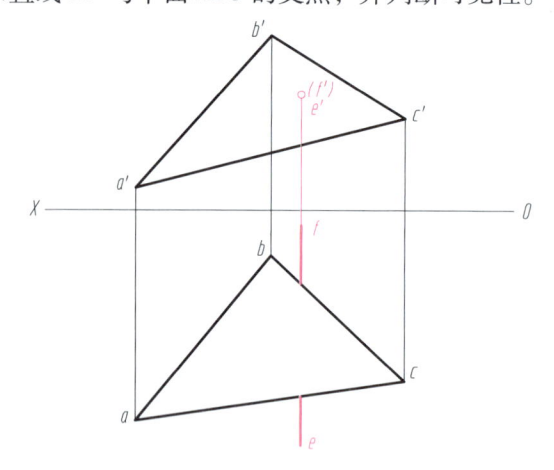

2. 求直线 EF 与平面 ABC 的交点，并判断可见性。

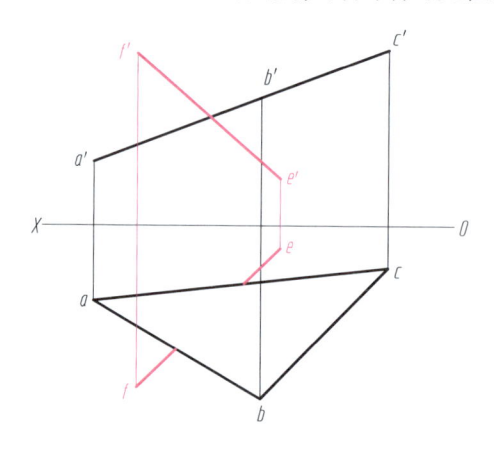

3. 求两个平面 ABC、DEFG 的交线，并判断可见性。

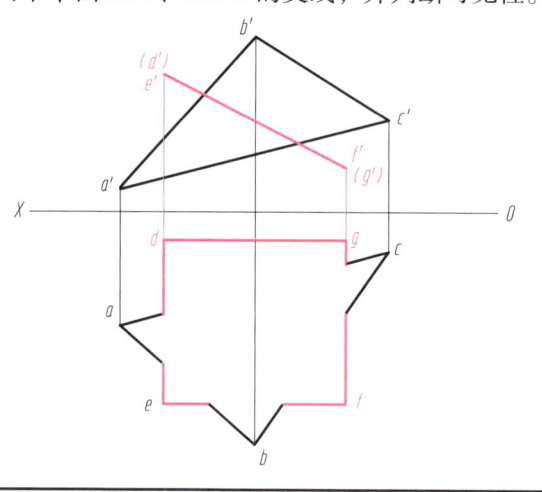

4. 求两个平面 ABCD、EFG 的交线，并判断可见性。

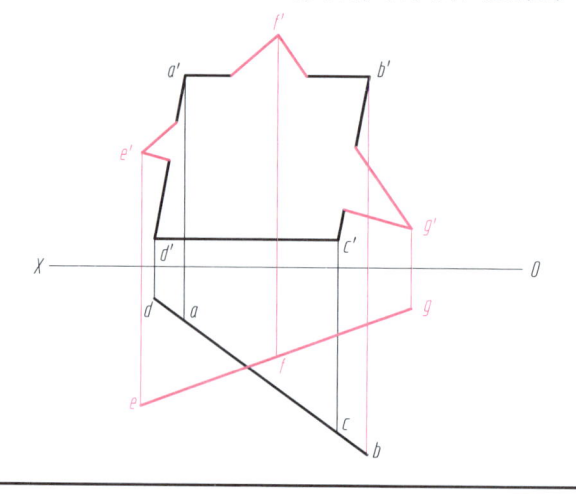

专业： 班级： 姓名： 学号：

习题 3-7　直线、平面与平面的相对位置

1. 过点 E 作平面 ABC 的垂线 EF。

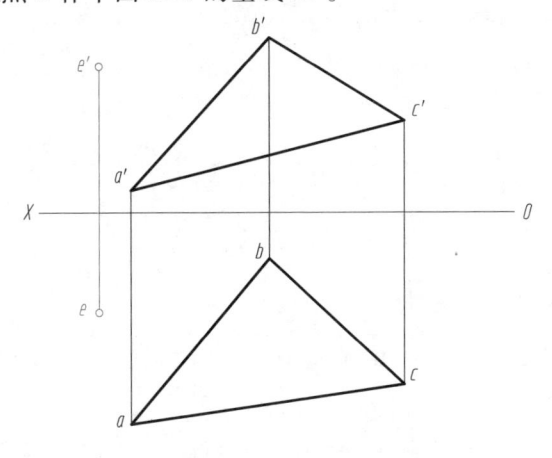

2. 过点 A 作一平面垂直直线 AB。

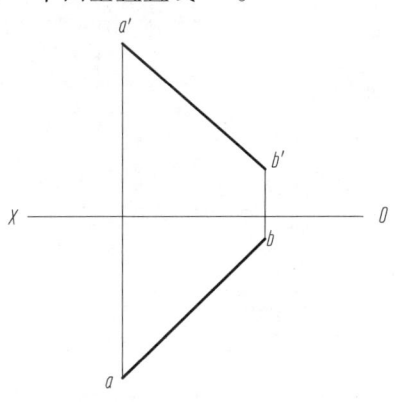

3. 过点 K 作一平面 KLM 分别垂直于 △ABC 和 H 面。

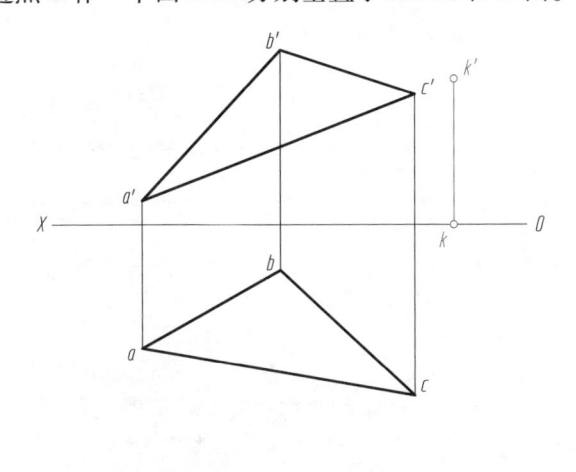

4. 过点 D 作一直线 DE 与 △ABC 平行，且与 FG 垂直。

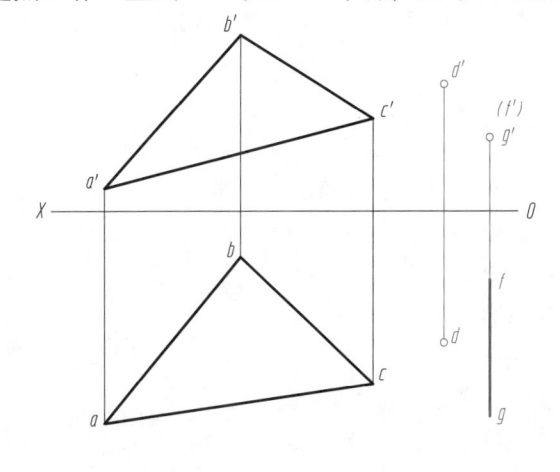

专业：　　　　　　班级：　　　　　　姓名：　　　　　　学号：

第4章 投影变换

一、内容概要

1. 目的要求。

换面法是改变空间几何元素与投影面的相对位置，使空间几何元素和投影面处于特殊（有利于解题）位置，从而解决空间几何要素的定位与度量问题，要求掌握换面法中六个基本问题。

（1）投影变换的步骤：

①分析题意，明确已知和所求。

②将几何元素放到空间，分析它们的位置关系及有利于解题的投影关系。

③拟定换面程序。

④换面作图。

投影变换的原理和基本作图虽然并不难，但要用投影解决空间问题的方法却不容易，因此需要通过解题的具体示例，加深对投影变换原理和基本作图的理解，灵活运用投影变换解决实际问题。

（2）在换面法中必须注意：由于新投影面必须垂直于原投影体系中的某一投影面，故在两次换面时，V、H（或 H、V）必须交替地进行交换。

2. 重点、难点。

（1）换面原则。

（2）点的换面规律。

（3）换面法中六个基本问题。

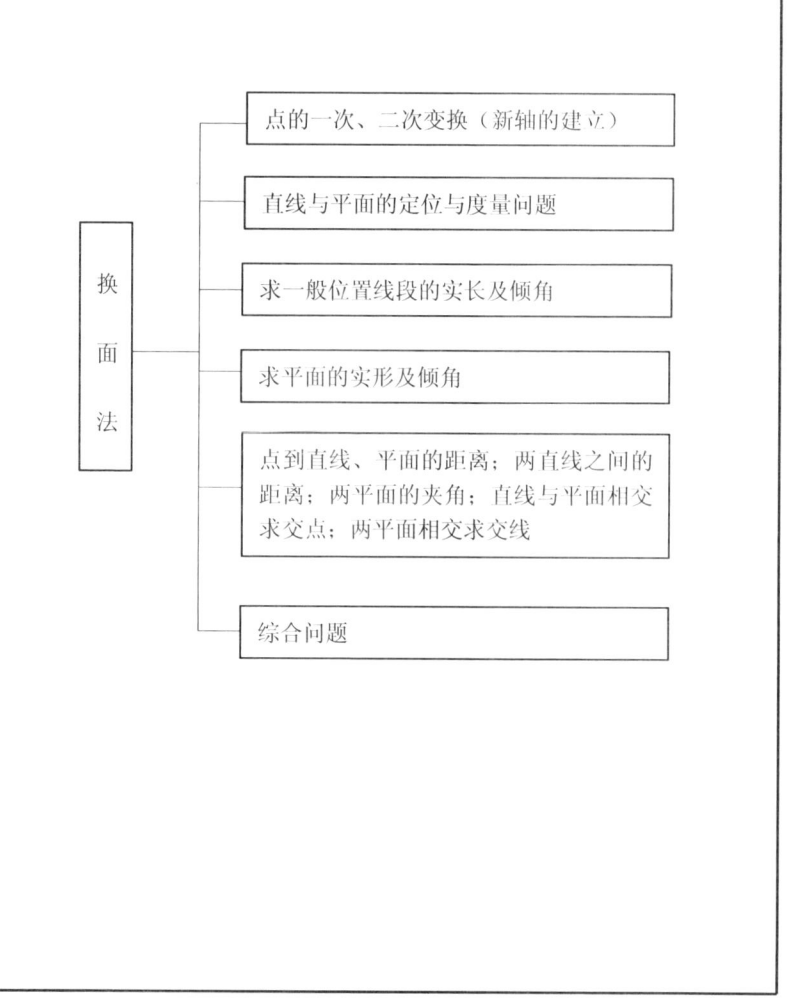

二、题目类型

换面法
- 点的一次、二次变换（新轴的建立）
- 直线与平面的定位与度量问题
- 求一般位置线段的实长及倾角
- 求平面的实形及倾角
- 点到直线、平面的距离；两直线之间的距离；两平面的夹角；直线与平面相交求交点；两平面相交求交线
- 综合问题

三、示例及解题方法　例 4–1　直线与平面的定位与度量问题示例

题目　过点 A 作直线 AM 与直线 CD 垂直相交。

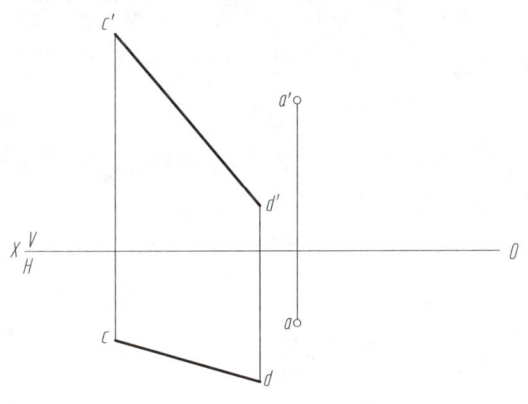

分析　根据直角投影定理，当两条直线垂直相交，其中有一条是投影面的平行线，则在该投影面上两直线的投影垂直。因此可建立一个新投影面，使两直线中的一条在新投影体系中变为投影面平行线，则在该投影面上反映直角。

作图步骤

(1) 作 $O_1X_1 /\!/ cd$，求出 $c_1'd_1'$ 和 a_1'。

(2) 过 a_1' 作 $a_1'm_1' \perp c_1'd_1'$。

(3) 过 m_1' 作 O_1X_1 的垂线交 cd 于 m。

(4) 过 m 作 OX 的垂线交 $c'd'$ 于 m'。

(5) 用粗实线连接 $a'm'$ 和 am，即为所求。

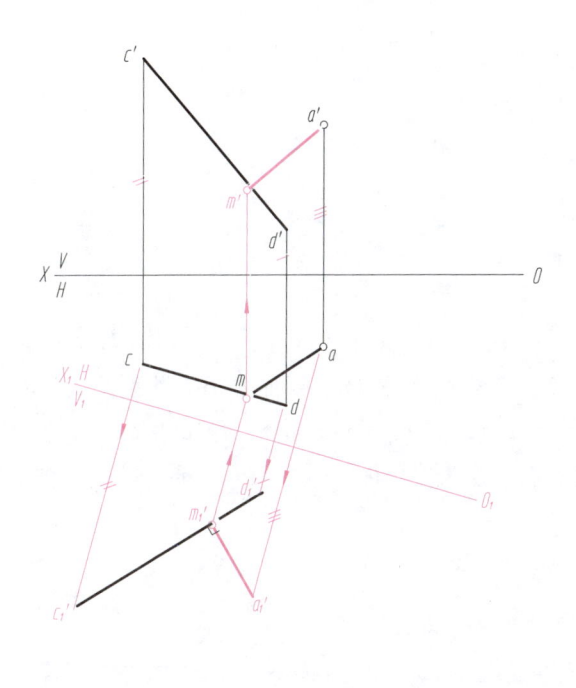

例 4-2 点到直线、平面的距离示例

题目 已知 △ABC 及 d′，设点 D 到 △ABC 平面的距离为 8，求点 D 的水平投影。

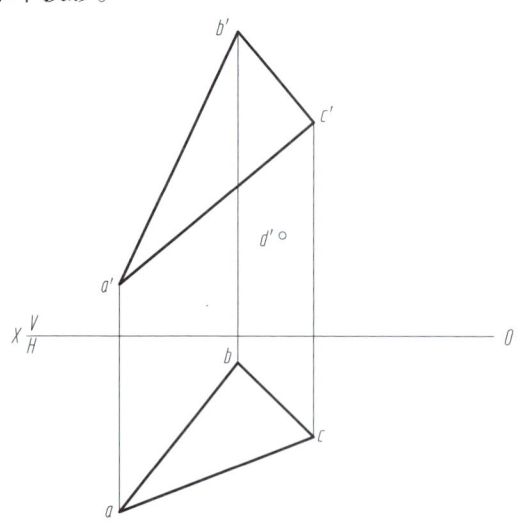

分析 所求点 D 的水平投影 d 是确定点 D 的 Y 坐标，而点 D 的空间位置，必然在平行于已知面 △ABC 且距离为 8 的平面内，因此应首先作出与 △ABC 平行且相距为 8 的辅助平面 P_1 和 P_2，然而只有将它们变换为投影面的垂直面，才能反映出这种平行关系。

作图步骤

（1）在 △ABC 上作正平线 CE，其投影为 e′c′、ec。

（2）作 X_1 轴与 e′c′ 垂直，即用 H_1 面代替 H 面，建立 V/H_1 投影体系，将 △ABC 变换为 H_1 面的垂直面。

（3）作出 △ABC 在 H_1 面上的投影 $a_1b_1c_1$，并作出与 $a_1b_1c_1$ 平行且相距为 8 的辅助平面 P_{1H1} 或 P_{2H1}（用迹线表示）。

（4）由 d′ 作垂直于 X_1 轴的投影线，与 P_{1H1} 及 P_{2H1} 相交得交点 d_{11} 及 d_{21}，此两点即为所求 D 点在 H_1 面上的投影，再按点的投影规律可确定所求点 D 的水平投影 d_1 及 d_2。

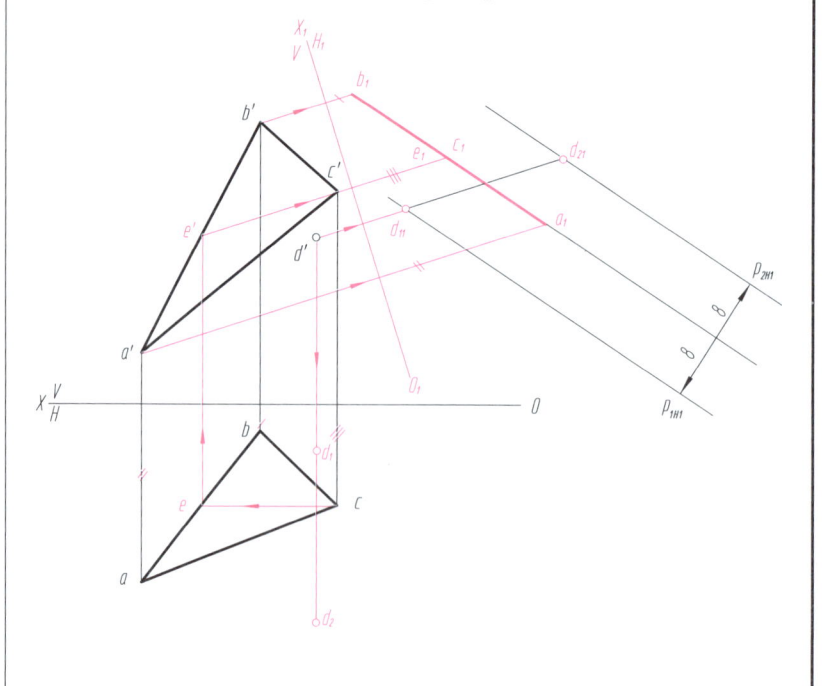

例 4-3　综合问题示例

题目　直线 EF 与 $\triangle ABC$ 平面平行，且它们之间的距离为 L，EF 在 $\triangle ABC$ 的左前上方，试完成 EF 的正面投影。

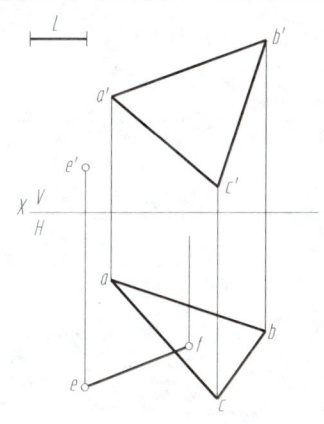

分析　若直线与平面平行，当平面垂直于投影面时，直线与平面的积聚投影平行，并且该投影反映直线与平面的距离。因此，将平面变换为投影面的垂直面。

作图步骤

（1）在 $\triangle ABC$ 平面上作水平线 AD，其中 $a'd' // X$ 轴。

（2）作 $O_1 X_1 \perp ad$。

（3）作 $\triangle ABC$ 的新投影直线 $c_1' a_1' b_1'$。

（4）作直线 $c_1' a_1' b_1'$ 的平行线 $e_1' f_1'$，距离为 L。

（5）按照新、旧投影的变换关系，求出 $e'f'$ 并连线。

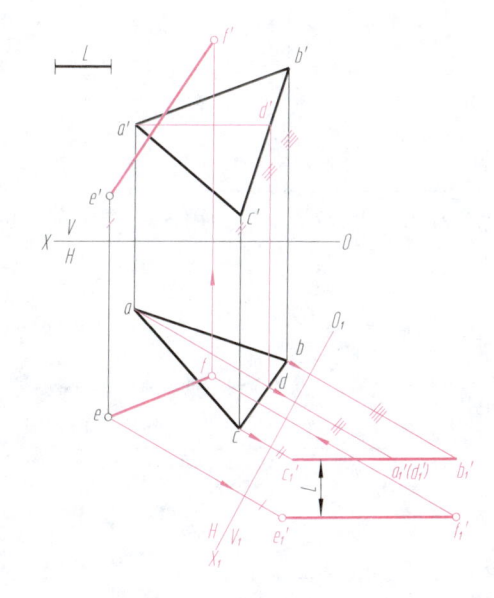

四、习题 4－1　投影变换

1. 求点 A 的新投影。

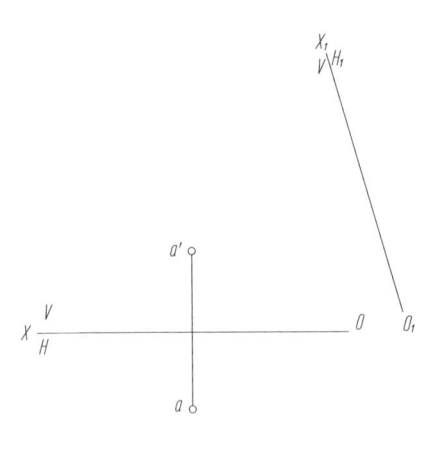

2. 求新投影轴 O_1X_1 和 O_2X_2。

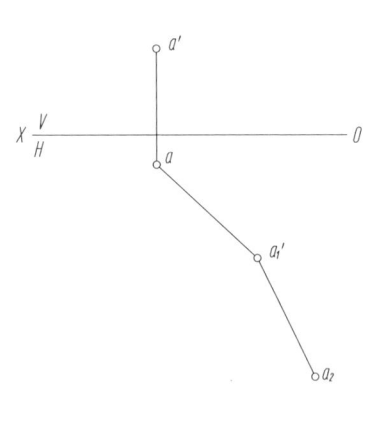

3. 已知点 K 在 CD 上，CK = 12，用换面法求点 K 的投影。

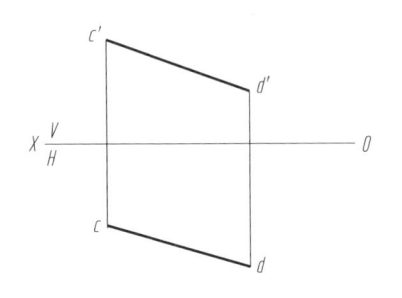

4. 求直线 AB 的实长、α 及 β 角。

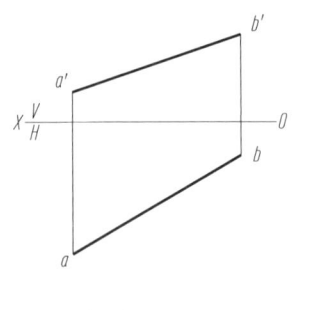

习题 4−2　投影变换

1. 已知直线段 AB 的实长 L = 35，用换面法求直线段 AB 的 H 面投影。

2. 求三角形 ABC 的实形。

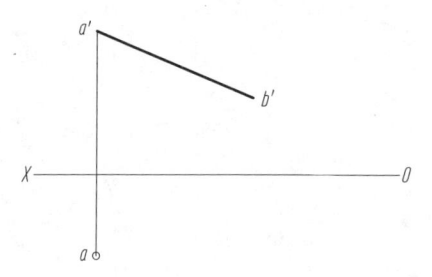

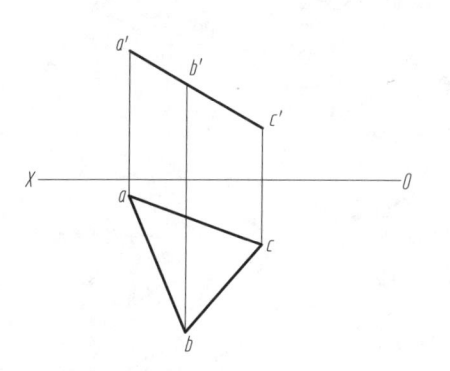

专业：　　　　　　　　班级：　　　　　　　　姓名：　　　　　　　　学号：

习题 4-3　投影变换

1. 求点 M 到平面 DEF 的距离 MN（投影和实长）。

2. 分别求出平面四边形 ABCD 对 H 面和 V 面的倾角。

专业：　　　　　　　　班级：　　　　　　　　姓名：　　　　　　　　学号：

习题 4−4　投影变换

1. 求作等边 △ABC 的水平投影。

2. 已知点 D 到平面 ABC 的距离为 15，求作点 D 的正面投影。

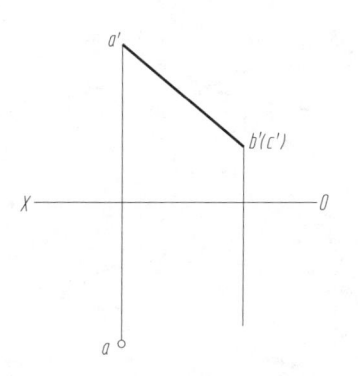

专业：　　　　　　　　　班级：　　　　　　　　　姓名：　　　　　　　　　学号：

习题 4−5 投影变换

1. 求直线 MN 与平面 EFG 的交点，并判别可见性。

2. 已知 △DEF 与 △ABC 平行，且它们的距离为 15，完成 △DEF 的正面投影。

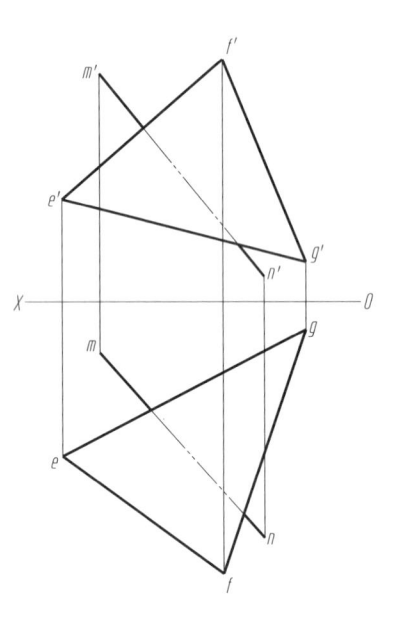

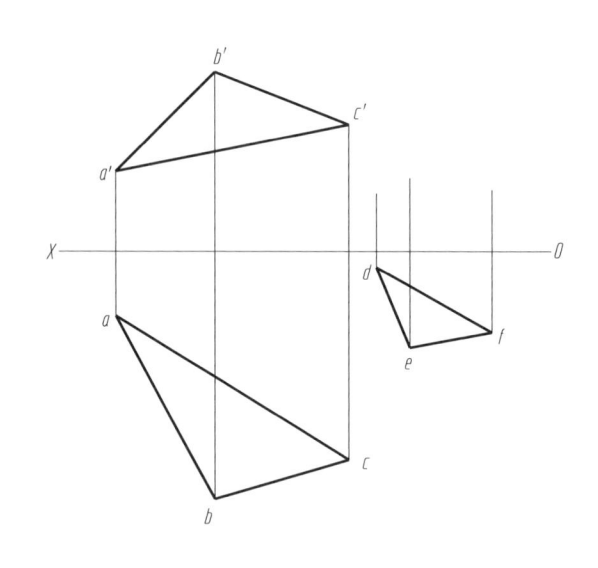

专业： 班级： 姓名： 学号：

习题 4-6 投影变换

1. 求平面 ABC 与平面 ABD 的夹角。

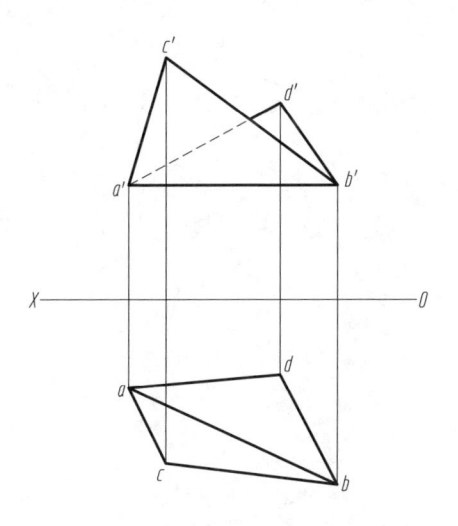

2. 求直线 MN 与平面 EFG 的交点，并判别可见性。

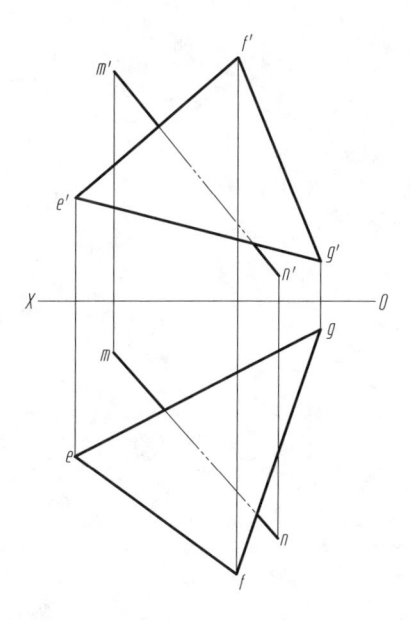

专业：　　　　　　　　　班级：　　　　　　　　　姓名：　　　　　　　　　学号：

习题 4-7 投影变换

1. 求平行两直线 AB、CD 间的距离。

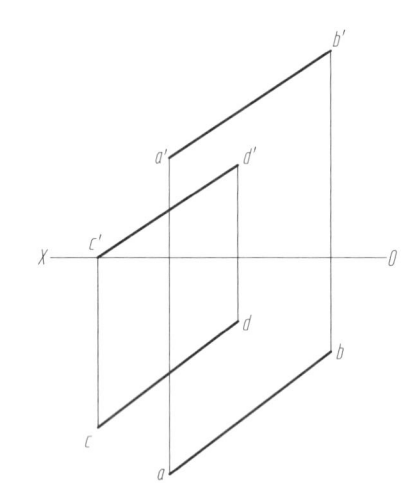

2. 求点 M 到直线 AB 的距离 MN（求出投影和实长）。

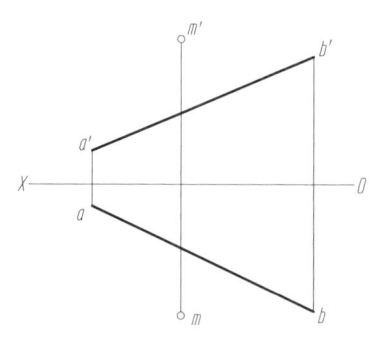

专业： 班级： 姓名： 学号：

第5章 立体及其表面交线

一、内容概要

1. 目的要求。

本章以基本立体（平面立体和曲面立体）投影及其表面取点为基础，研究平面与立体相交求截交线、两立体相贯求相贯线的作图方法。学习时从立体的表面取点入手，熟练掌握积聚性法、素线法和纬圆法等方法求截交线；熟练掌握表面取点法和辅助平面法求相贯线。

（1）本章是在学习了点、线、面投影的基础上，分析立体的投影和立体表面取点的方法，熟悉棱柱、棱锥、圆柱、圆锥、圆球、圆环三面投影的特性，并掌握其表面取点的方法。

（2）掌握典型立体被不同位置平面截切形成截交线的基本性质，因为它既是求解截交线的基础，同时也是用辅助平面法求相贯线的基础。

（3）作图前首先要进行形体及投影分析，求截交线时重点分析截平面和基本几何体的相对位置以及截交线的几何形状；求相贯线时应通过分析两立体的几何性质和两立体之间的相互位置，确定相贯线的形状。

（4）求截交线要从切口入手，求相贯线要从圆（圆柱有积聚性投影）入手，为了准确作图，在画图过程中必须作出特殊点，再适当求一定数量的一般点（4~6个），才能使截交线、相贯线的投影更为准确。

2. 重点、难点。

（1）立体表面取点。

（2）用表面取点法求作截交线。

（3）用辅助平面法求作两立体的相贯线。

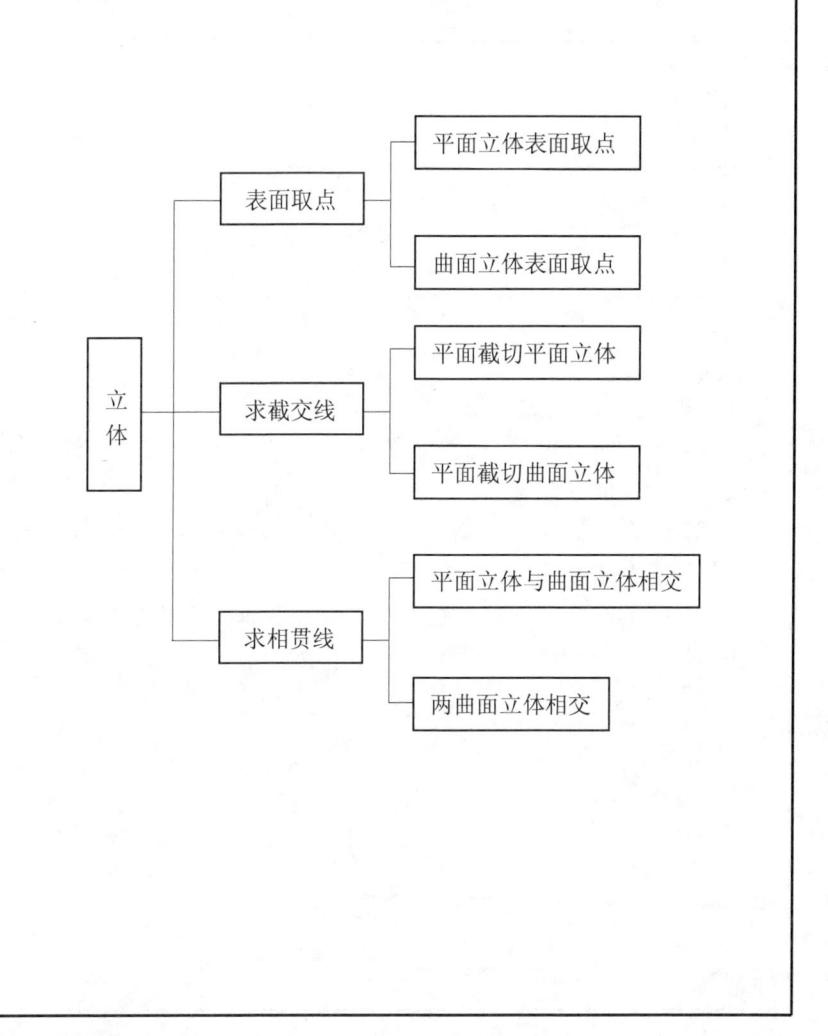

二、题目类型

```
                    ┌─ 表面取点 ─┬─ 平面立体表面取点
                    │            └─ 曲面立体表面取点
                    │
             立体 ──┼─ 求截交线 ─┬─ 平面截切平面立体
                    │            └─ 平面截切曲面立体
                    │
                    └─ 求相贯线 ─┬─ 平面立体与曲面立体相交
                                 └─ 两曲面立体相交
```

三、示例及解题方法 例 5-1 平面立体表面取点

题目 作出六棱柱的水平投影,以及它表面上 A、B、C 三点的三面投影。

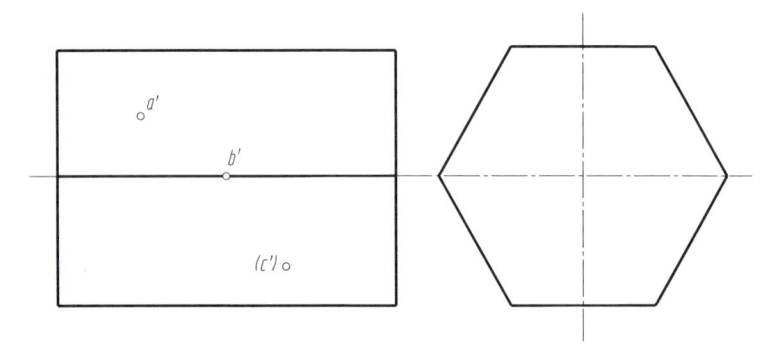

分析

(1) 根据 a' 的可见性和位置,可以看出:点 A 在六棱柱的前上棱面上,该面为侧垂面,有积聚性。

(2) b' 在六棱柱的最前棱线上,该棱线侧面投影积聚为一个点,利用点在线上的原理求解。

(3) c' 不可见,故 C 点在六棱柱的后下面,该平面为侧垂面,在侧面投影有积聚性。

作图步骤

(1) 根据长对正,宽相等,作出六棱柱的水平投影。

(2) 过 a' 作投影连线交侧面投影的前上棱面(斜线)于 a'',二补三求 a,并可见。

(3) 过 b' 作投影连线交水平投影于最前方的棱线于 b,并可见,侧面投影交于一点 b''。

(4) 过 c' 作投影连线交侧面投影后下棱面(斜线)于 c'',二补三求 c,不可见。

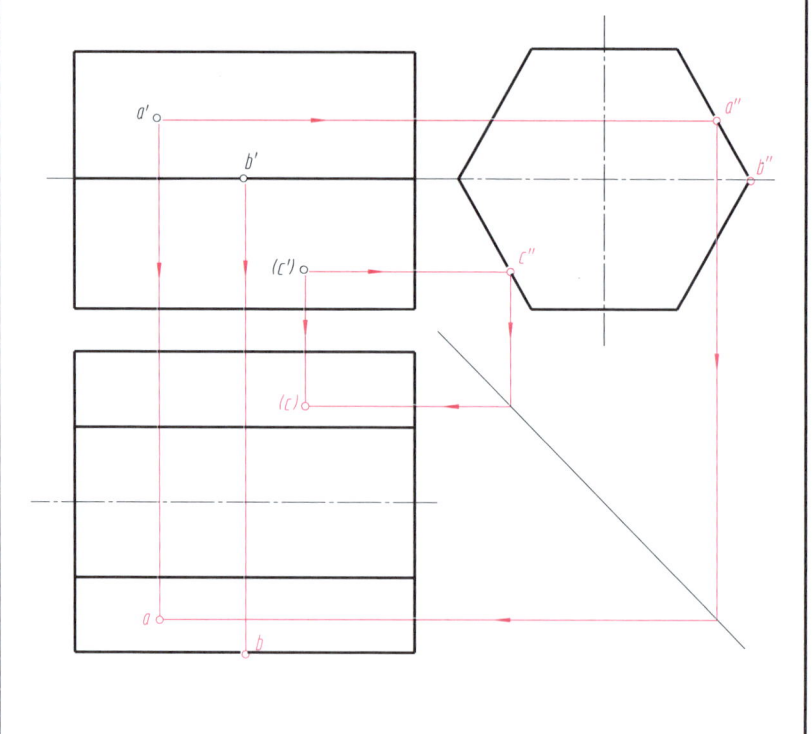

例 5-2　平面截切曲面立体示例

题目　作出圆柱体被截切后的侧面投影。

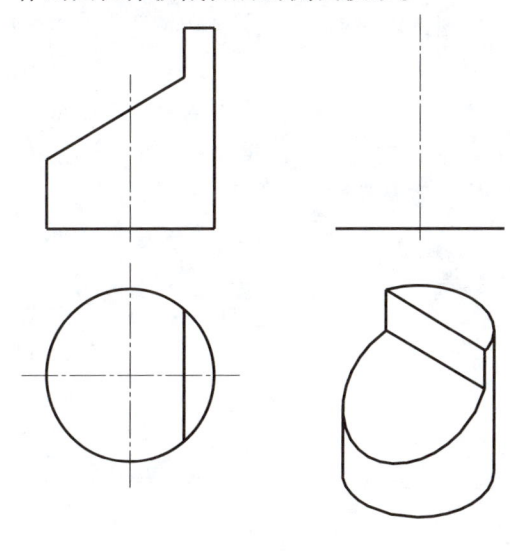

分析

（1）正垂面截切圆柱体，截交线为椭圆弧和直线围成的图形，正面投影积聚为一直线段，与 P_V 重合，水平投影为一段圆弧，在圆柱面的水平投影上，侧面投影为椭圆弧。

（2）侧平面截切圆柱体，截交线为矩形，正面投影和水平投影积聚为直线，侧面投影反映实形。

作图步骤

（1）先画出圆柱体没被截切之前的侧面投影。

（2）正垂面截切产生的截交线为椭圆弧，先从正面投影入手，标记所有特殊点 A、B、C、D、E 和一般点 F、G，在水平投影上求出相应点的第二投影，二补三求其侧面投影。

（3）侧平面截切后的截交线为矩形，正面和水平投影已知，标记四个顶点 BB_1C_1C，二补三求其侧面投影为一矩形。

（4）求出两截平面的交线。

（5）依次光滑连接各点，并判别可见性。

（6）整理轮廓线，最前和最后轮廓线在 E、D 两点上方截掉，完成截切圆柱体的侧面投影。

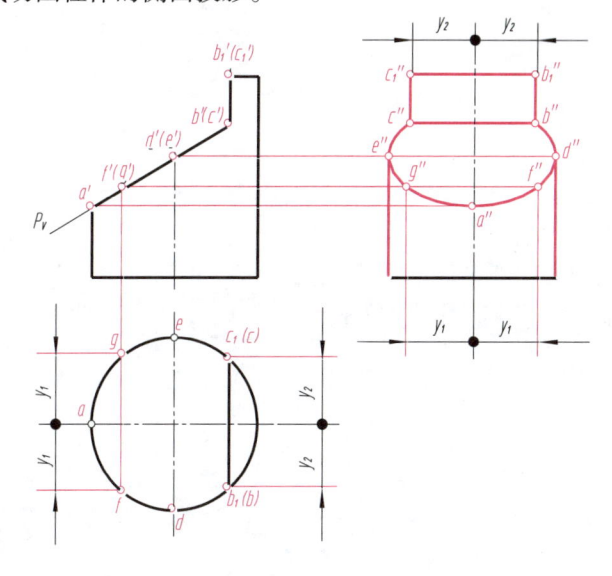

例 5-3 平面截切曲面立体示例

题目 完成圆锥体被截切后的水平投影和侧面投影。

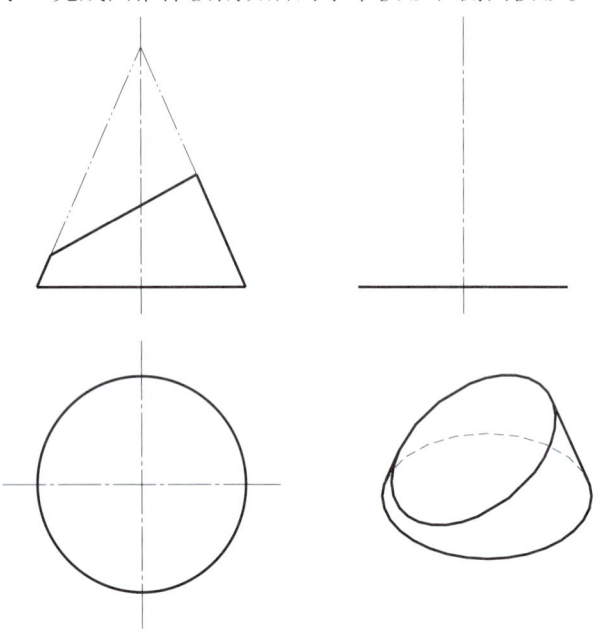

作图步骤

（1）先补画圆锥没被截切之前的侧面投影。

（2）在截交线已知的正面投影（斜线上）确定 5 个特殊点 A、B、C、D、E、F 的投影，再根据表面取点的方法求其余两投影。

（3）在正面投影（斜线上）确定 2 个一般点 M、N 的投影，再根据表面取点的方法求其余两投影。

（4）判别可见性，光滑连线。

（5）整理轮廓线。

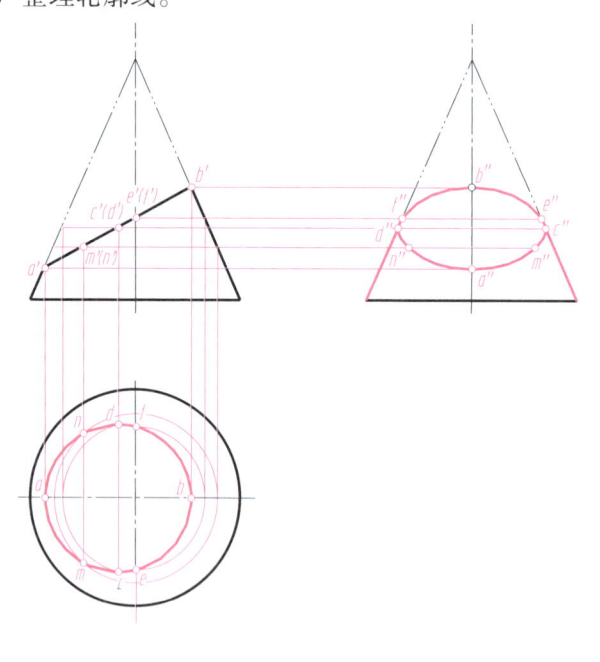

分析

正垂面截切圆锥体的截交线为椭圆，正面投影已知，水平投影和侧面投影待求，体现类似性。

例 5-4　两曲面立体相交示例

题目　作出圆柱与圆锥正交的正面投影和水平投影。

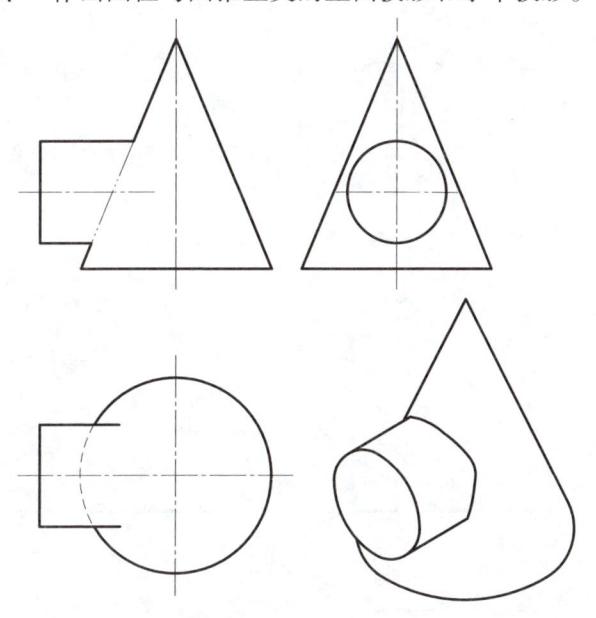

分析　圆柱与圆锥轴线正交，相贯线是一封闭的空间曲线，因为两形体前后对称，所以相贯线前后对称。相贯线的侧面投影重合在圆柱积聚的圆周上，正面和水平投影待求。用表面取点法和辅助平面法均可。

作图步骤

（1）求特殊点：从整圆入手，确定四个特殊点 1、6、4、5（最高、低、前、后），4、5 两点利用辅助水平面 P 来求，另外在正面投影中过两轴线的交点做圆锥素线的垂线，过垂足作辅助水平面 Q 求得 2、3 两个最右点。

（2）在特殊点之间作辅助水平面 S 求得两个一般点。

（3）判别可见性，光滑连线。正面投影可见与不可见部分重合，画粗实线。水平投影 1、2、3、4、5 可见，其余不可见。

（4）整理轮廓线。水平投影中圆柱的最前和最后轮廓线画至 4、5 两点。

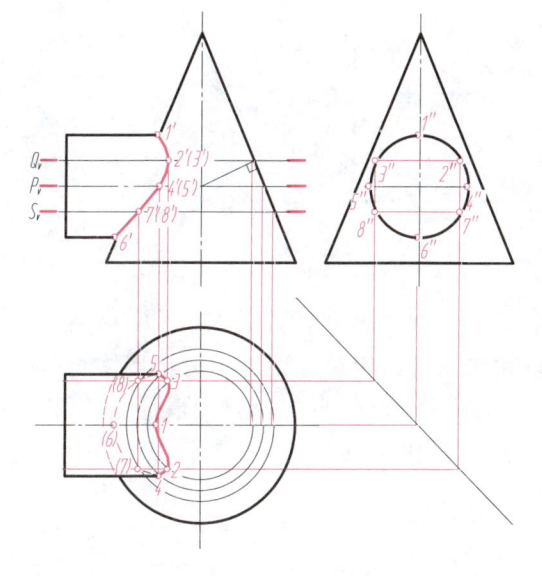

— 53 —

例 5-5　两曲面立体相交示例

题目　作出圆台与部分球体相贯线的三面投影。

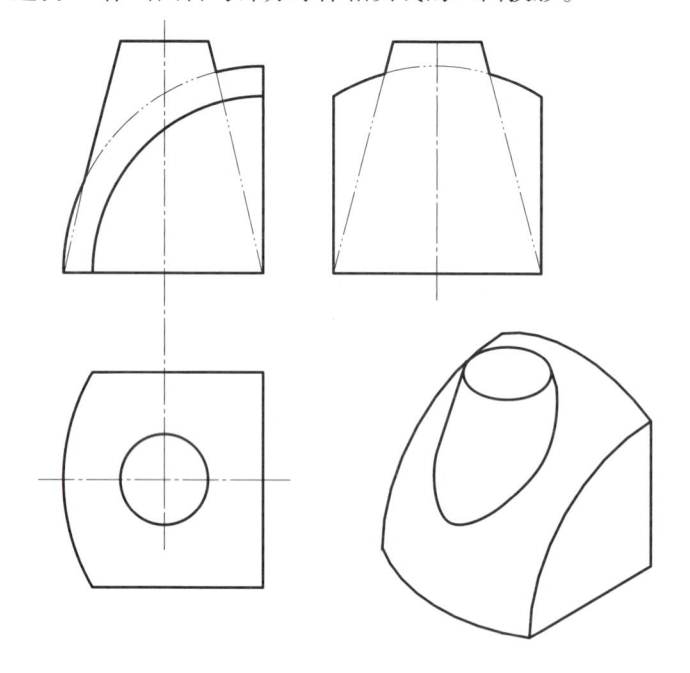

分析　圆台在圆球体的左上方，两个形体前后对称，相贯线是一封闭空间曲线且前后对称，由于两相贯体无积聚性，因此，相贯线的三面投影都未知。除最高点和最低点外所有点只能用辅助平面法，作一系列的水平面和一个通过圆锥轴线的侧平面。

作图步骤

（1）求特殊点：最高点 1 和最低点 2 三面投影可直接求得。圆锥台前后轮廓素线上的两个点 3、4 利用通过轴线的侧平面可求得。

（2）求一般点：在最高与最低点之间作辅助水平面求得一般点 5、6。

（3）判别可见性、光滑连线。水平投影均可见，画粗实线，侧面投影 3、5、2、6、4 可见，其余不可见。

（4）整理轮廓线。侧面投影中圆锥台的前后轮廓素线画至 3、4 两点。

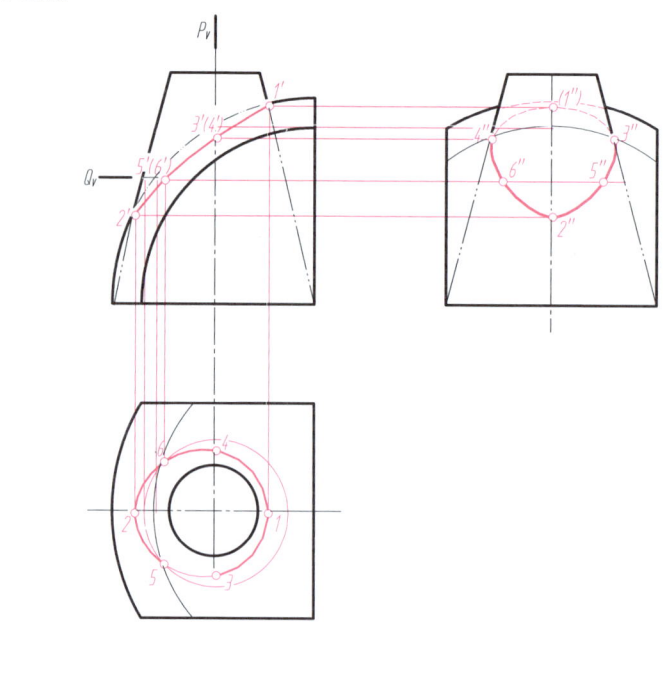

四、习题 5-1　指出下列几何形体的名称并补画第三视图

形体是 _____

形体是 _____

形体是 _____

形体是 _____

形体是 _____

形体是 _____

专业：　　　　　　班级：　　　　　　姓名：　　　　　　学号：

— 55 —

习题 5-2　补全立体表面点的投影

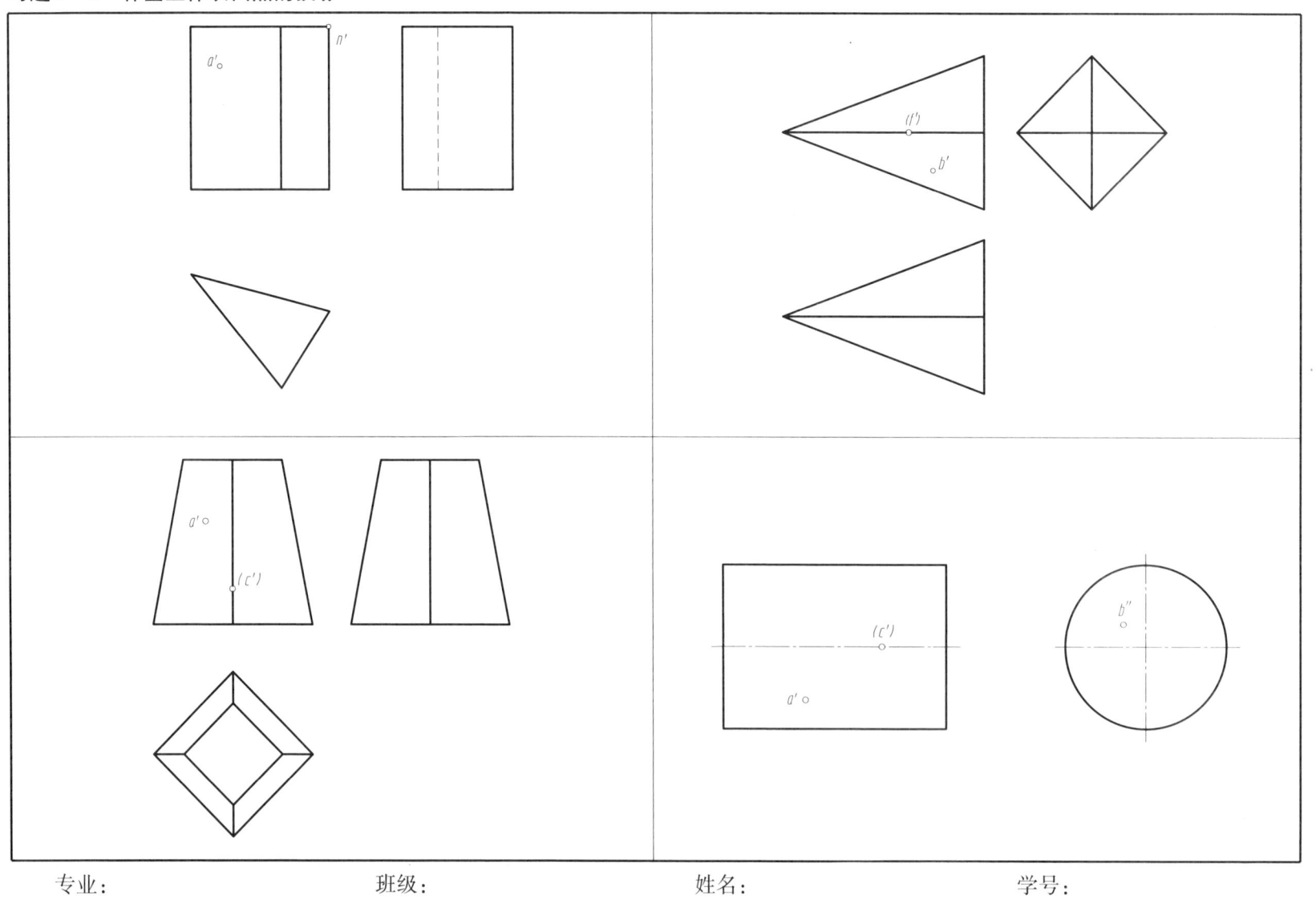

习题 5-3　补全立体表面点的投影

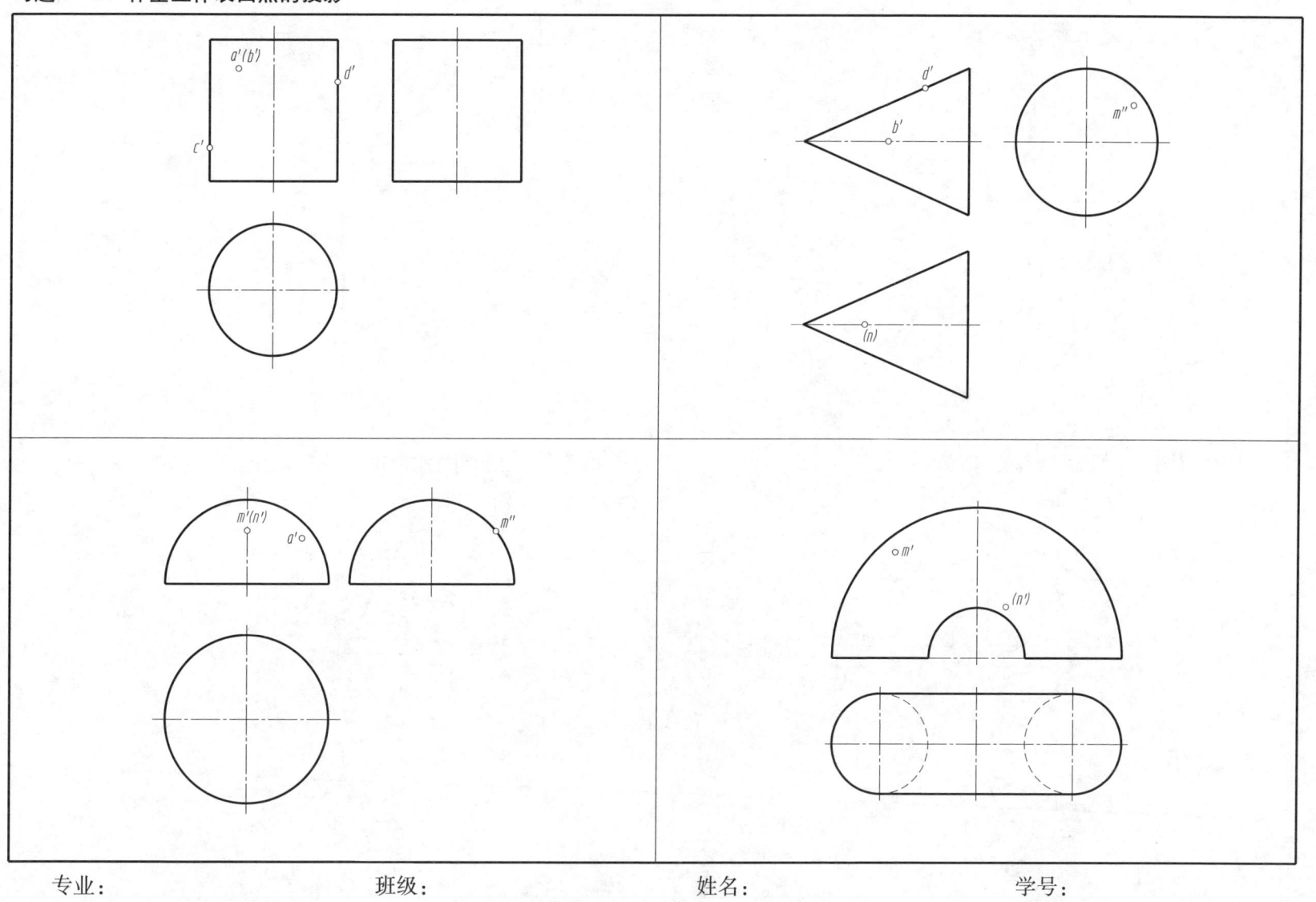

习题 5-4 平面与立体相交

1. 作出三棱柱截切后的侧面投影。

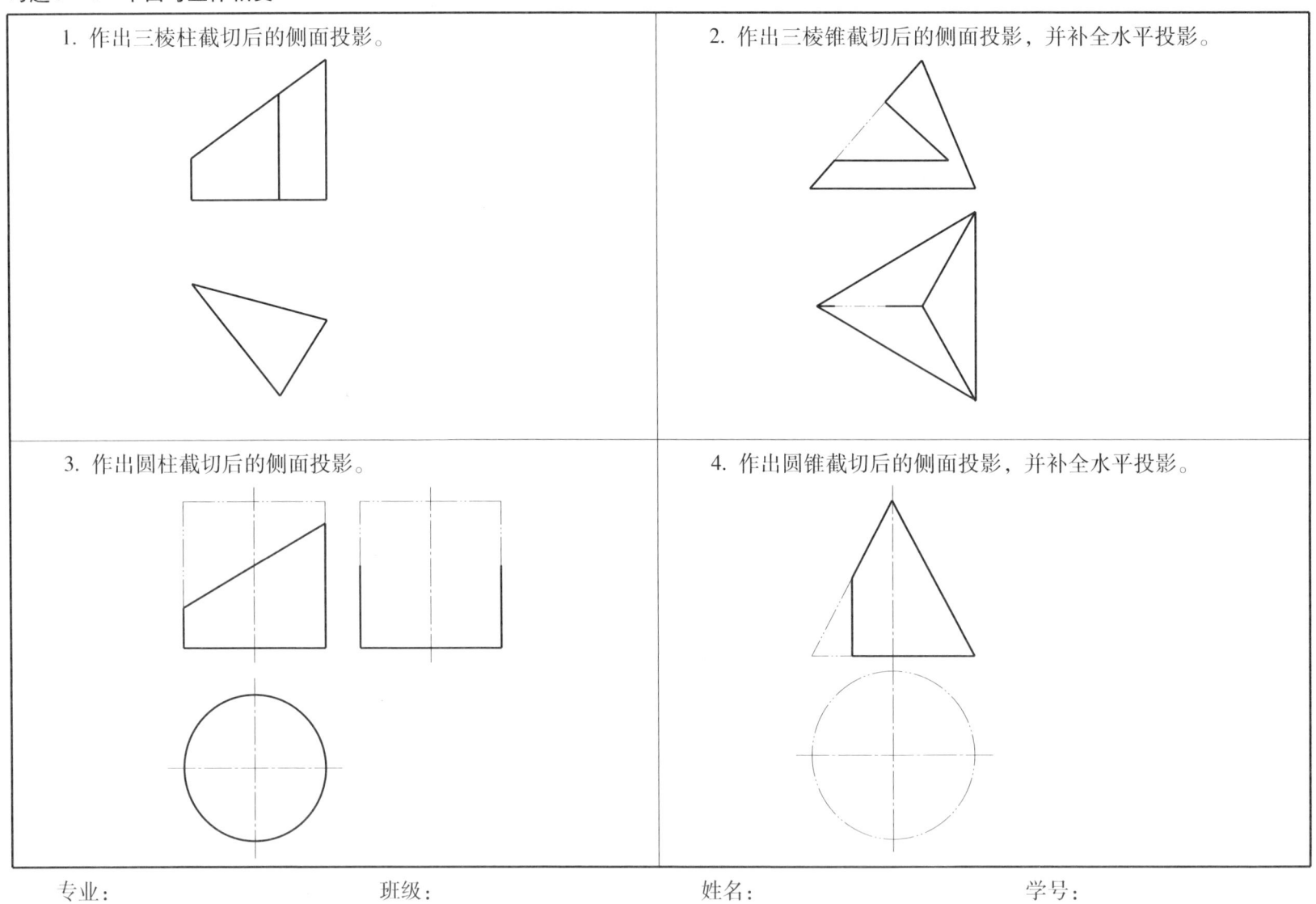

2. 作出三棱锥截切后的侧面投影，并补全水平投影。

3. 作出圆柱截切后的侧面投影。

4. 作出圆锥截切后的侧面投影，并补全水平投影。

专业：　　　　　　班级：　　　　　　姓名：　　　　　　学号：

习题 5-5　平面与立体相交

1. 作出截顶四棱锥的水平投影，并补全侧面投影。

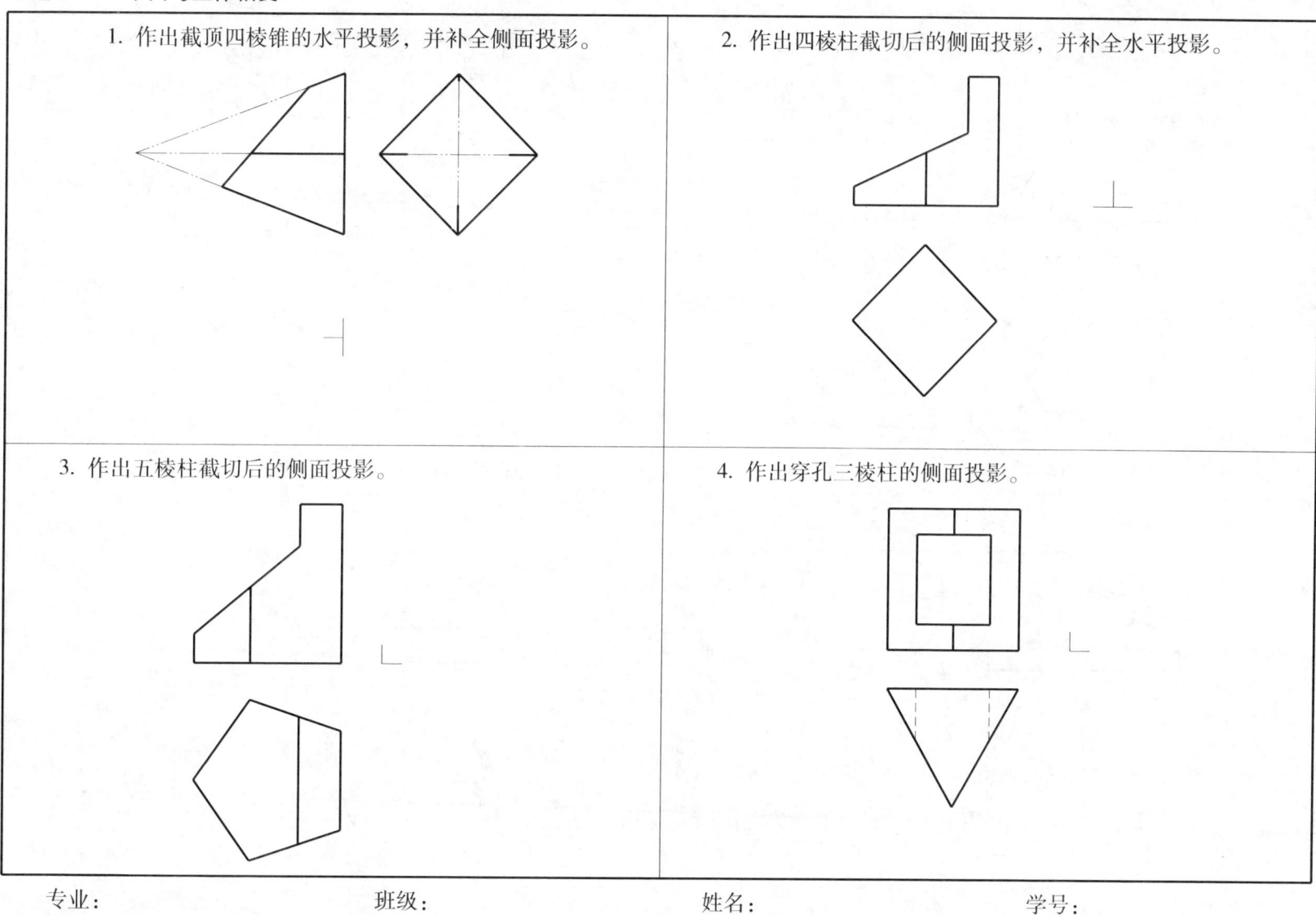

2. 作出四棱柱截切后的侧面投影，并补全水平投影。

3. 作出五棱柱截切后的侧面投影。

4. 作出穿孔三棱柱的侧面投影。

专业：　　　　　　班级：　　　　　　姓名：　　　　　　学号：

习题 5-6　平面与立体相交

1. 补全六棱锥截切后的水平投影和侧面投影。

2. 作出五棱柱穿孔后的水平投影。

3. 补全圆柱截切后的水平投影。

4. 作出圆锥截切后的侧面投影，并补全水平投影。

专业：　　　　　　班级：　　　　　　姓名：　　　　　　学号：

习题 5-7　平面与立体相交

1. 作出圆柱穿孔后的侧面投影。

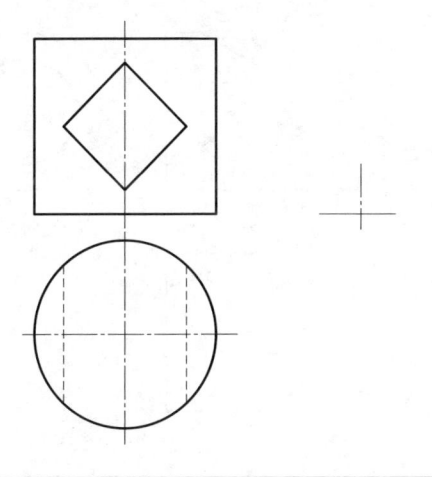

2. 作出圆锥截切后的水平投影，并补全侧面投影。

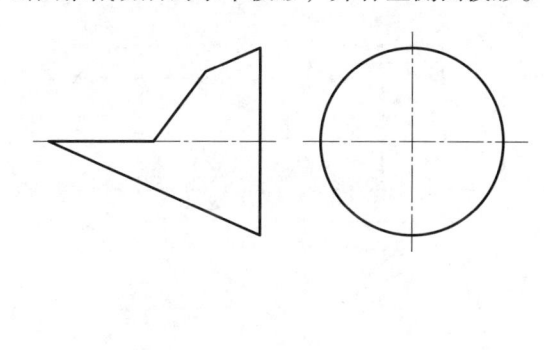

3. 补全半球截切后的水平投影和侧面投影。

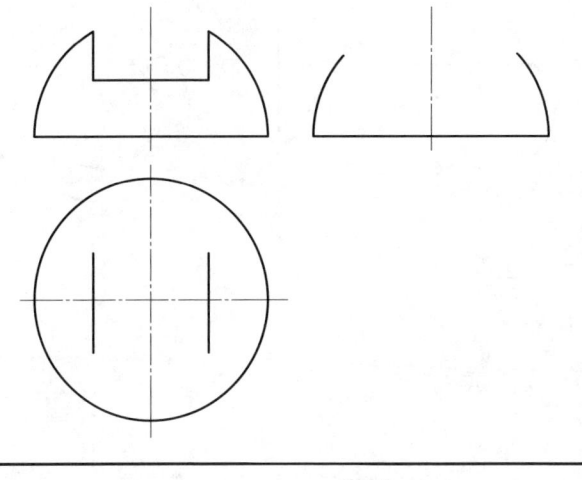

4. 作出半圆筒截切后的水平投影。

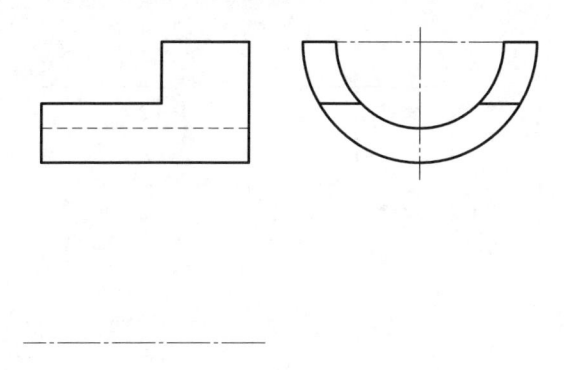

专业：　　　　　　　　　　班级：　　　　　　　　　　姓名：　　　　　　　　学号：

习题 5-8　平面与立体相交

1. 作出圆柱截切后的水平投影。

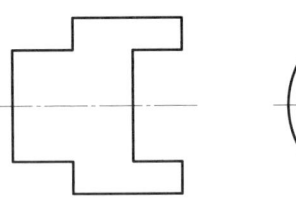

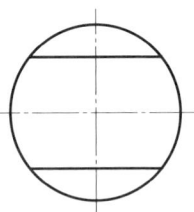

2. 补全圆筒截切后的水平投影。

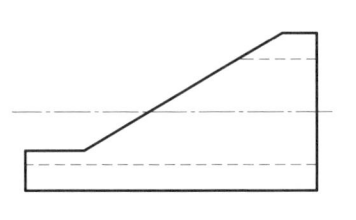

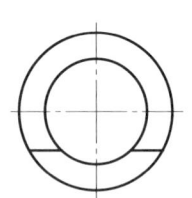

3. 作出组合回转体截切后的水平投影。

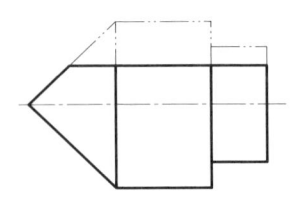

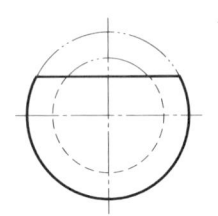

4. 作出组合回转体截切后的水平投影

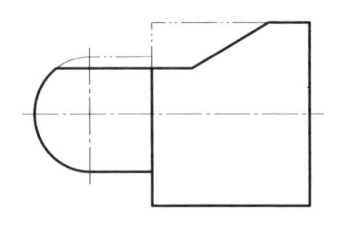

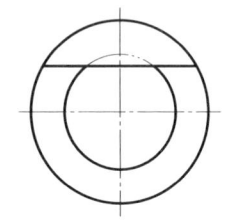

专业：　　　　　班级：　　　　　姓名：　　　　　学号：

习题 5-9　两曲面立体相交

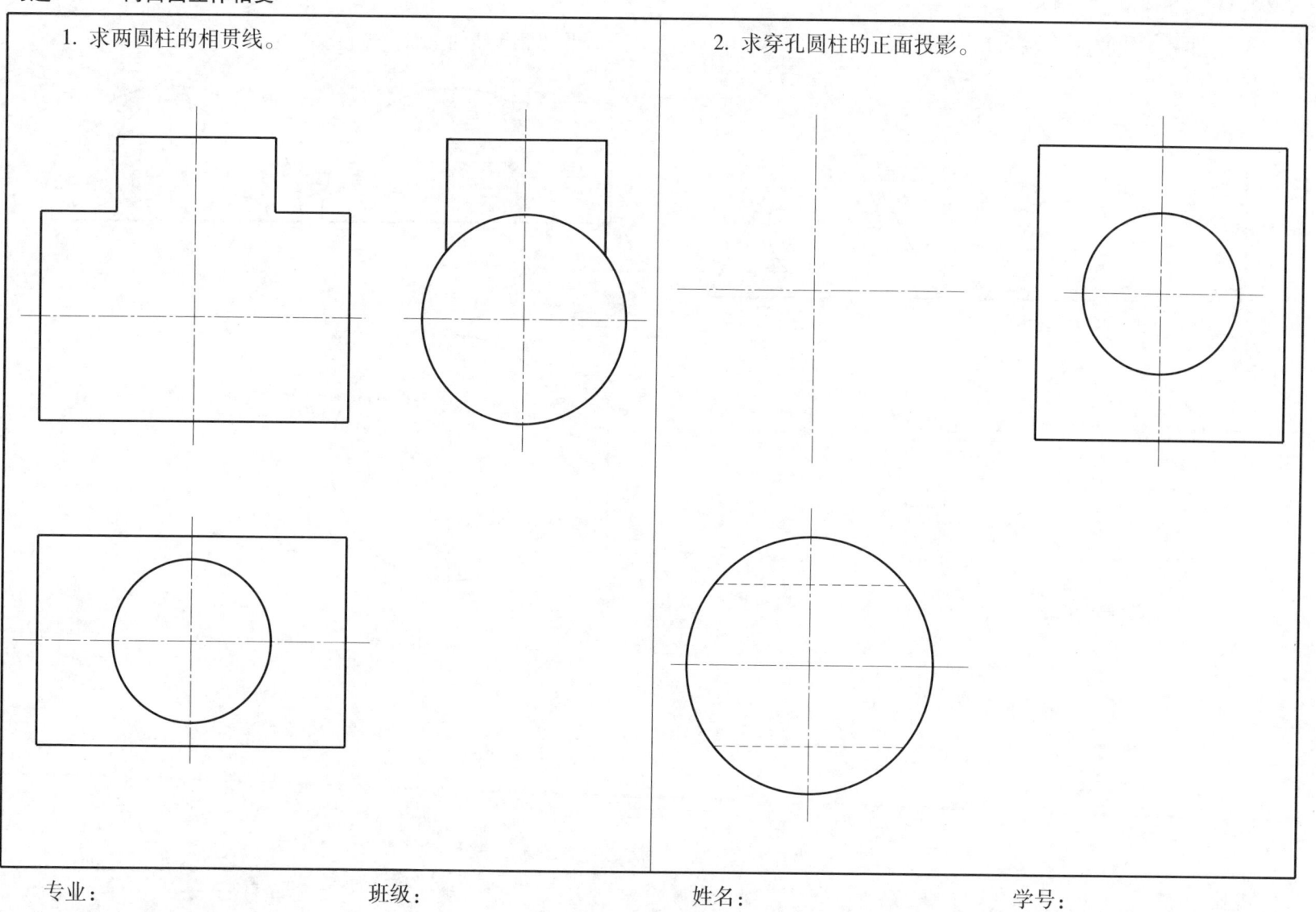

1. 求两圆柱的相贯线。

2. 求穿孔圆柱的正面投影。

专业：　　　　　　　　班级：　　　　　　　　姓名：　　　　　　　　学号：

— 63 —

习题 5-10 两曲面立体相交

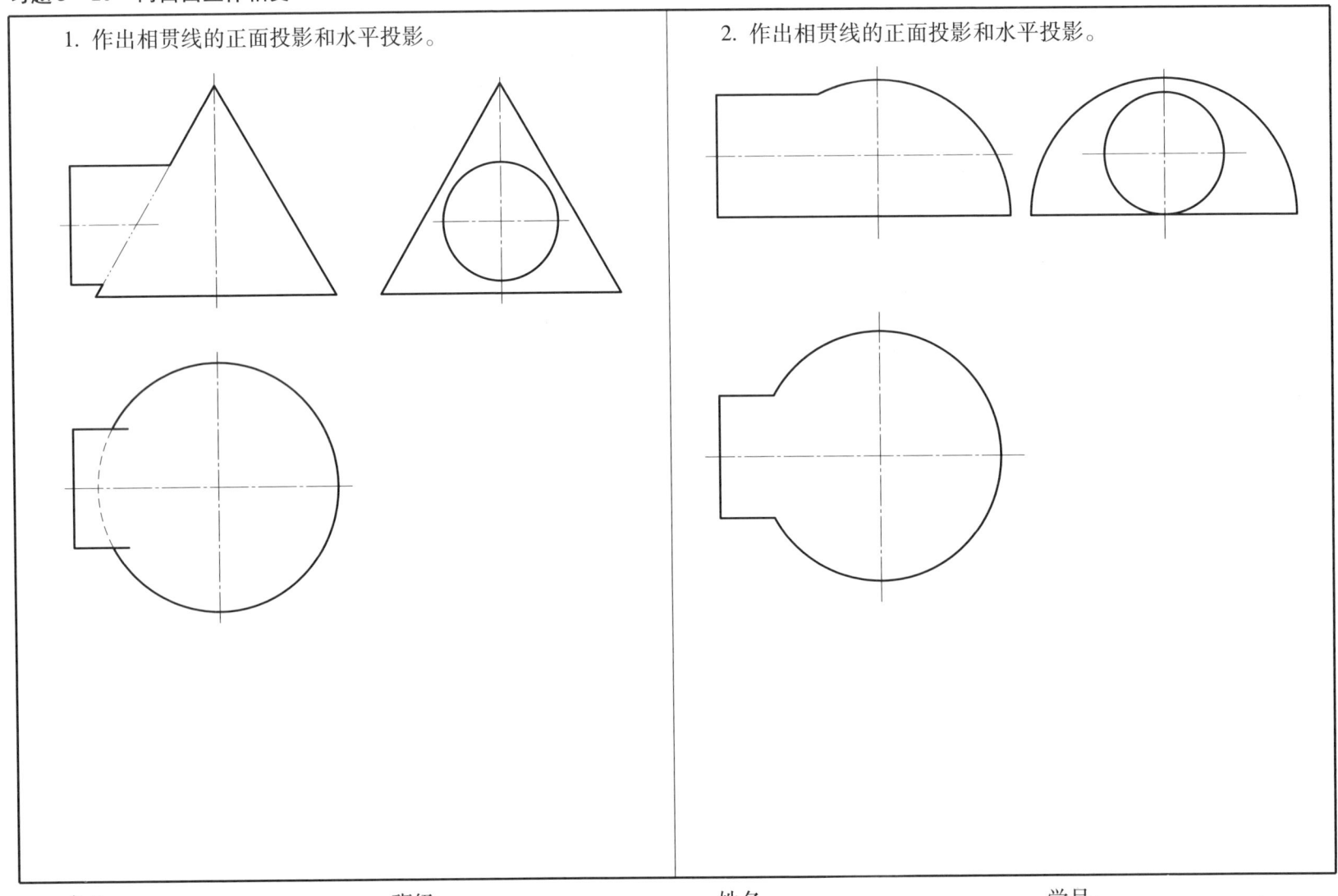

1. 作出相贯线的正面投影和水平投影。

2. 作出相贯线的正面投影和水平投影。

专业：　　　　　　　　班级：　　　　　　　　姓名：　　　　　　　　学号：

习题 5-11　两曲面立体相交

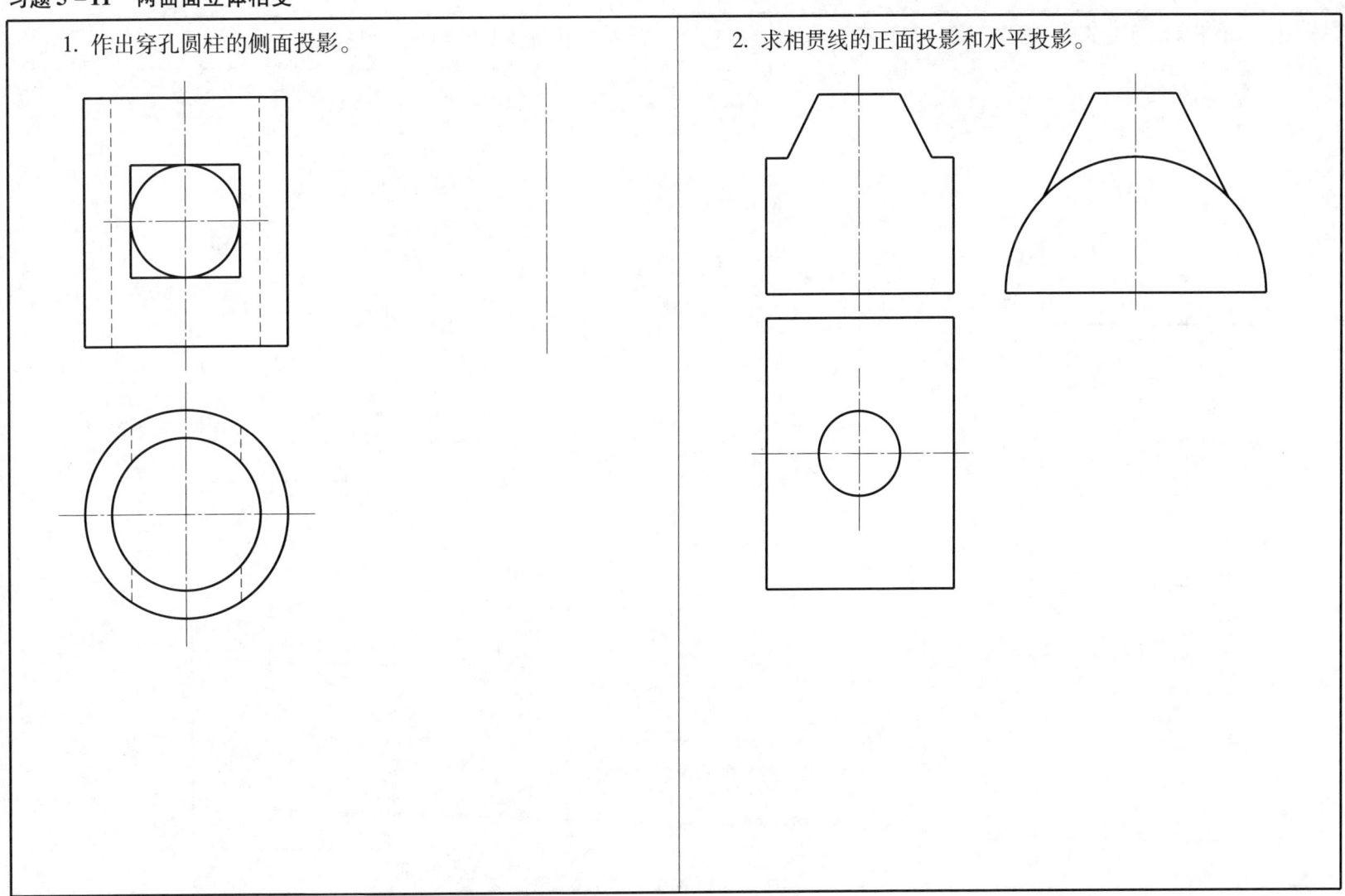

1. 作出穿孔圆柱的侧面投影。

2. 求相贯线的正面投影和水平投影。

专业：　　　　　　　　　班级：　　　　　　　　　姓名：　　　　　　　　　学号：

习题 5-12　两曲面立体相交

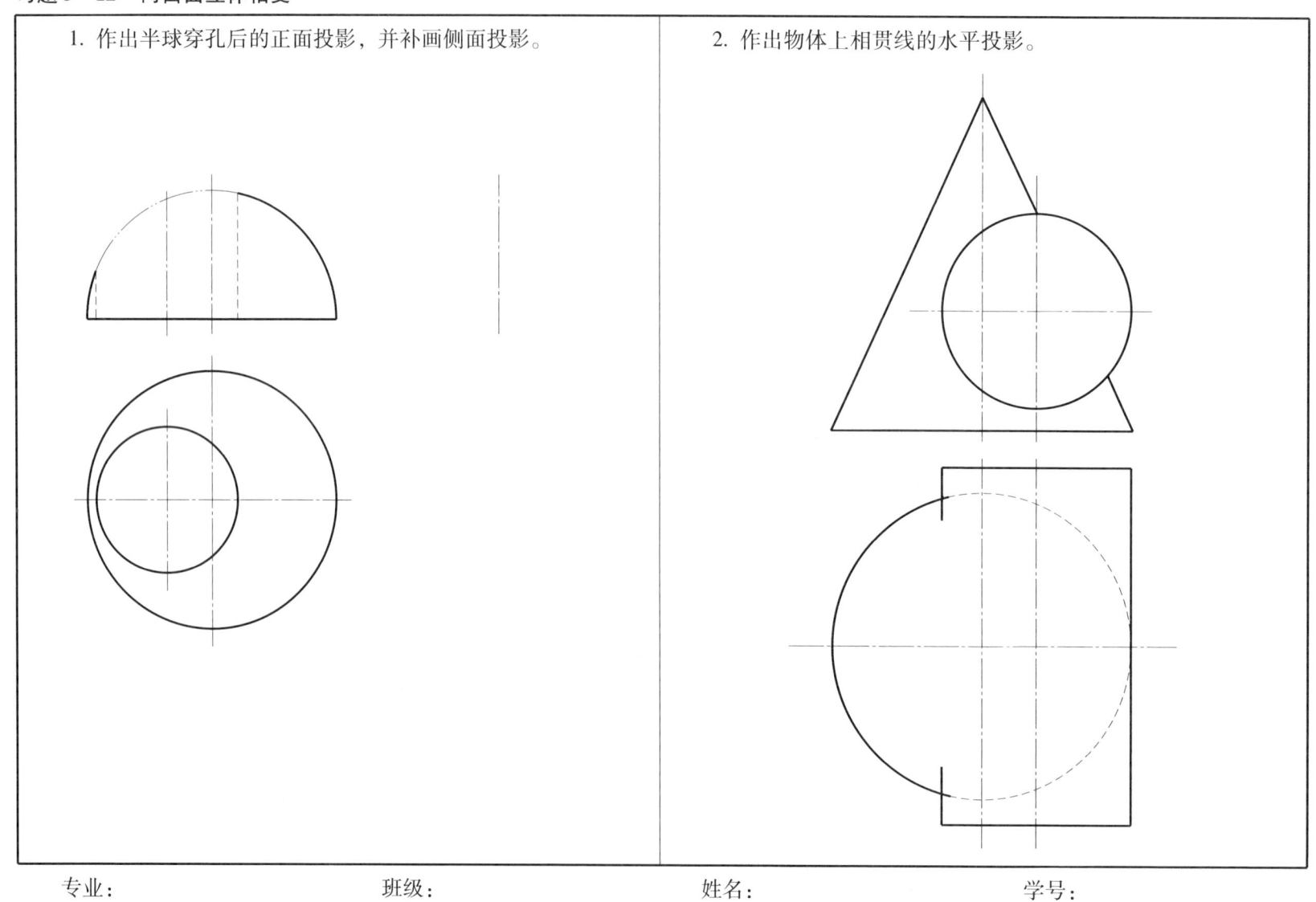

1. 作出半球穿孔后的正面投影，并补画侧面投影。

2. 作出物体上相贯线的水平投影。

专业：　　　　　　班级：　　　　　　姓名：　　　　　　学号：

习题 5-13　两曲面立体相交

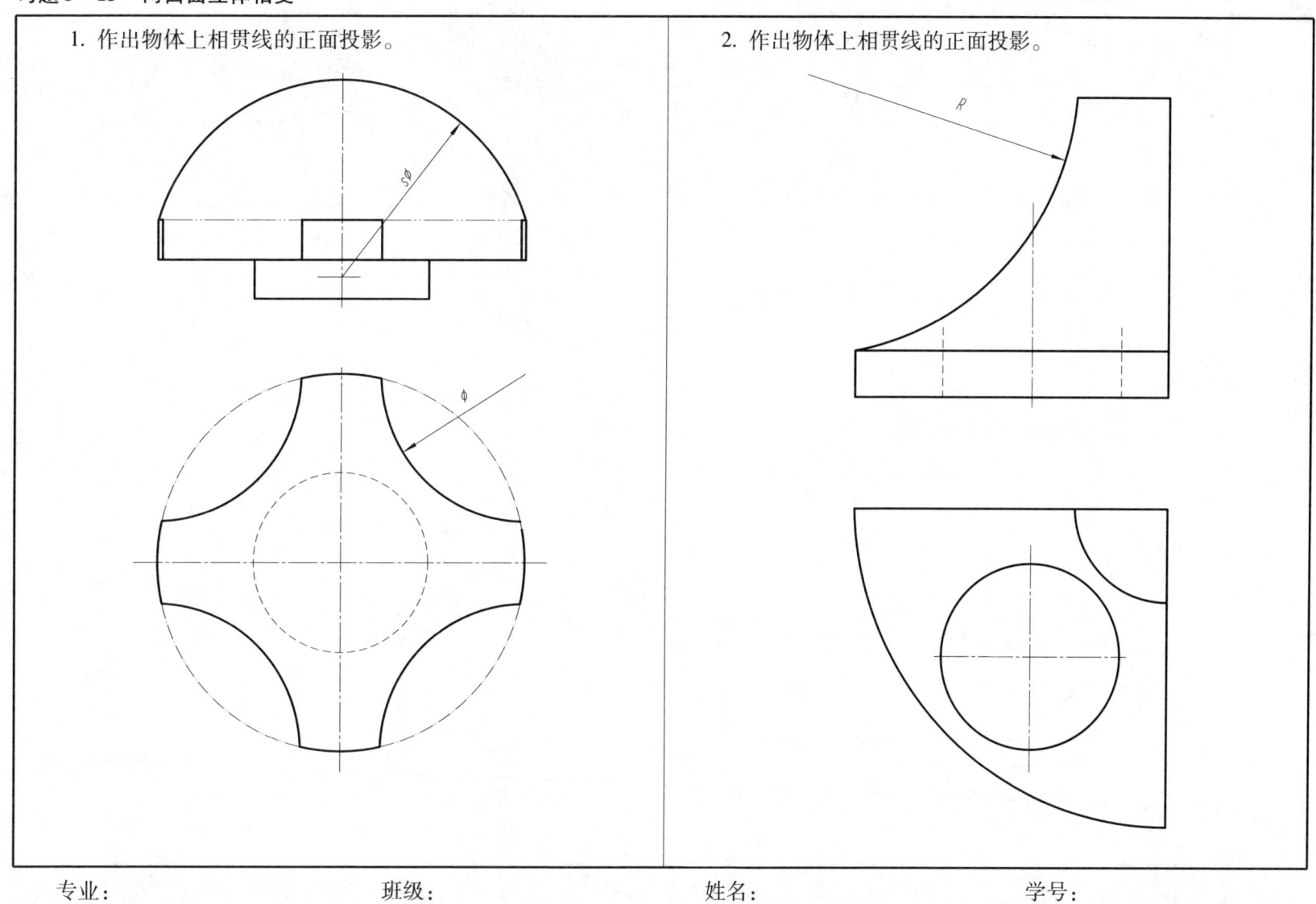

1. 作出物体上相贯线的正面投影。

2. 作出物体上相贯线的正面投影。

习题 5-14　两曲面立体相交

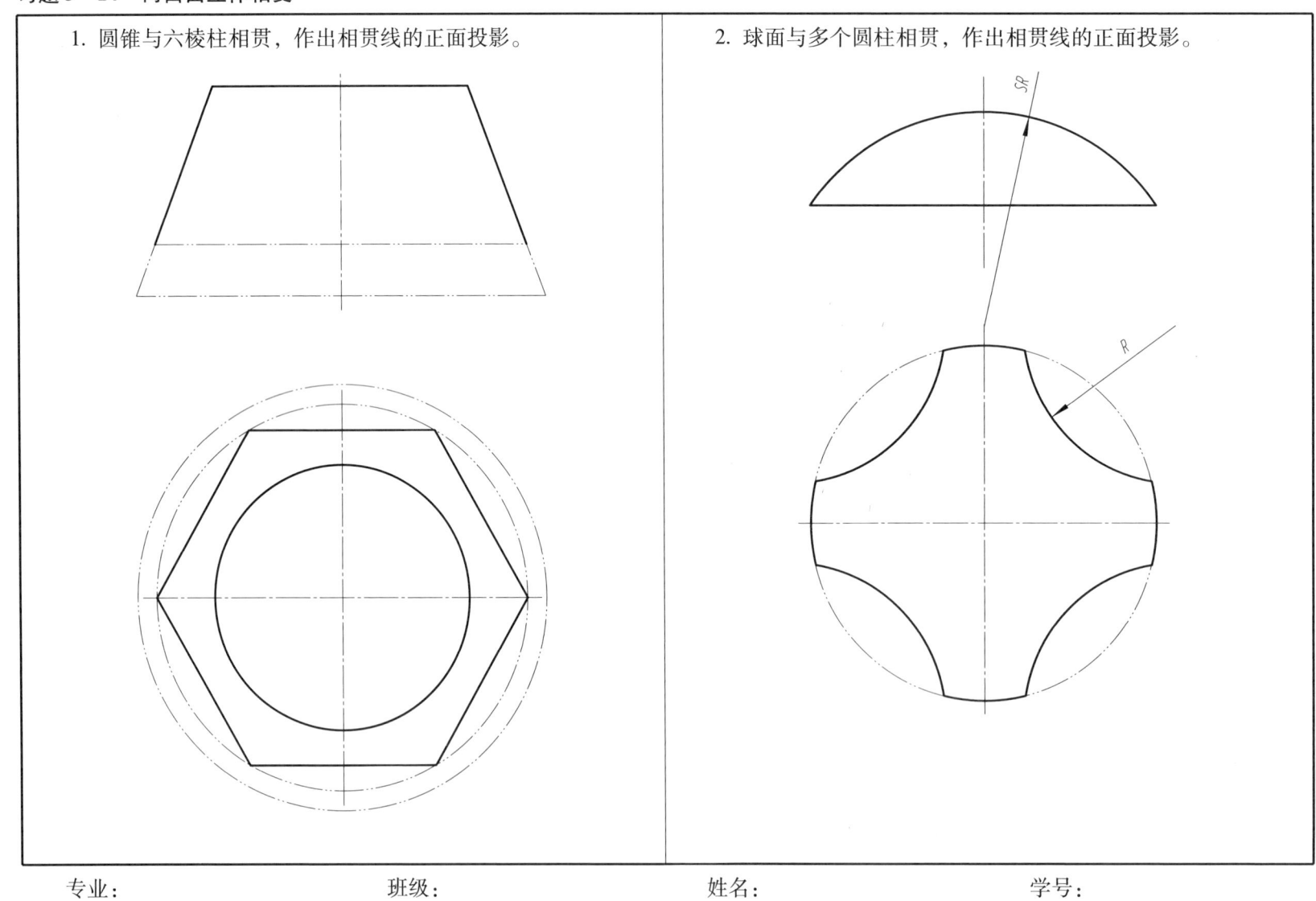

1. 圆锥与六棱柱相贯，作出相贯线的正面投影。

2. 球面与多个圆柱相贯，作出相贯线的正面投影。

专业：　　　　　　　　　班级：　　　　　　　　　姓名：　　　　　　　　　学号：

第6章 组合体视图

一、内容概要

1. 目的要求。

本章以组合体为对象，研究其三视图的画法、看图方法和尺寸标注方法。遵循三视图投影规律，借助形体分析的概念与方法，将复杂的组合体结构分析成若干简单形体来处理它们的投影制图、视图阅读以及尺寸标注，从而使这些复杂的工作简单化。同时引入线面分析方法，对于形体分析特征不是很明显的物体，通过分析视图上的图线和封闭线框可能代表的含义构思物体的空间形状。尺寸标注用于表示物体结构的大小，机械制图国家标准中的相关规定将得到贯彻。通过绘制和阅读组合体视图的训练，将使以前各章节知识内容获得应用，同时也为学习后续课程及将来绘制零件图打下基础。这种承上启下的作用，决定了本章内容的重要性。

要求学生通过学习达到以下要求：

（1）熟练掌握形体分析的概念，了解组合体的组合形式及其投影特征，并能在画组合体视图、看组合体视图及组合体视图的尺寸标注中熟练应用形体分析的方法。

（2）熟练运用三视图投影规律，掌握画组合体视图的步骤和方法。

（3）要求能够完整、正确、清晰地标注组合体的尺寸。

（4）在看组合体视图过程中，以形体分析为主，结合线面分析，将复杂的组合体简化，逐步想象出整个组合体的形状。

2. 重点、难点。

（1）用形体分析法画组合体三视图。

（2）用形体分析法和线面分析法看组合体视图。

（3）正确、完整、清晰地标注组合体尺寸。

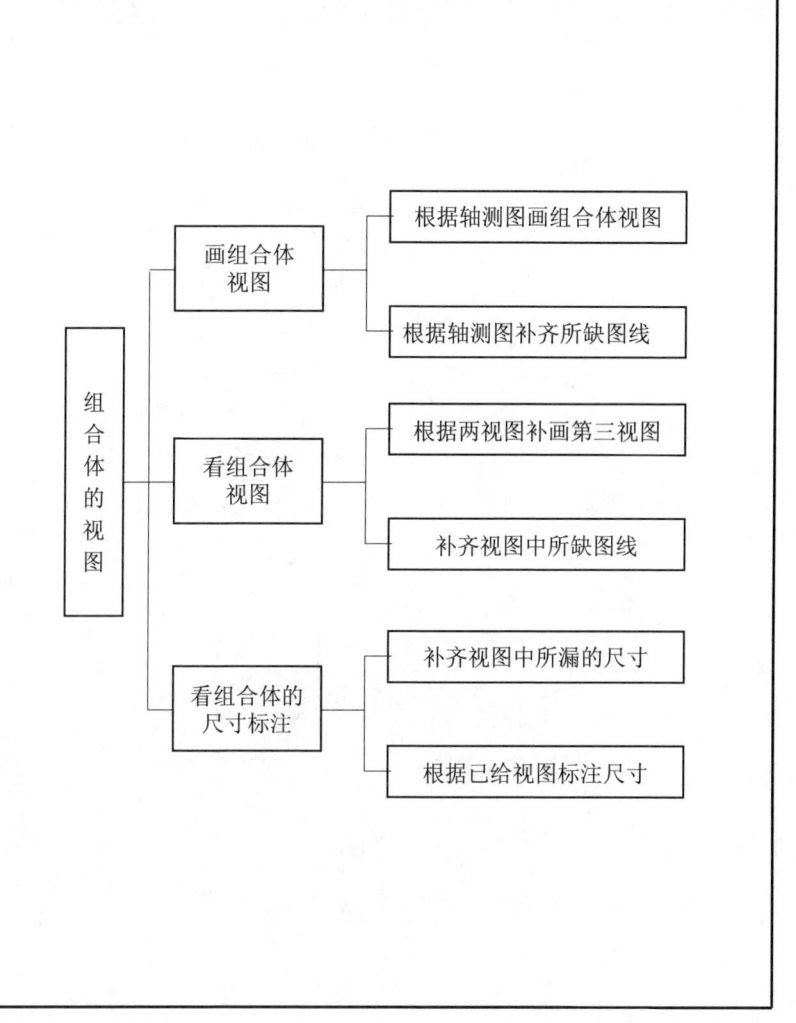

二、题目类型

组合体的视图
- 画组合体视图
  - 根据轴测图画组合体视图
  - 根据轴测图补齐所缺图线
- 看组合体视图
  - 根据两视图补画第三视图
  - 补齐视图中所缺图线
- 看组合体的尺寸标注
  - 补齐视图中所漏的尺寸
  - 根据已给视图标注尺寸

三、示例及解题方法　例6-1　根据轴测图画组合体视图示例

题目　根据已给视图，补画主视图。

形体分析　此题应将物体分解成一些基本体，然后逐个画出各基本体视图。物体由两相贯空心圆筒、水平板、竖板组成。

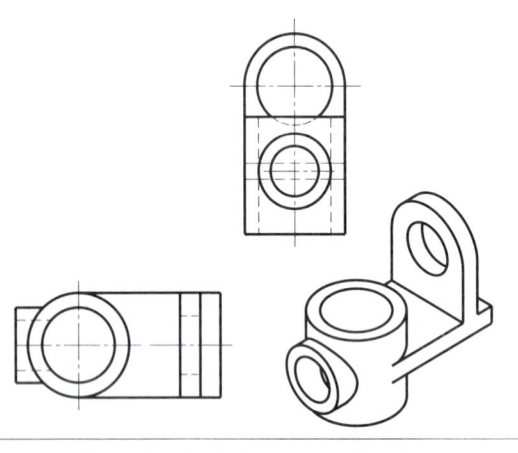

解题步骤1　补画两空心圆柱主视图。

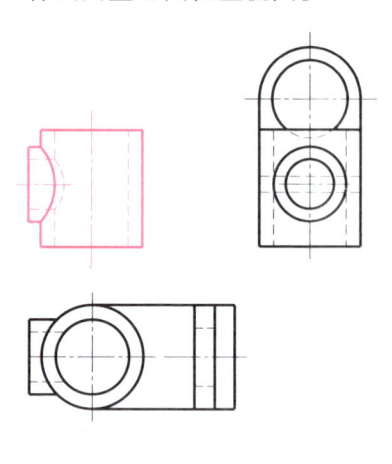

解题步骤2　补画水平板主视图，注意相切处画法。

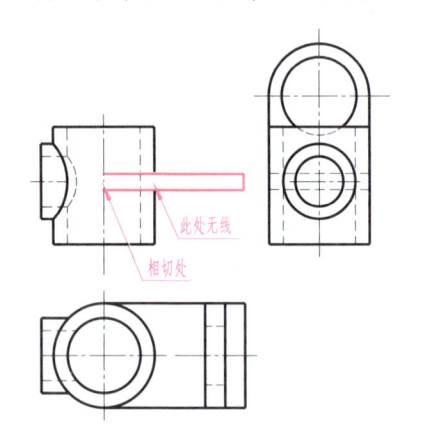

解题步骤3　补画竖板主视图，注意水平板侧面和竖板的侧面共面，两板分界处无线。

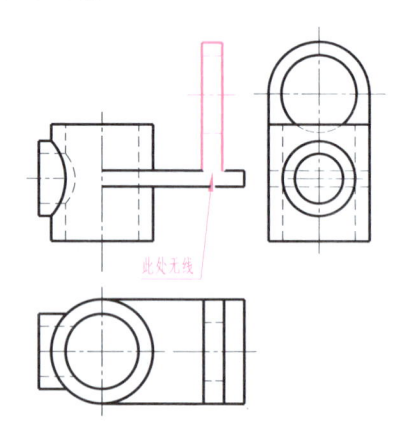

例 6-2 补齐视图中所缺的图线示例

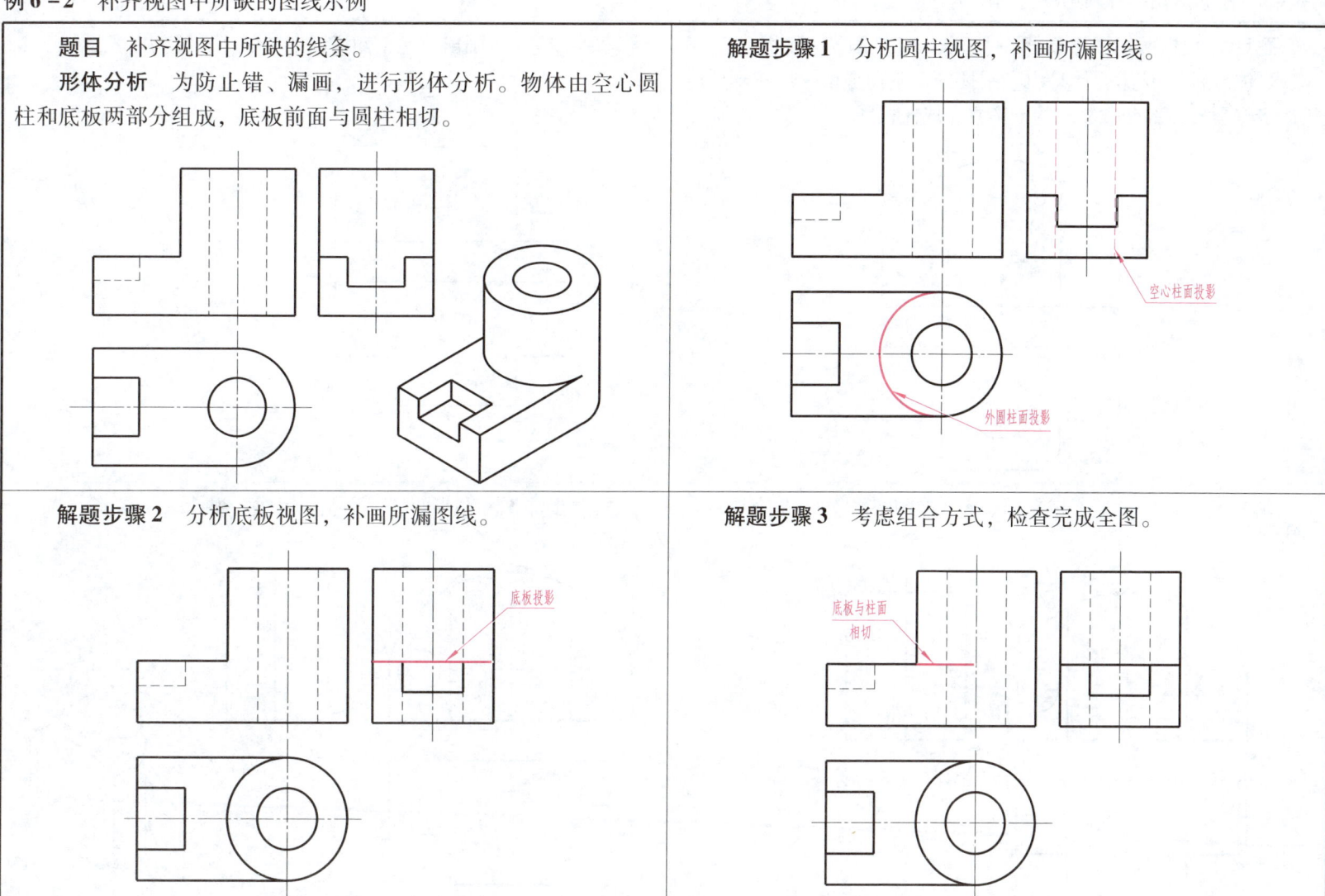

题目 补齐视图中所缺的线条。

形体分析 为防止错、漏画,进行形体分析。物体由空心圆柱和底板两部分组成,底板前面与圆柱相切。

解题步骤 1 分析圆柱视图,补画所漏图线。

空心柱面投影

外圆柱面投影

解题步骤 2 分析底板视图,补画所漏图线。

底板投影

解题步骤 3 考虑组合方式,检查完成全图。

底板与柱面相切

— 71 —

例 6 - 3 根据两视图补画第三视图示例

题目 根据两视图想象出零件形状,并补画另一视图。

形体分析 该组合体是由半圆柱经切割而成的,应按形体分析的步骤画出各部分截交线的投影并完成左视图。

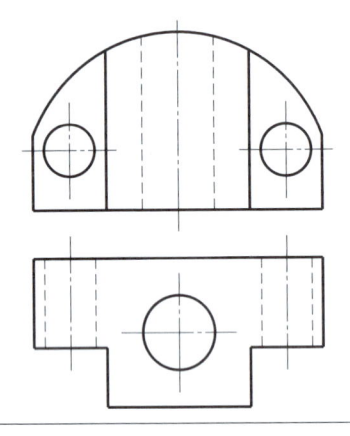

解题步骤 1 画出被两个侧平面切割的半圆柱的左视图。

半圆柱被两侧平面切割

解题步骤 2 在半圆柱左前、右前方切割,作出截交线的左视图。

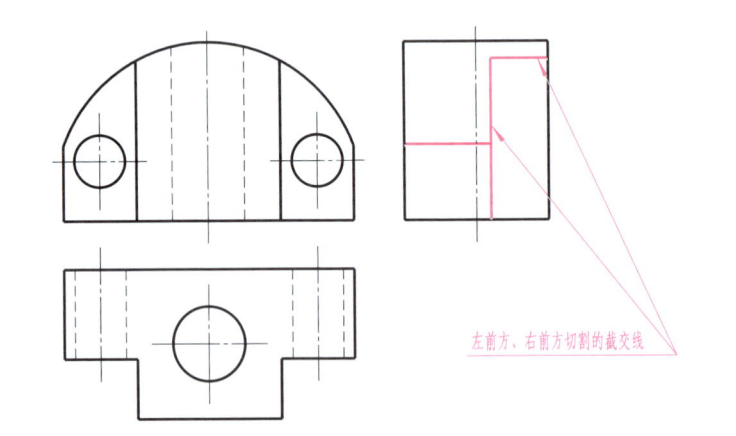

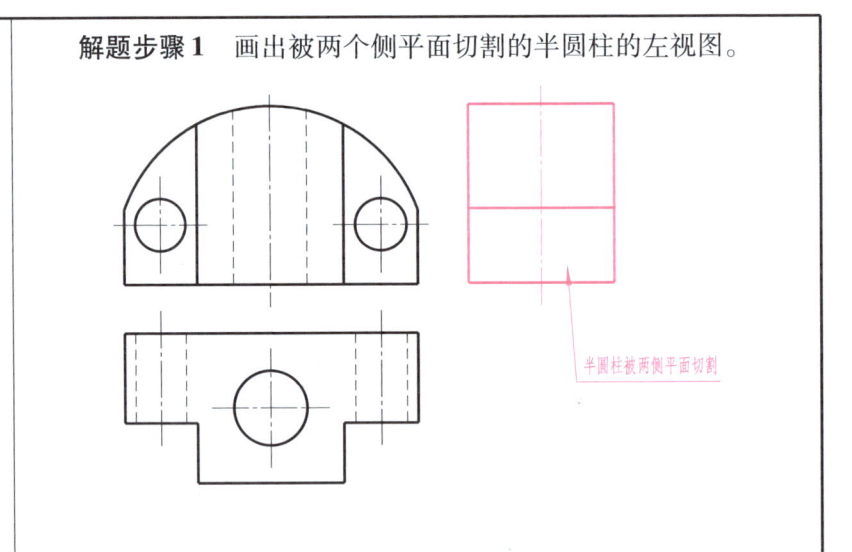

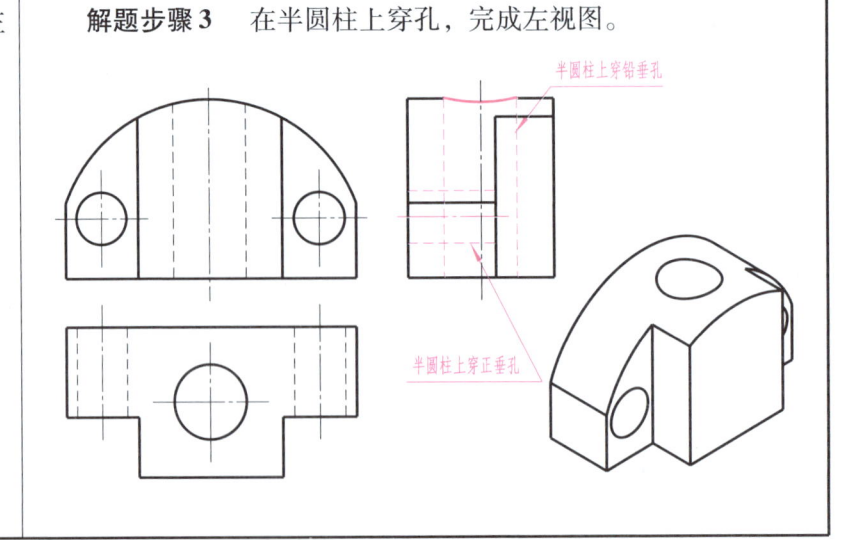

左前方、右前方切割的截交线

解题步骤 3 在半圆柱上穿孔,完成左视图。

半圆柱上穿铅垂孔

半圆柱上穿正垂孔

例 6-4　根据已给视图标注尺寸

题目　由视图想出零件形状，并标注尺寸，尺寸值从图上量取。

形体分析　该组合体由圆柱、长圆柱及连接板组成。

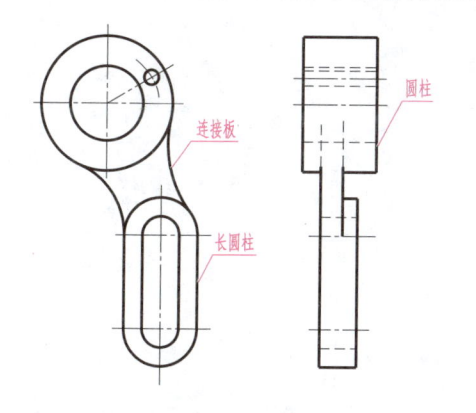

解题步骤 1　标注圆柱尺寸。

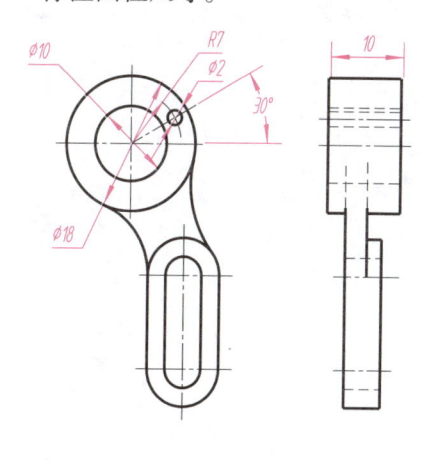

解题步骤 2　标注长圆柱及连接板尺寸。

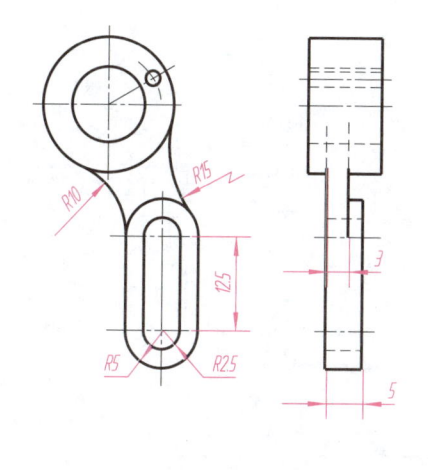

解题步骤 3　标注各基本形体的定位尺寸，完成全部标注。

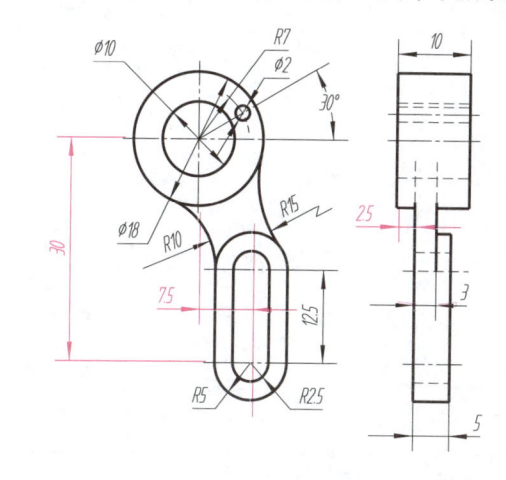

四、习题 6-1　根据轴测图按 1:1 比例画出三视图，不注尺寸

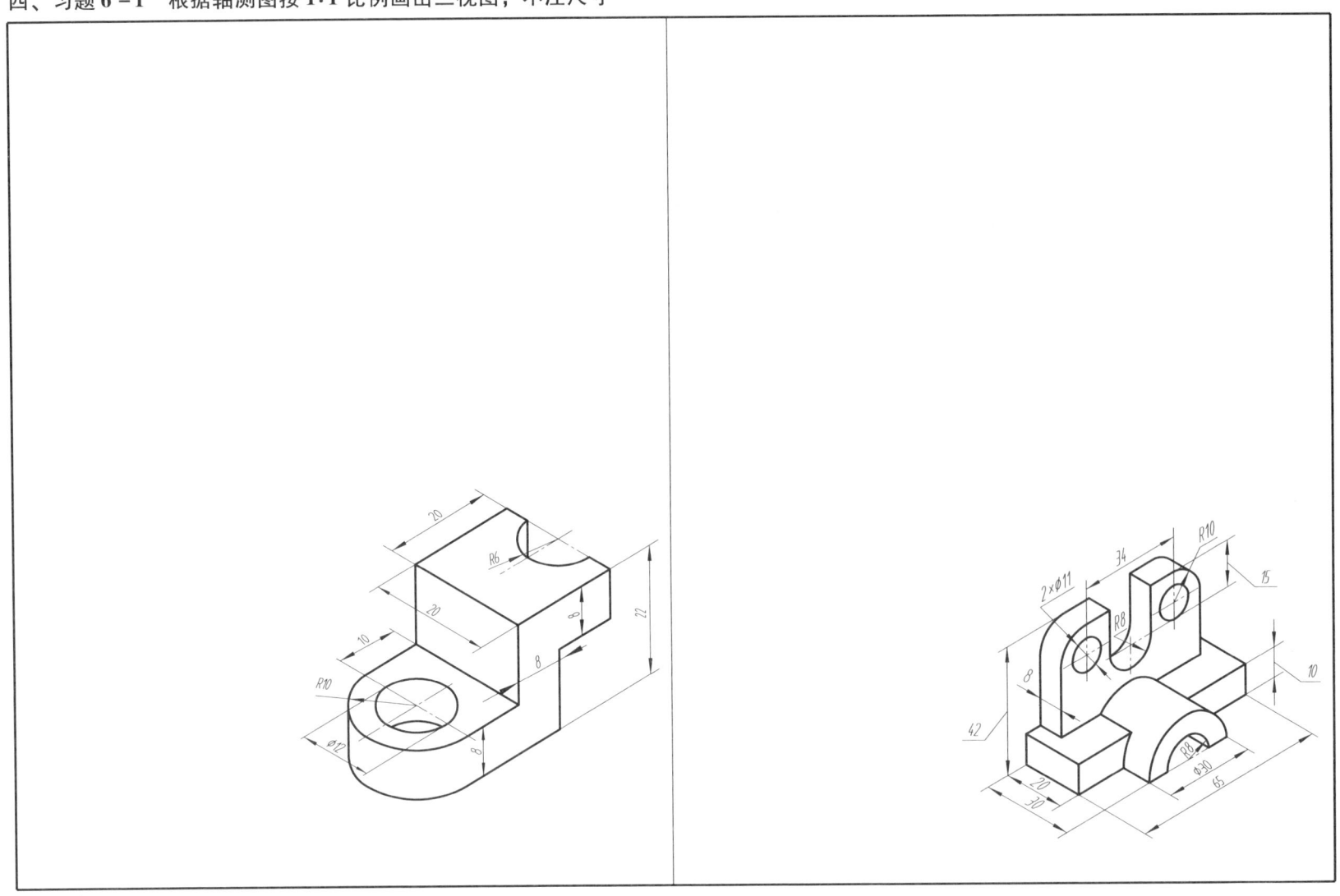

专业：　　　　　　　　　班级：　　　　　　　　　姓名：　　　　　　　　　学号：

习题 6-2　根据轴测图按 1∶1 比例画出三视图，不注尺寸

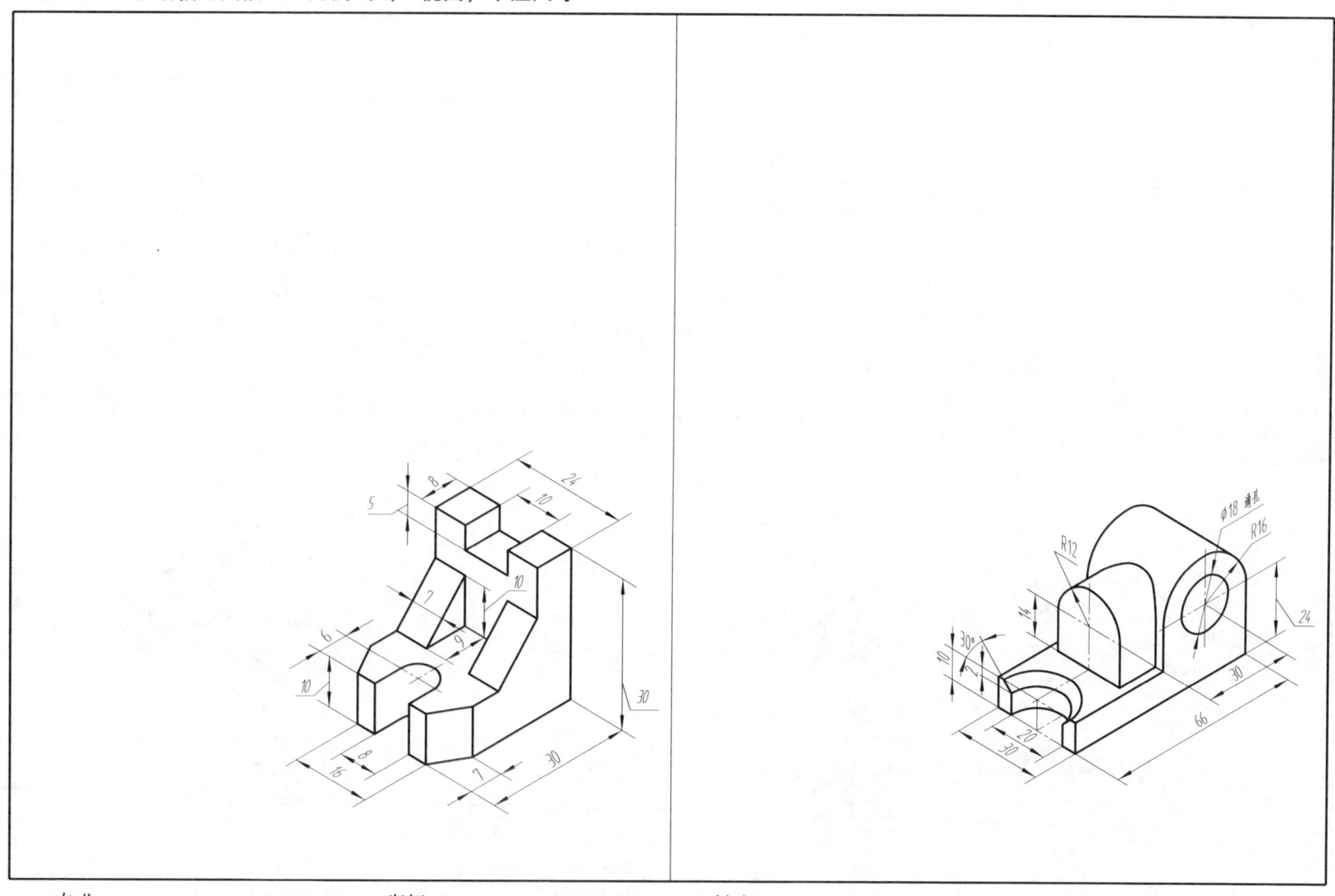

习题 6-3 根据轴测图画组合体三视图

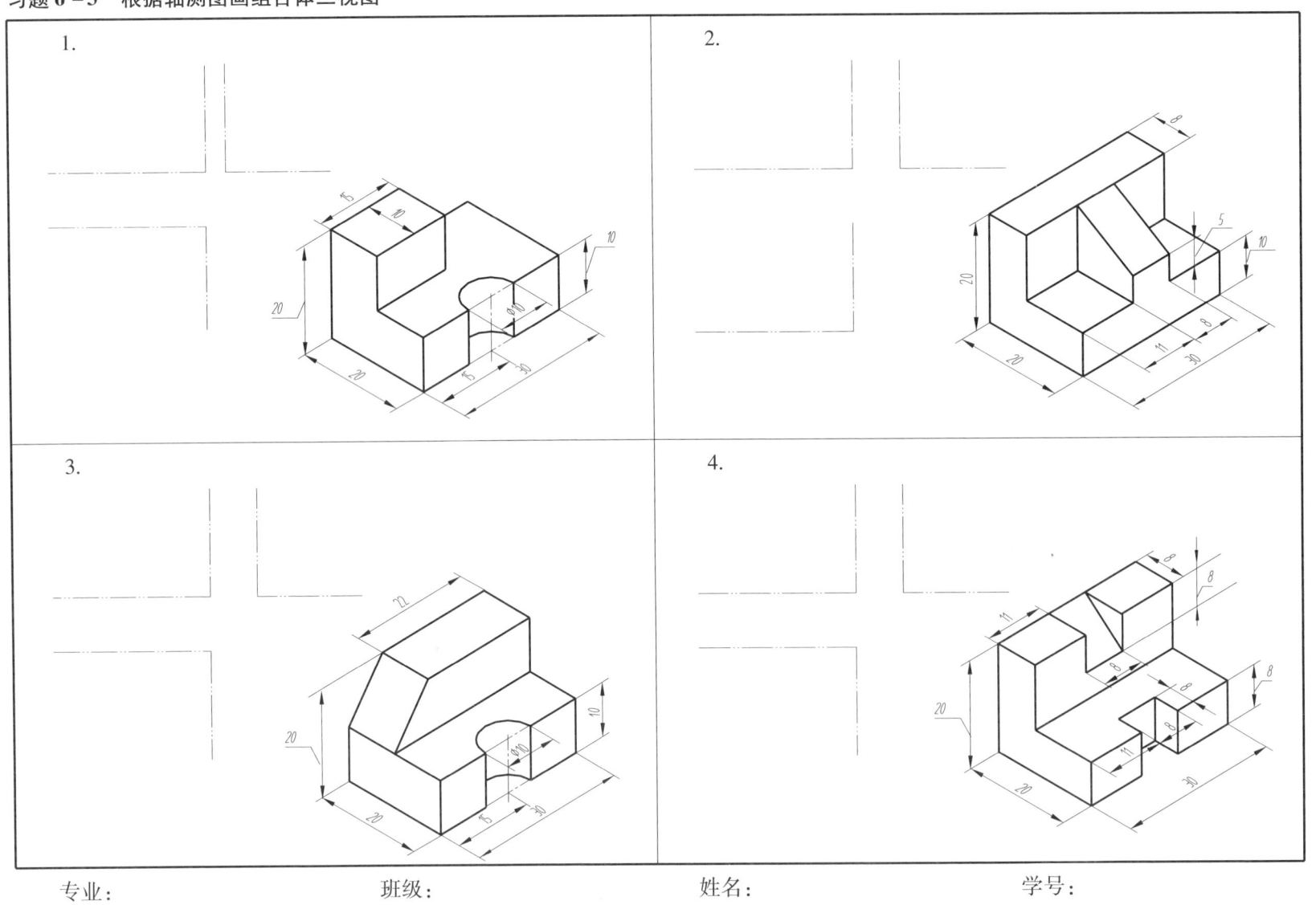

1.

2.

3.

4.

习题 6－4 判别图中指定线框的相对位置，将（ ）内选中的字打 "√"

1.

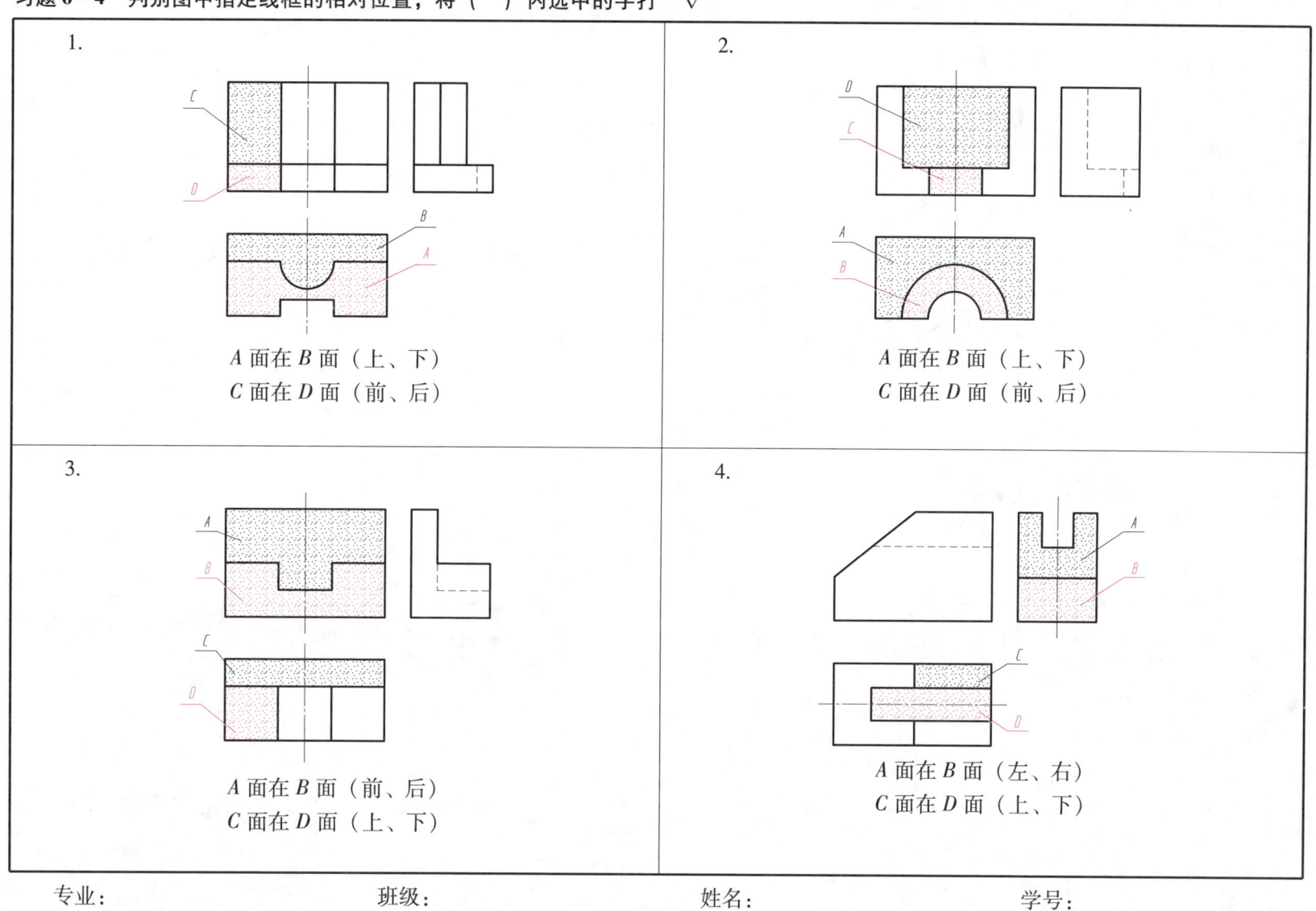

A 面在 B 面（上、**下**）
C 面在 D 面（**前**、后）

2.

A 面在 B 面（上、**下**）
C 面在 D 面（前、**后**）

3.

A 面在 B 面（前、**后**）
C 面在 D 面（**上**、下）

4.

A 面在 B 面（左、**右**）
C 面在 D 面（**上**、下）

习题 6-5　根据轴测图补齐视图中所缺的线条。

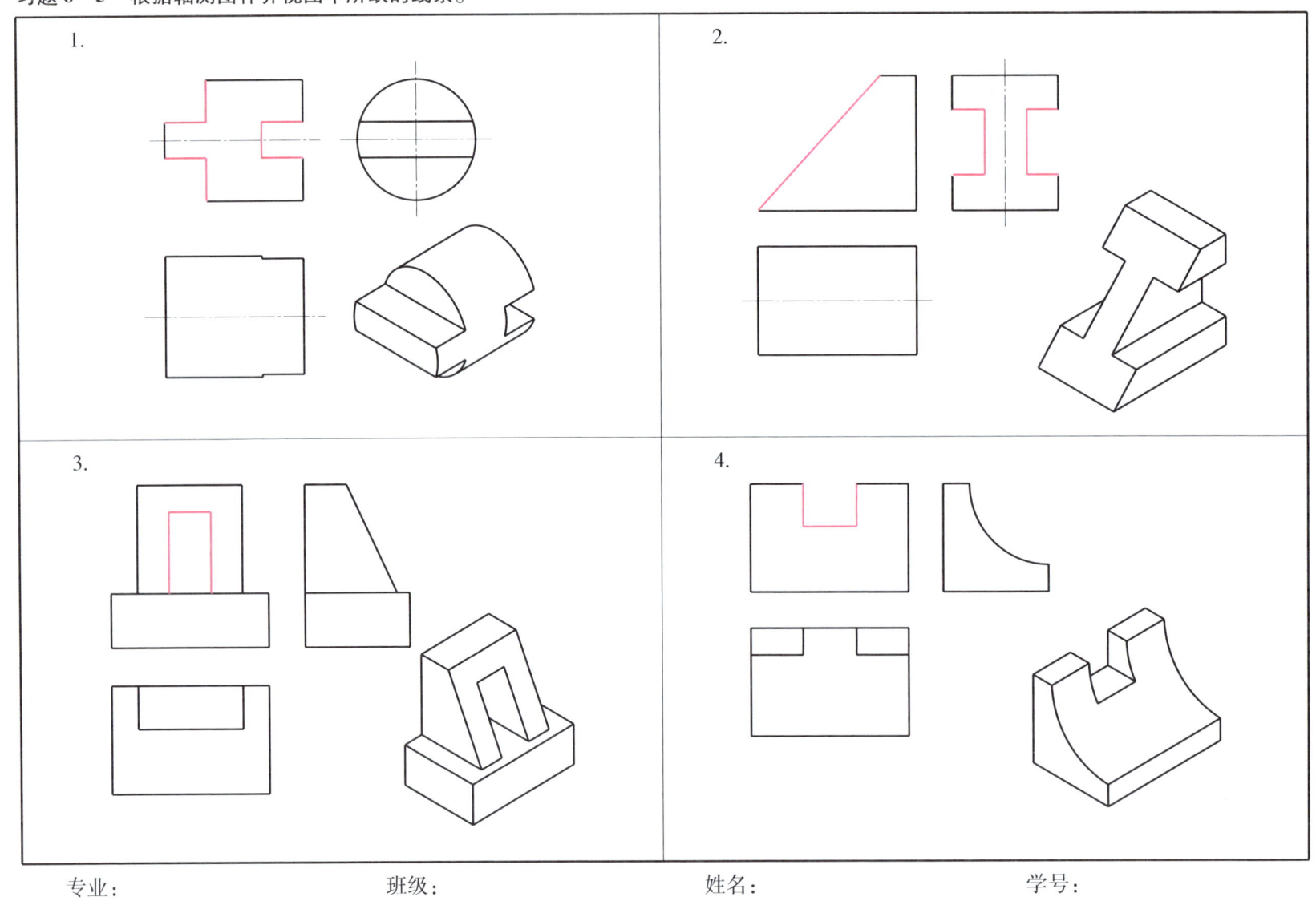

1.

2.

3.

4.

专业：　　　　　　　班级：　　　　　　　姓名：　　　　　　　学号：

习题 6-6 根据轴测图补齐视图中所缺的线条

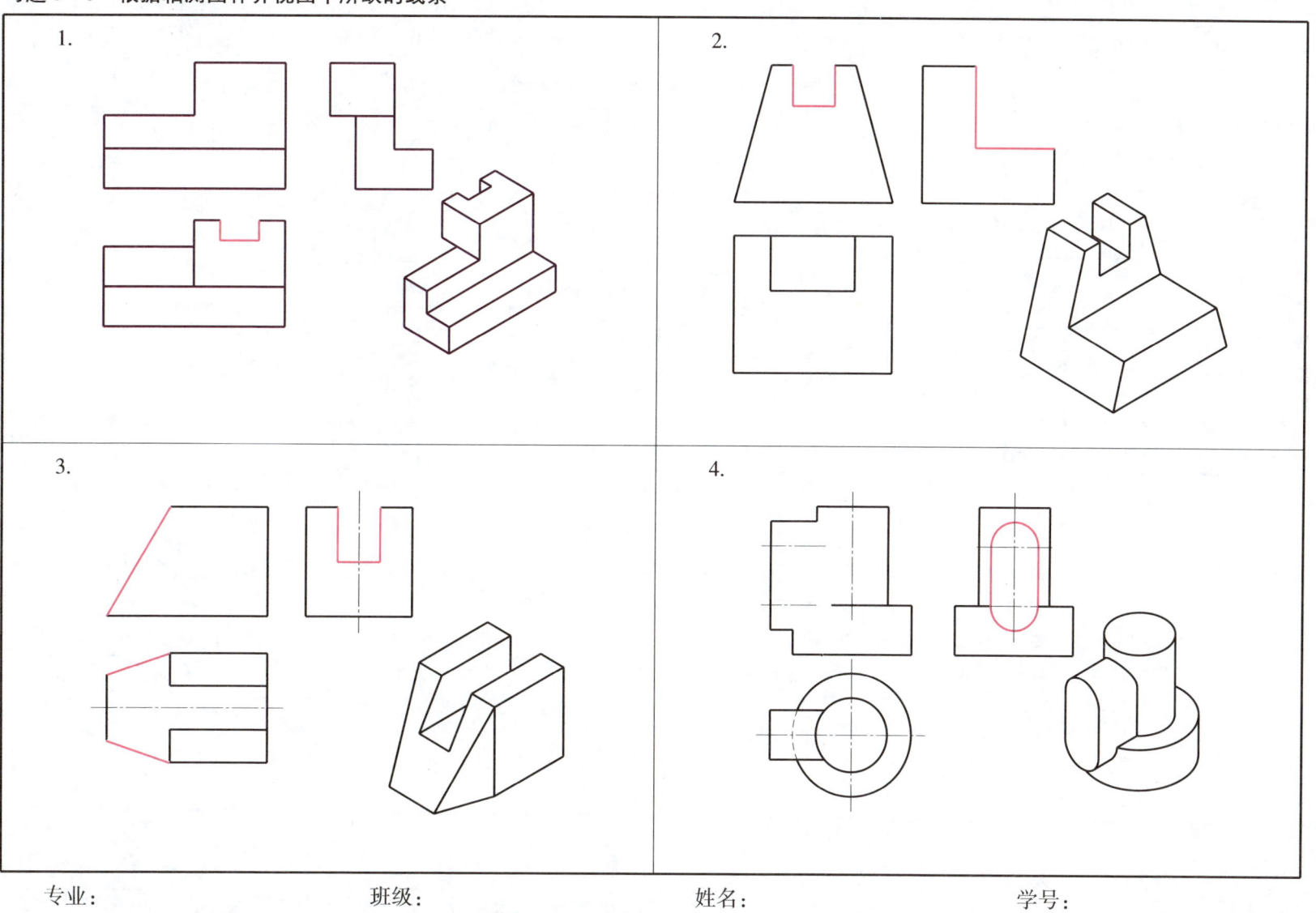

1.

2.

3.

4.

专业：   班级：   姓名：   学号：

习题 6-7　由轴测图画三视图

1. 由已知轴测图完成三视图。

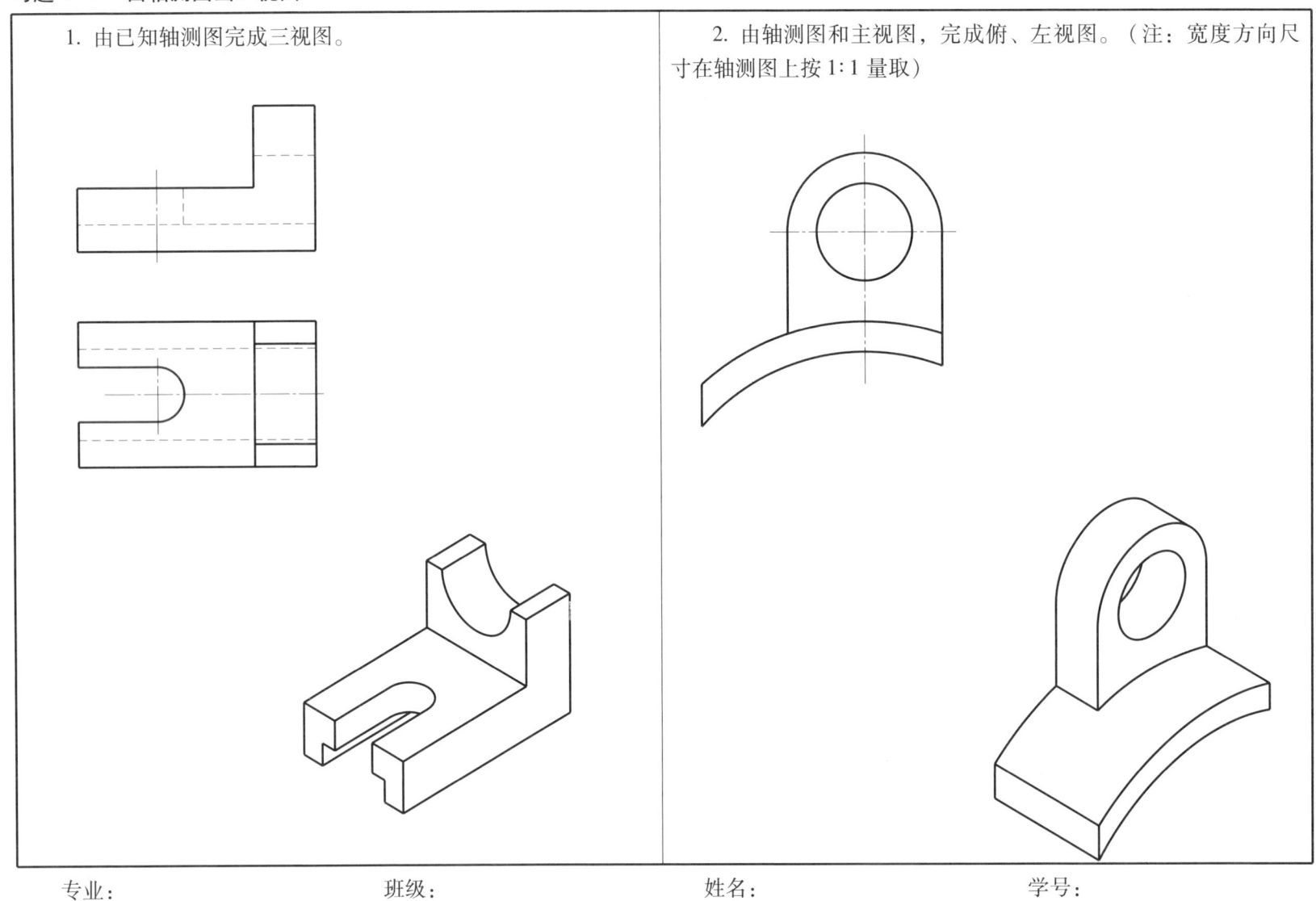

2. 由轴测图和主视图，完成俯、左视图。（注：宽度方向尺寸在轴测图上按 1∶1 量取）

专业：　　　　　　　　　　班级：　　　　　　　　　　姓名：　　　　　　　　　　学号：

— 80 —

习题 6-8　由轴测图画三视图

1. 根据轴测图，补齐主、俯视图所缺线条，并补画左视图。

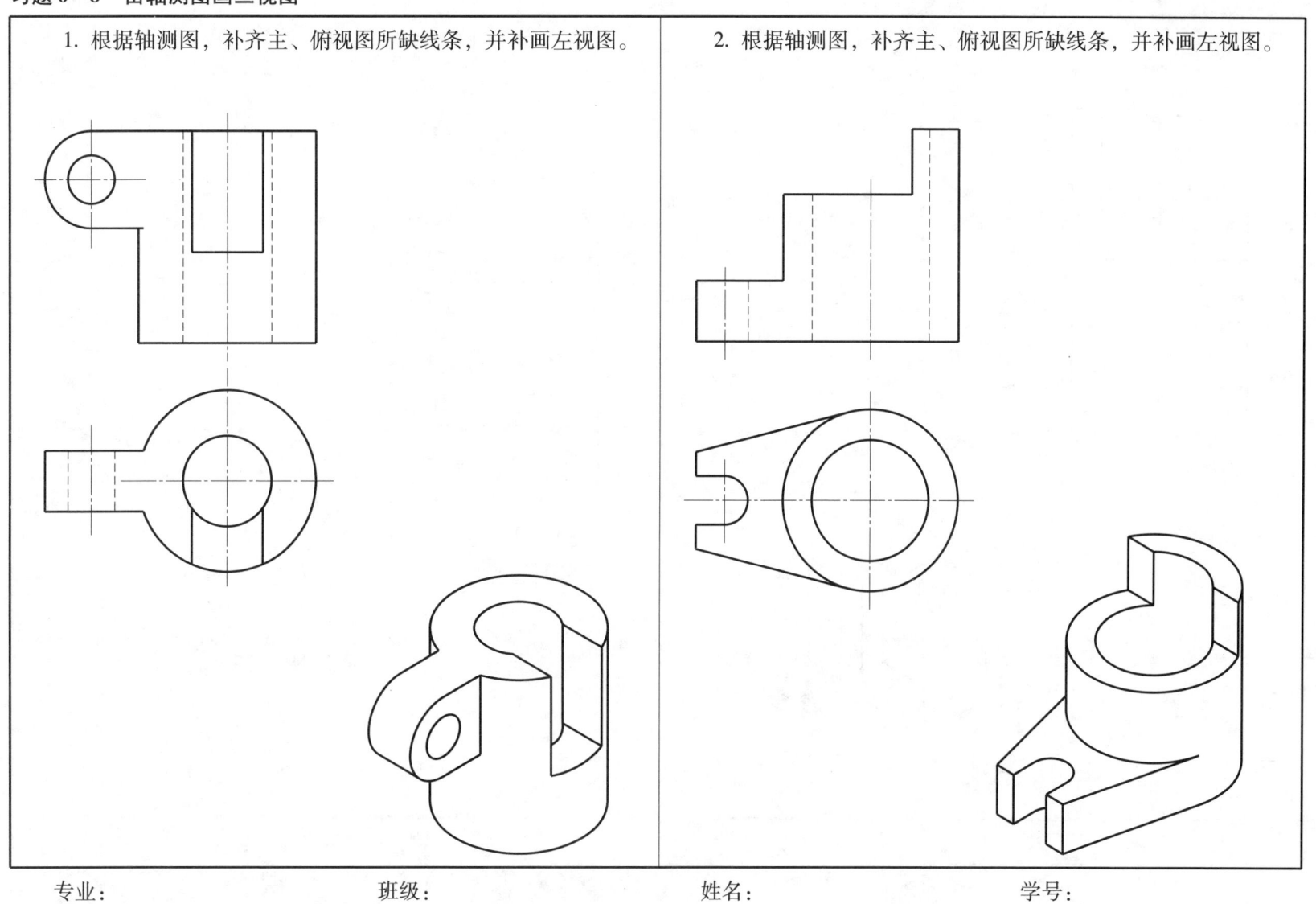

2. 根据轴测图，补齐主、俯视图所缺线条，并补画左视图。

专业：　　　　　　　班级：　　　　　　　姓名：　　　　　　　学号：

习题 6-9　由轴测图画三视图

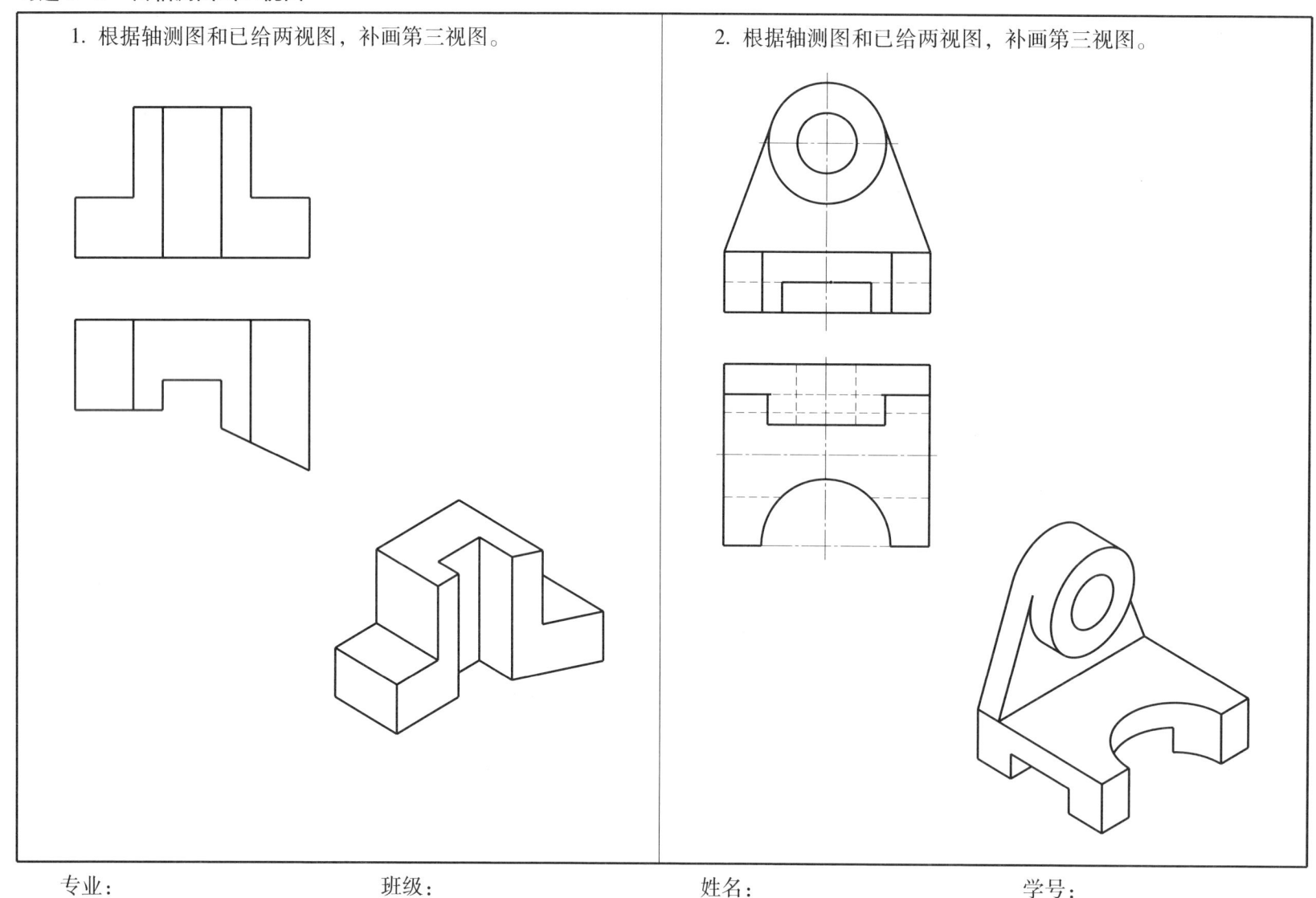

1. 根据轴测图和已给两视图，补画第三视图。

2. 根据轴测图和已给两视图，补画第三视图。

专业：　　　　　　　　班级：　　　　　　　　姓名：　　　　　　　　学号：

习题 6－10　由轴测图画三视图

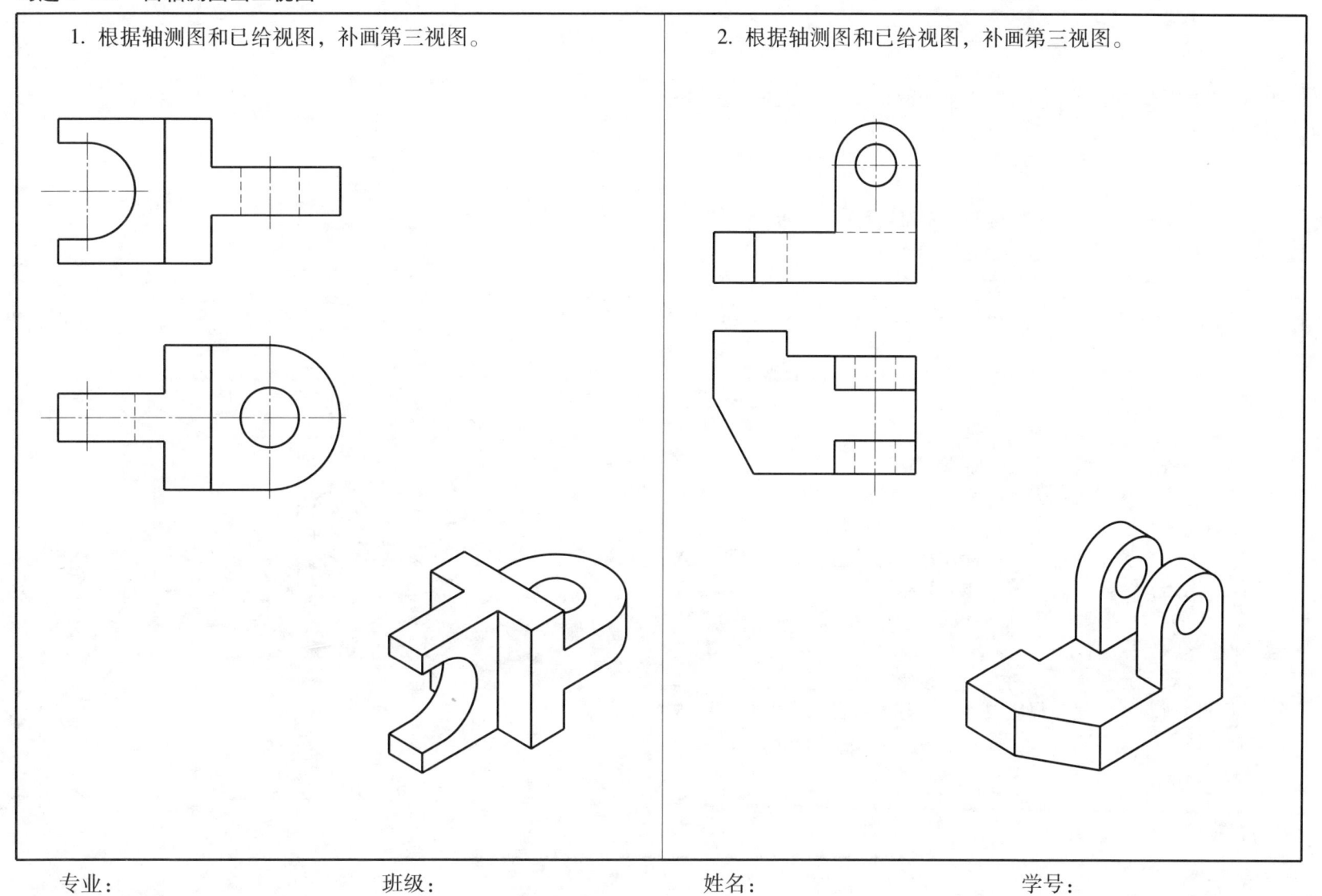

1. 根据轴测图和已给视图，补画第三视图。

2. 根据轴测图和已给视图，补画第三视图。

专业：　　　　　　　　班级：　　　　　　　　姓名：　　　　　　　　学号：

— 83 —

习题 6-11　根据轴测图画三视图并标注尺寸

组合体三视图

1. 作业目的

（1）掌握根据组合体模型（或轴测图）画三视图的方法，提高绘图技能。

（2）熟悉组合体视图的尺寸注法。

2. 内容和要求

（1）根据组合体模型（或轴测图）画三视图，并标注尺寸。

（2）用 A3 或 A4 图纸，自己选定绘图比例。

3. 作图步骤

（1）运用形体分析法搞清组合体的组成部分，以及各组成部分之间的相对位置和组合关系。

（2）选取主视图的投射方向。所选的主视图应能明显地表达组合体的形状特征。

（3）画底稿（底稿线要细而轻）。

（4）检查底稿，修正错误，擦掉多余图线。

（5）依次描深图线；标注尺寸；填写标题栏。

4. 注意事项

（1）图形布置要匀称，留出标注尺寸的位置。先依据图纸幅面、绘图比例和组合体的总体尺寸大致布图，再画出作图基准线（如组合体的底面或顶面、端面的投影，对称线和中心线等），确定三个视图的具体位置。

（2）正确地运用形体分析法。要按组合体的组成部分，一部分一部分地画。每一部分都应按其长、宽、高在三个视图上同步画底稿，以提高绘图速度。切忌先画出一个完整的视图，再画另一个视图。

（3）标注尺寸时，不能照搬轴测图上的尺寸注法，应按标注尺寸的要求进行。所注的尺寸必须完整、布置清晰。

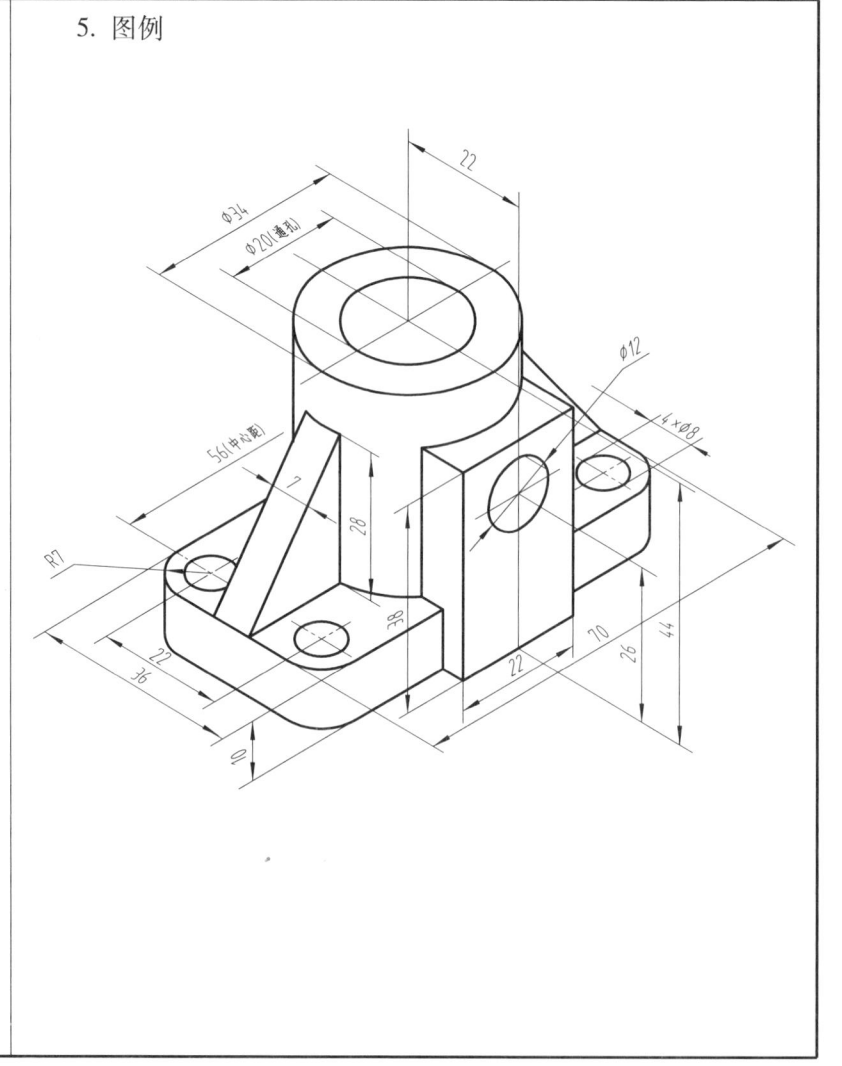

5. 图例

专业：　　　　　　　班级：　　　　　　　姓名：　　　　　　　学号：

习题 6-12　根据轴测图画三视图并标注尺寸

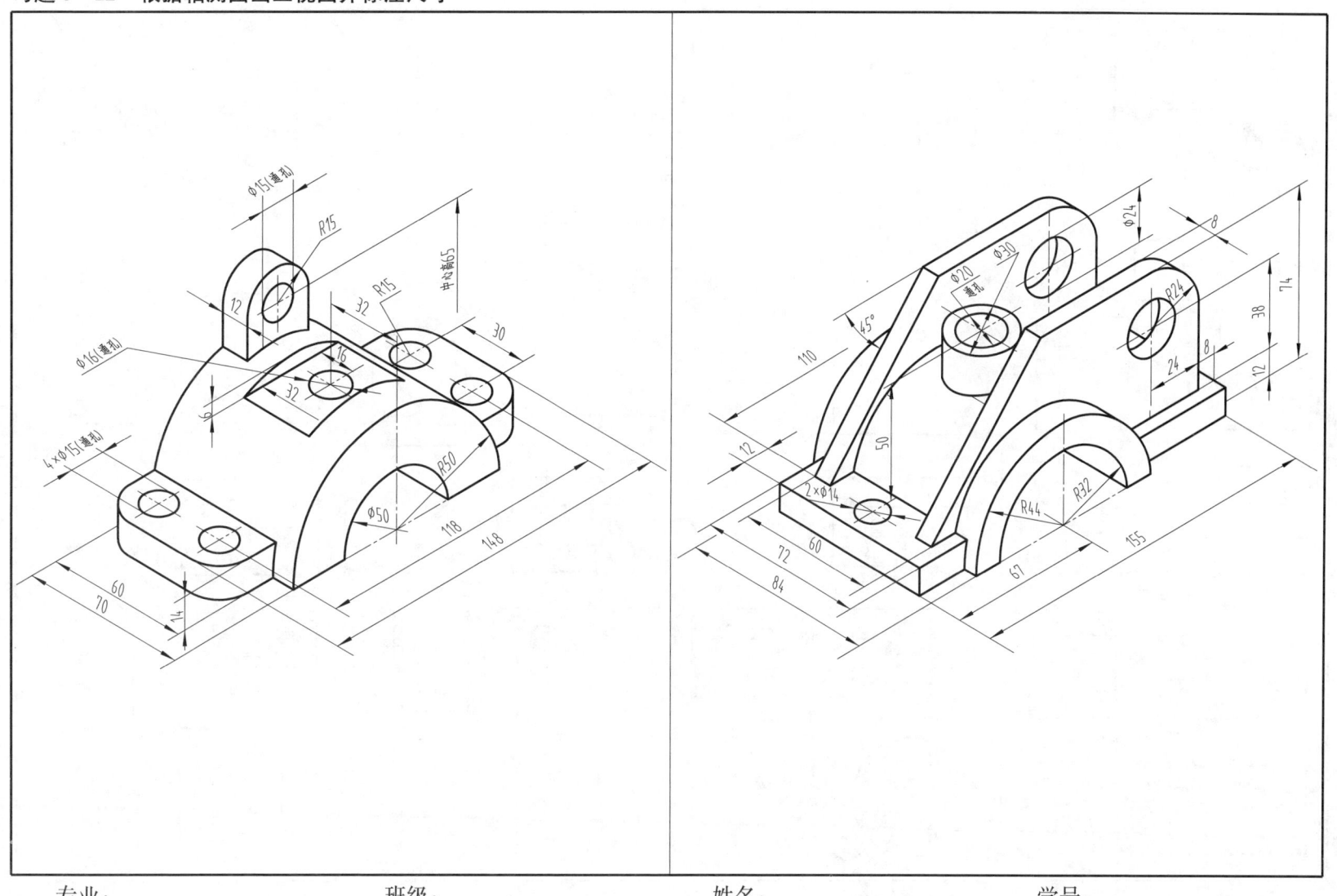

专业：　　　　　　班级：　　　　　　姓名：　　　　　　学号：

习题 6-13 看图练习 看懂各组视图，在习题 6-14 中找出对应的轴测图，并将其编号填写在视图旁的圆圈内

专业：　　　　　　　　　　班级：　　　　　　　　　　姓名：　　　　　　　　　　学号：

习题 6-14　看图练习　根据习题 6-13 上的各组视图，找出相对应的轴测图

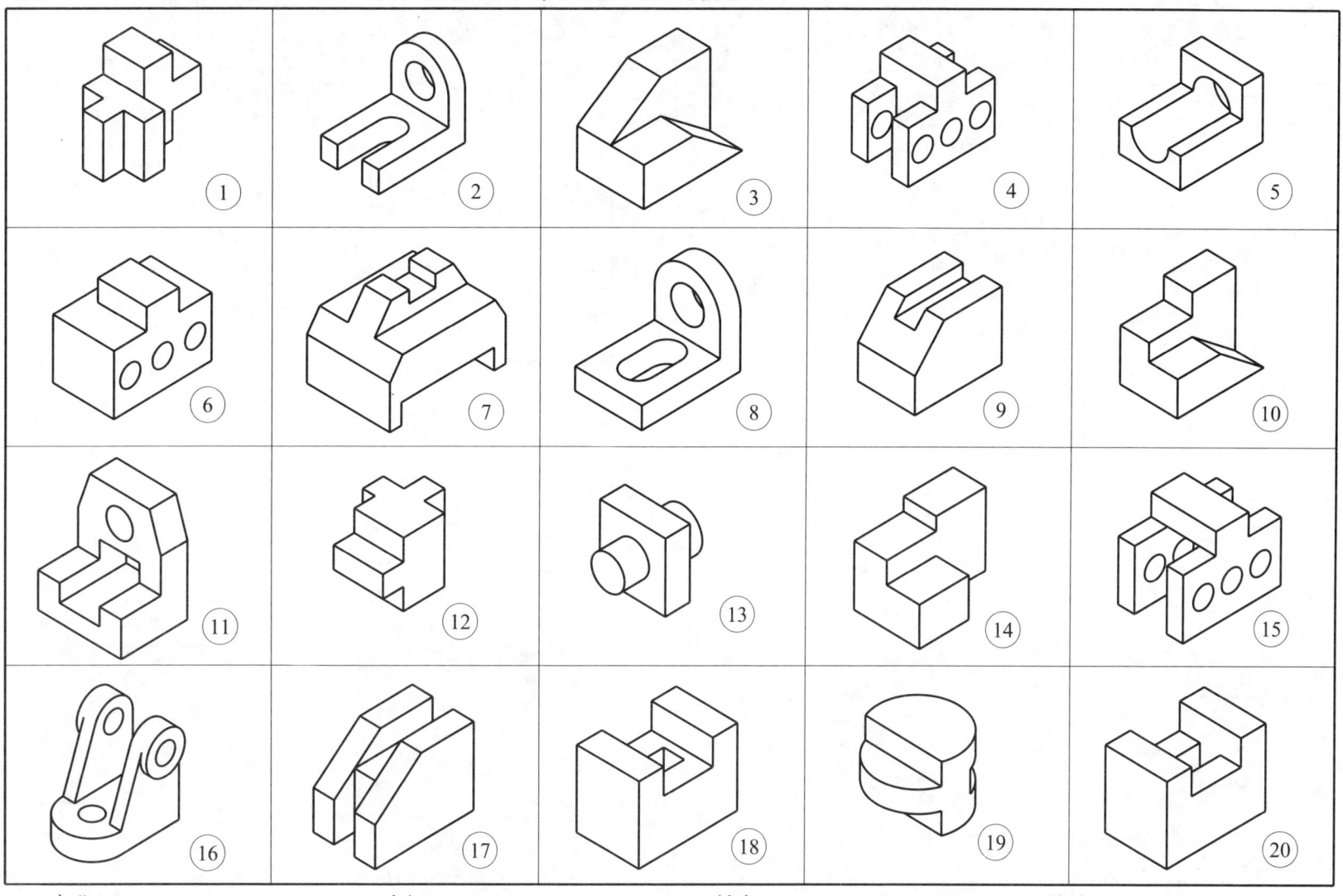

专业：　　　　　　　　　班级：　　　　　　　　　姓名：　　　　　　　　　学号：

习题 6-15　看图练习

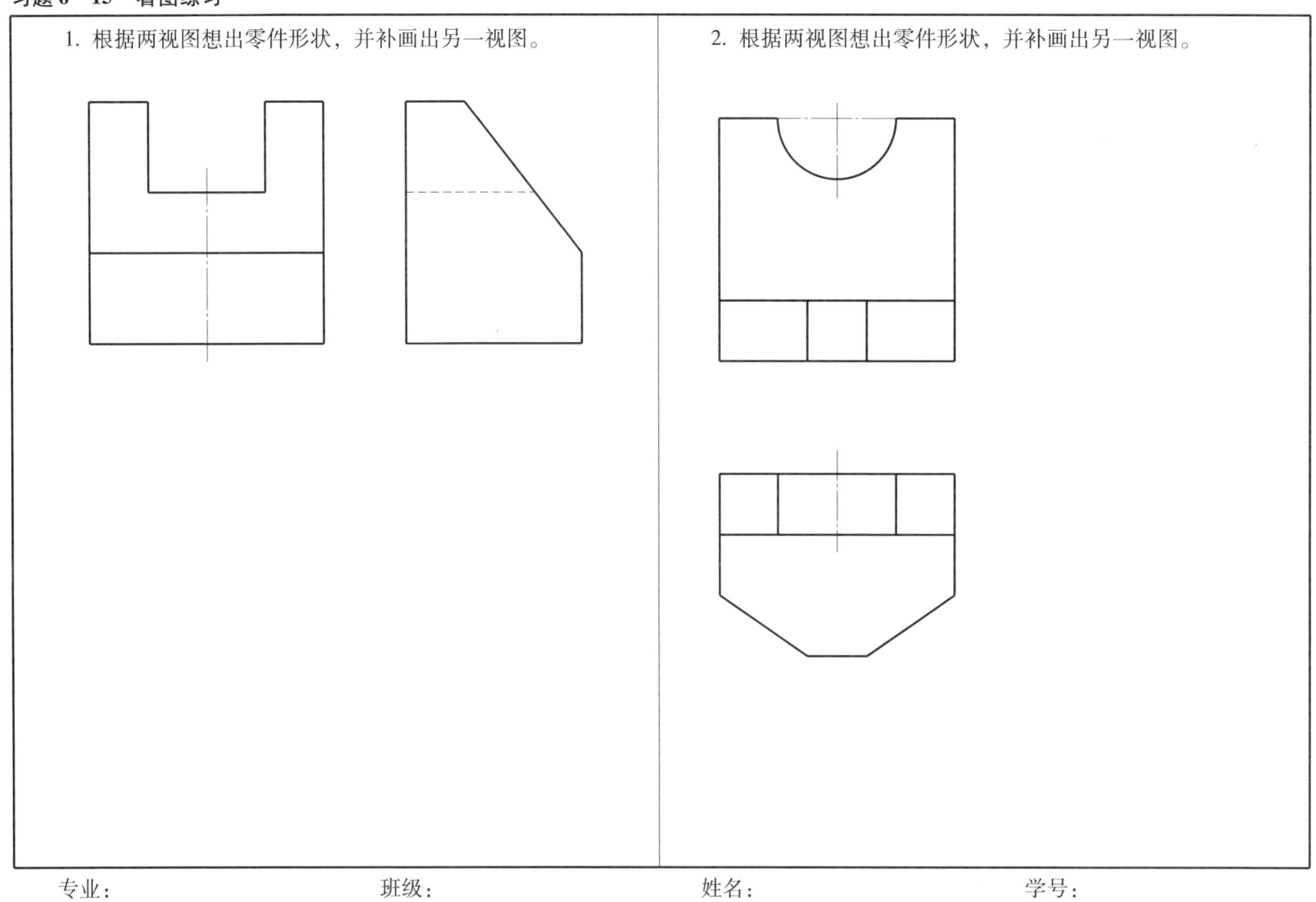

1. 根据两视图想出零件形状，并补画出另一视图。

2. 根据两视图想出零件形状，并补画出另一视图。

专业：　　　　　　　　　班级：　　　　　　　　　姓名：　　　　　　　　　学号：

习题 6-16　看图练习

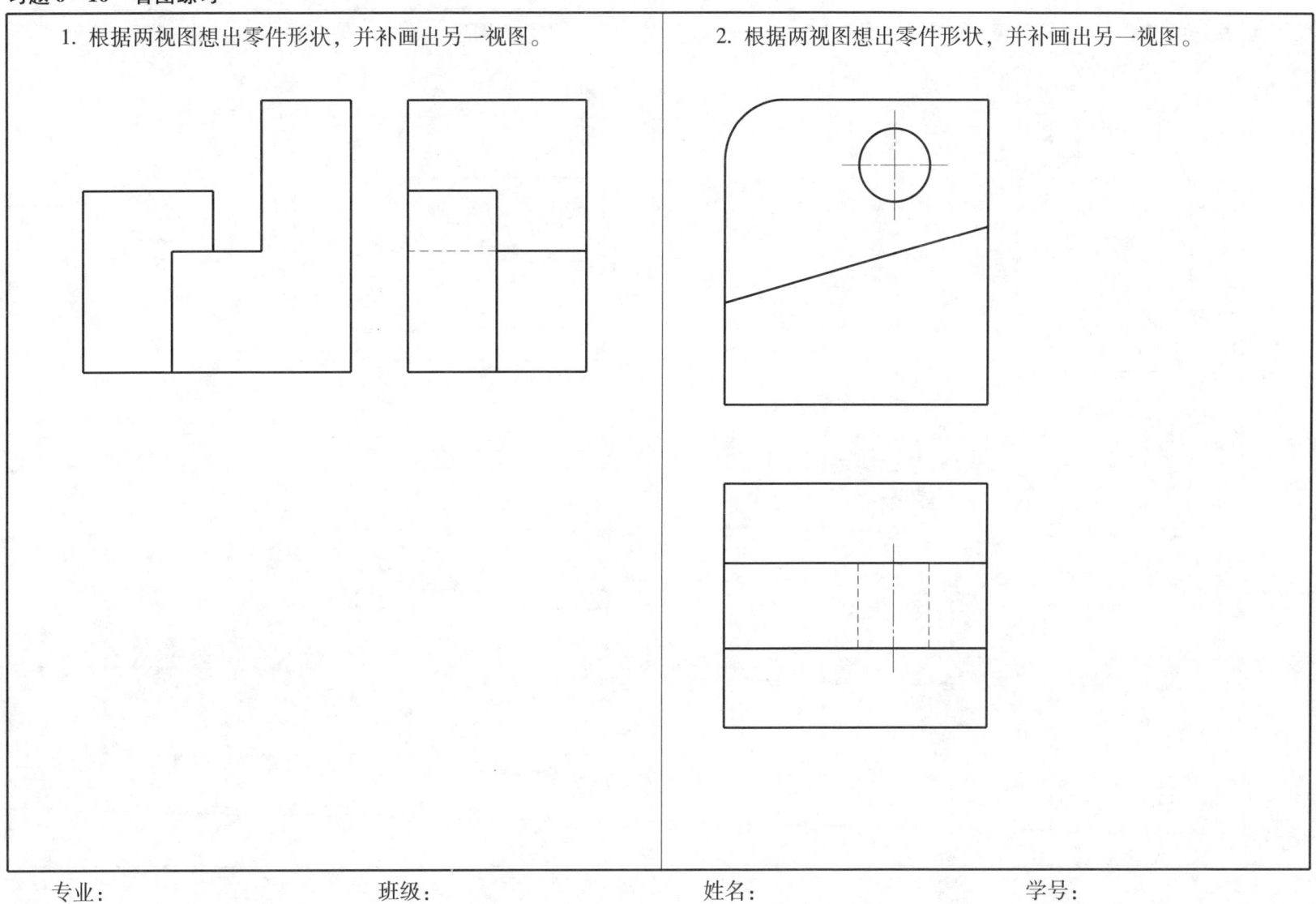

1. 根据两视图想出零件形状，并补画出另一视图。

2. 根据两视图想出零件形状，并补画出另一视图。

专业：　　　　　班级：　　　　　姓名：　　　　　学号：

习题 6-17　看图练习

1. 根据两视图想出零件形状，并补画出另一视图。

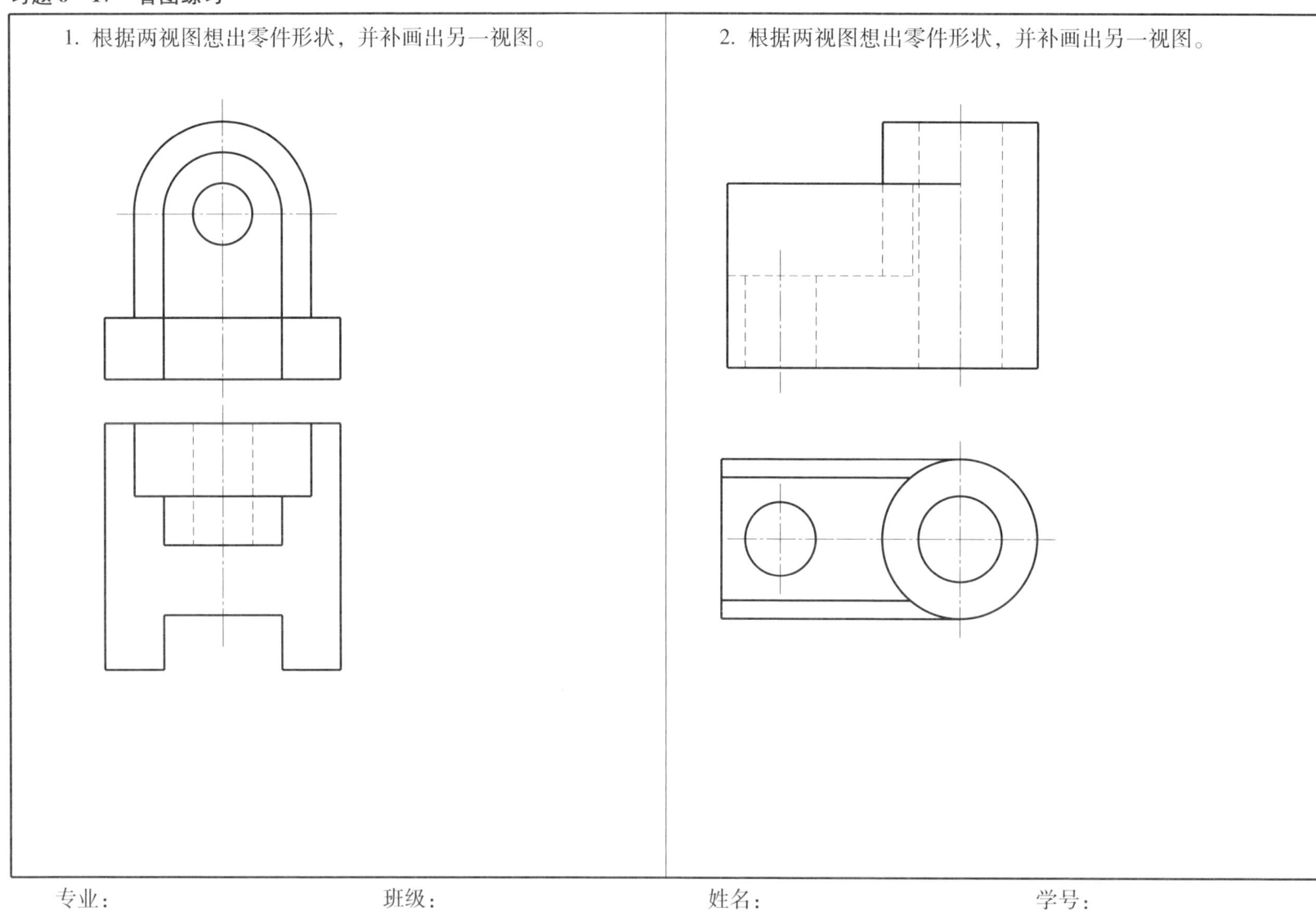

2. 根据两视图想出零件形状，并补画出另一视图。

专业：　　　　　　　班级：　　　　　　　姓名：　　　　　　　学号：

习题 6-18　看图练习

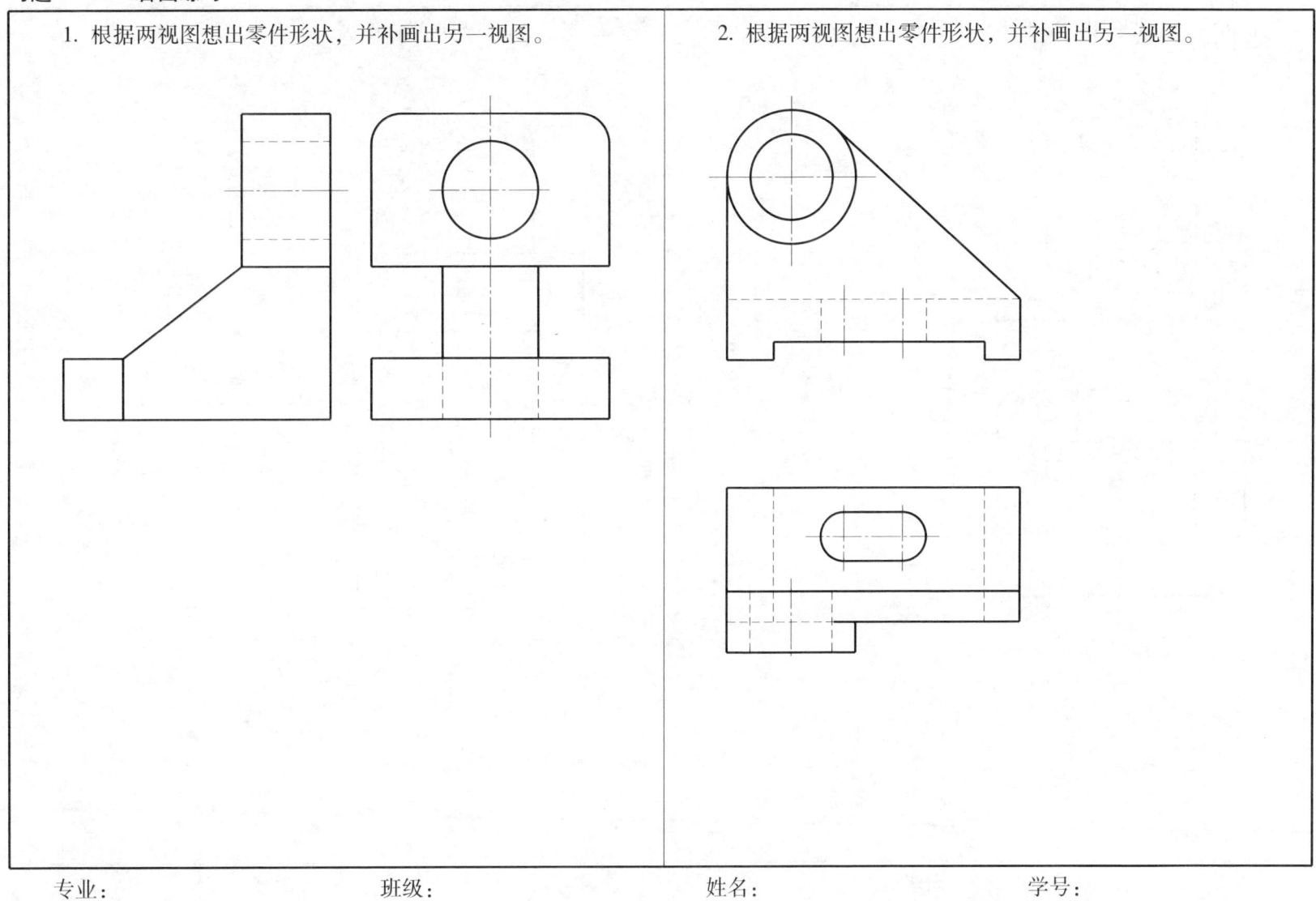

1. 根据两视图想出零件形状，并补画出另一视图。

2. 根据两视图想出零件形状，并补画出另一视图。

专业：　　　　　　班级：　　　　　　姓名：　　　　　　学号：

习题 6-19　看图练习

1. 根据两视图想出零件形状，并补画出另一视图。

2. 根据两视图想出零件形状，并补画出另一视图。

专业：　　　　　　　　班级：　　　　　　　　姓名：　　　　　　　　学号：

习题 6-20　看图练习

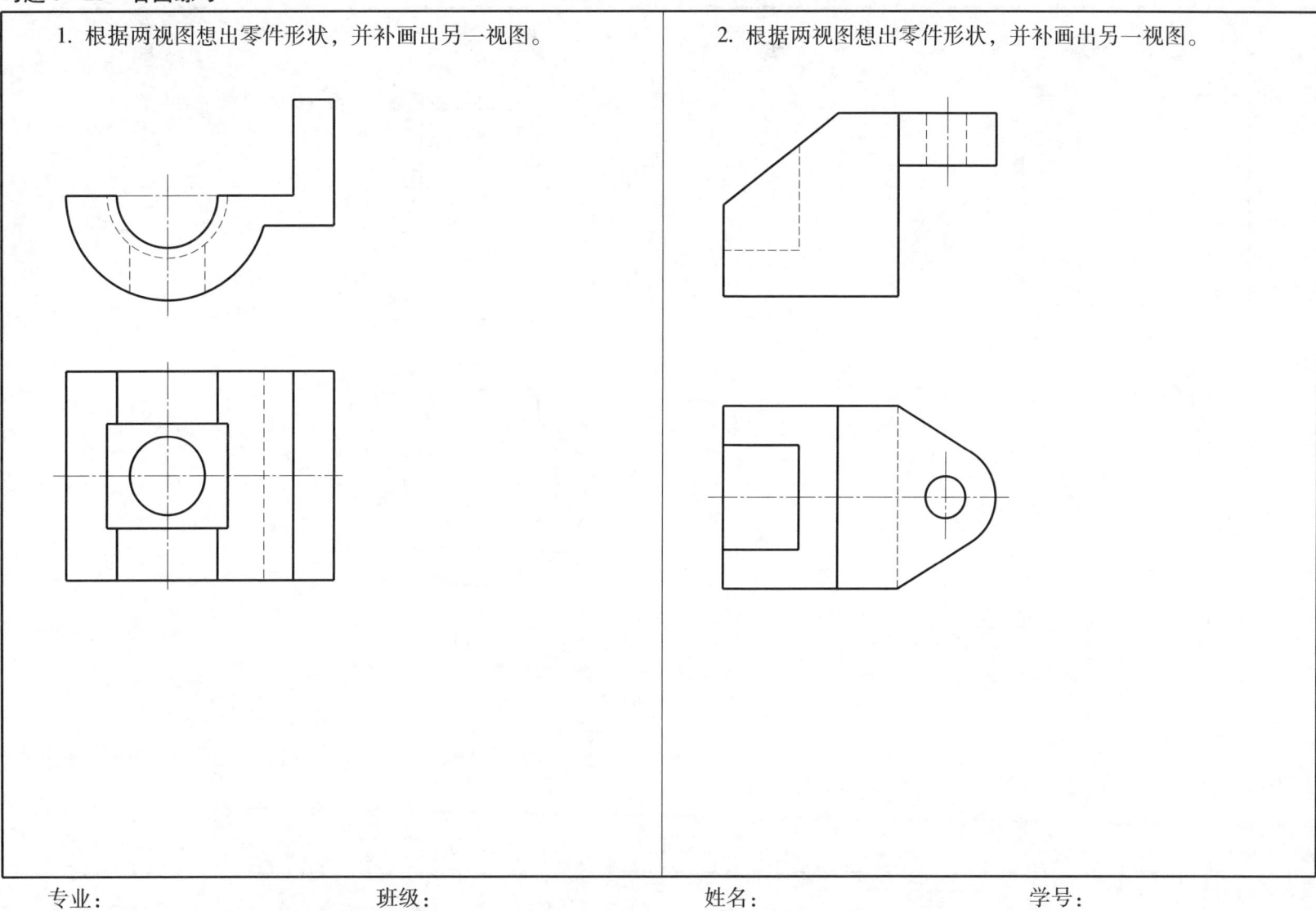

1. 根据两视图想出零件形状，并补画出另一视图。

2. 根据两视图想出零件形状，并补画出另一视图。

专业：　　　　　　　　班级：　　　　　　　　姓名：　　　　　　　　学号：

习题 6-21　看图练习

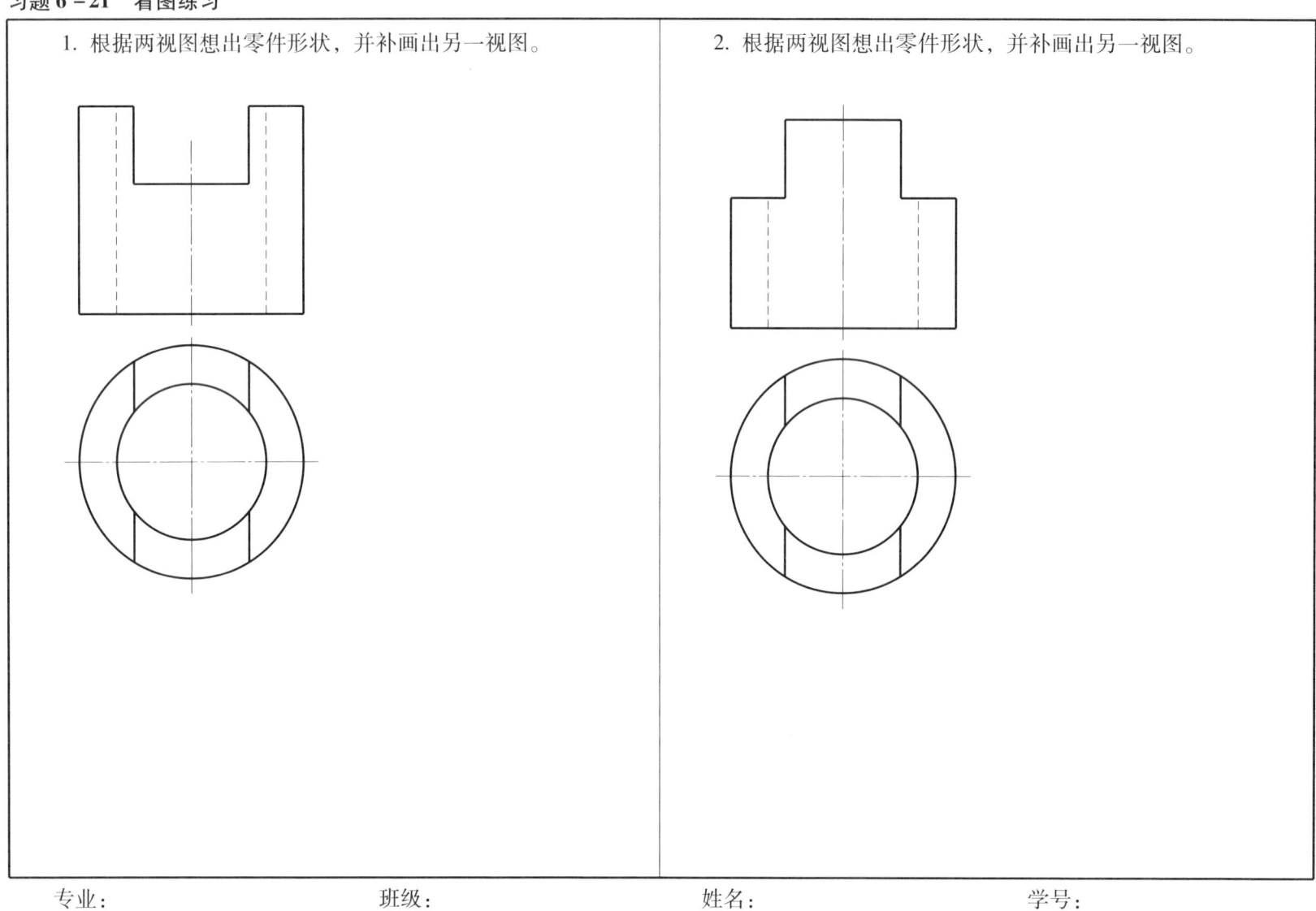

1. 根据两视图想出零件形状，并补画出另一视图。

2. 根据两视图想出零件形状，并补画出另一视图。

专业：　　　　　　　　班级：　　　　　　　　姓名：　　　　　　　　学号：

习题 6-22　看图练习

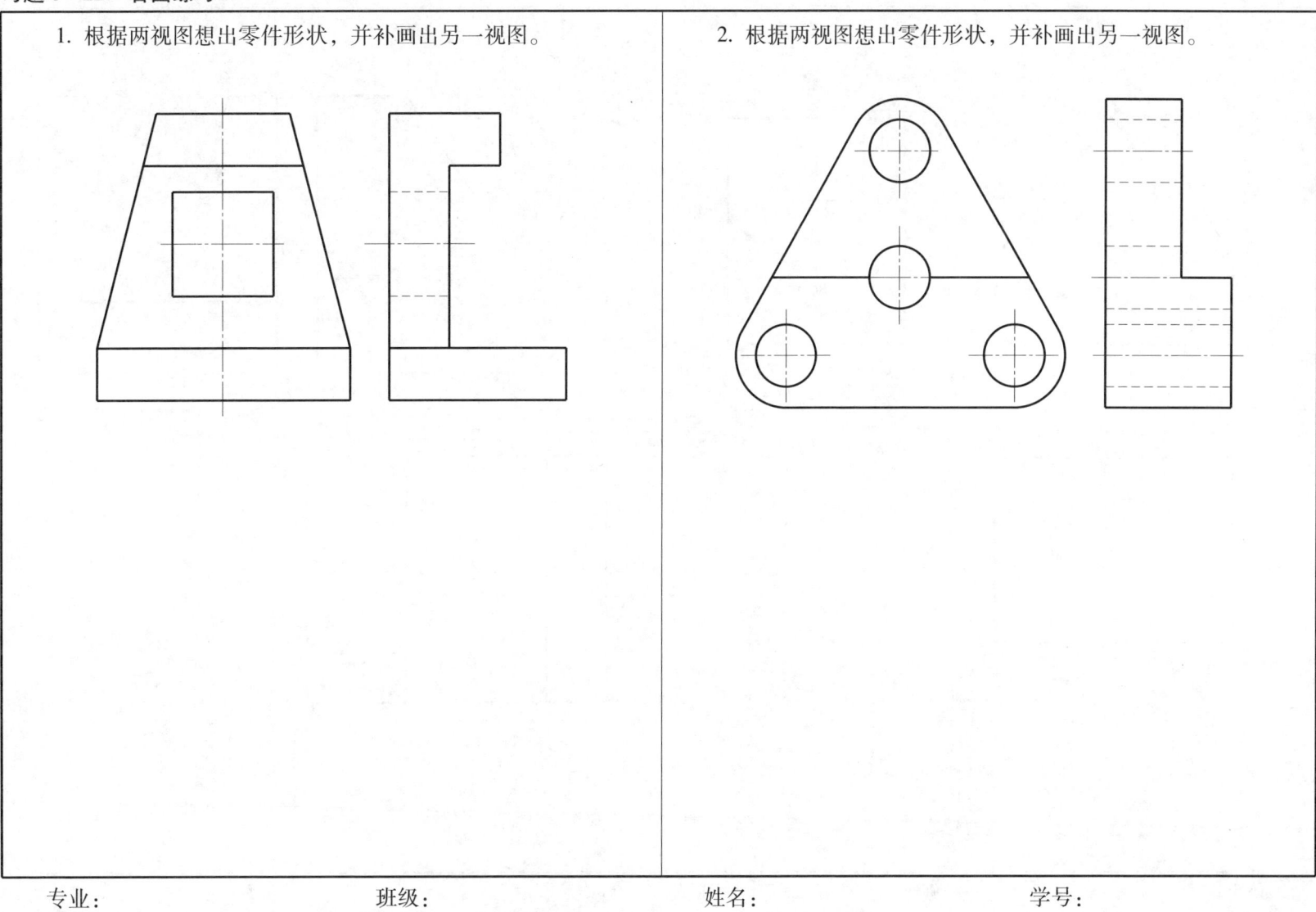

1. 根据两视图想出零件形状，并补画出另一视图。

2. 根据两视图想出零件形状，并补画出另一视图。

专业：　　　　　　　班级：　　　　　　　姓名：　　　　　　　学号：

习题 6–23　看图练习

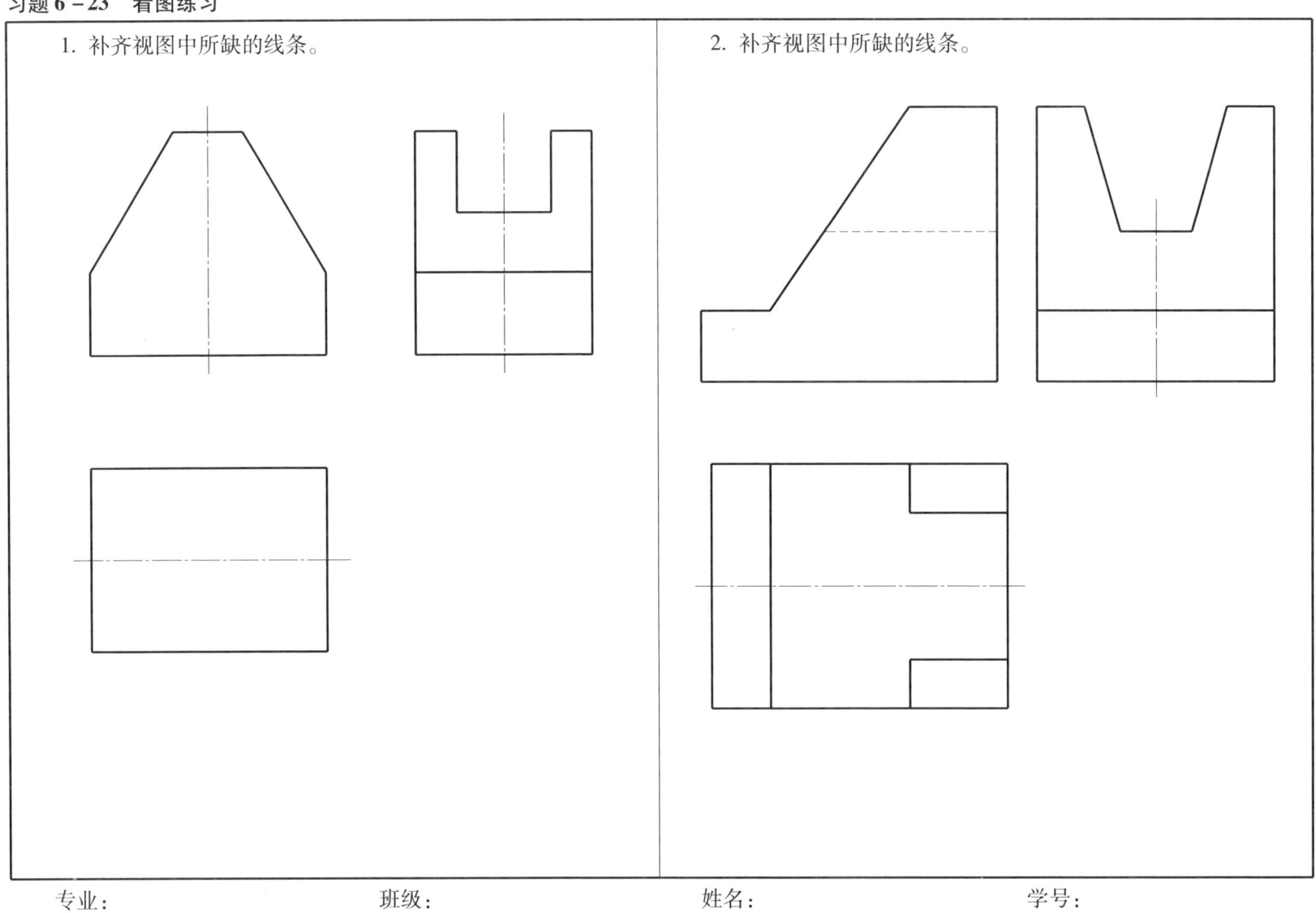

1. 补齐视图中所缺的线条。

2. 补齐视图中所缺的线条。

专业：　　　　　　班级：　　　　　　姓名：　　　　　　学号：

习题 6-24　看图练习

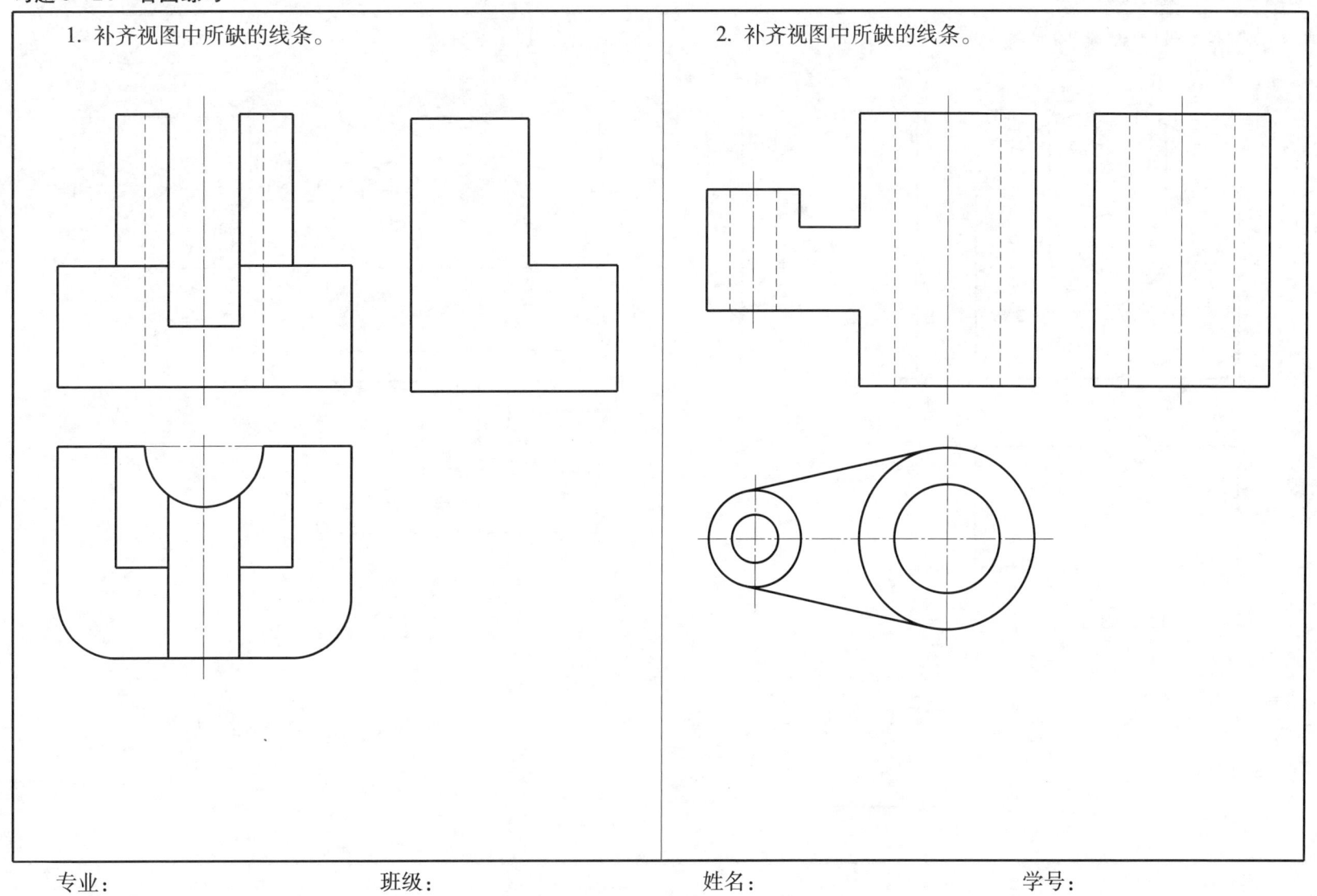

1. 补齐视图中所缺的线条。

2. 补齐视图中所缺的线条。

专业：　　　　　　　　班级：　　　　　　　　姓名：　　　　　　　　学号：

习题 6-25　看图练习

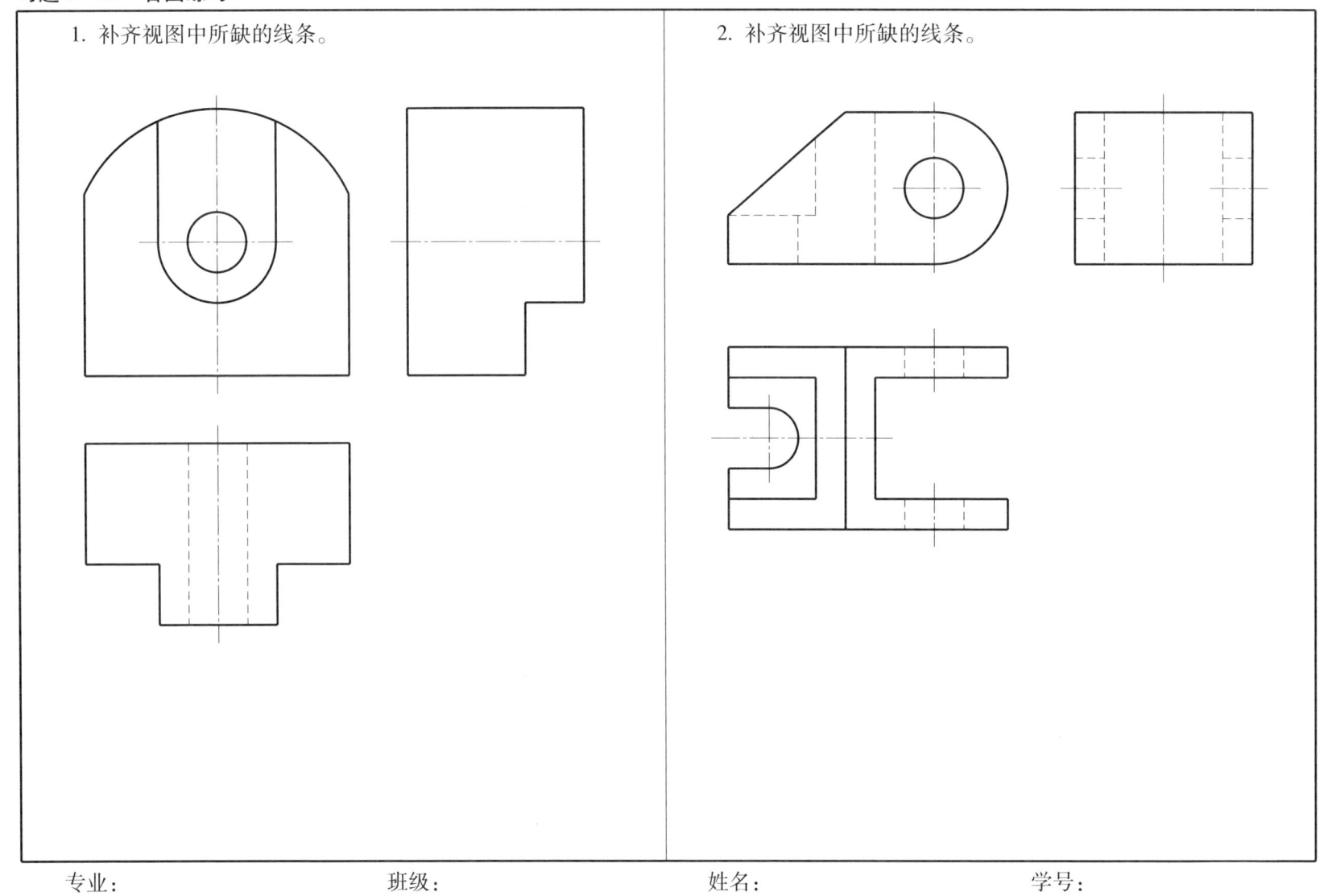

1. 补齐视图中所缺的线条。

2. 补齐视图中所缺的线条。

专业：　　　　　　　　　　　班级：　　　　　　　　　　姓名：　　　　　　　　　　学号：

习题 6-26　看图练习　根据俯视图的各种变化，补齐相应的主视图中所缺线条

1.

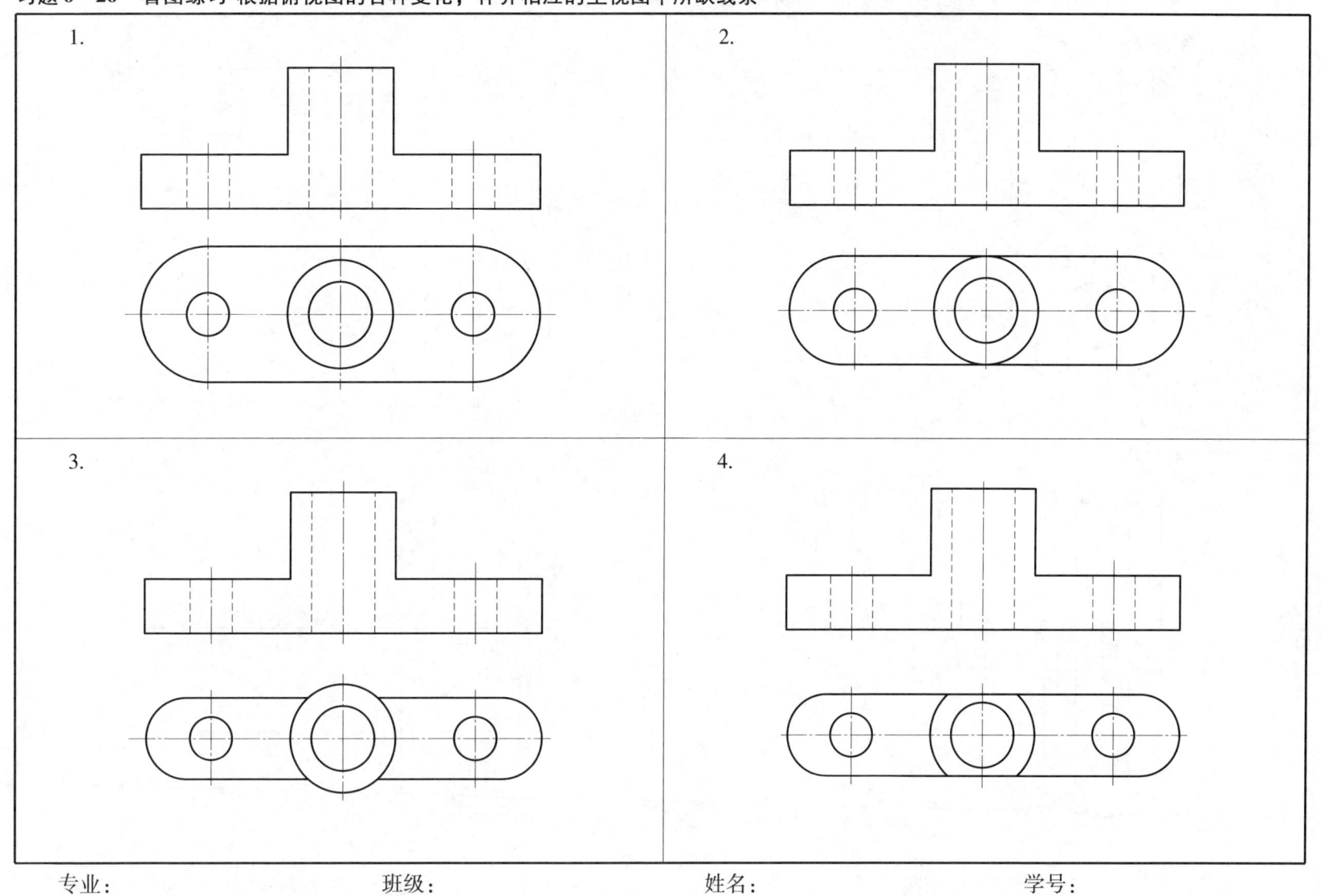

2.

3.

4.

专业：　　　　　　　　班级：　　　　　　　　姓名：　　　　　　　　学号：

习题 6-27　看图练习　根据主、俯视图的各种变化，补齐相应的左视图中所缺线条

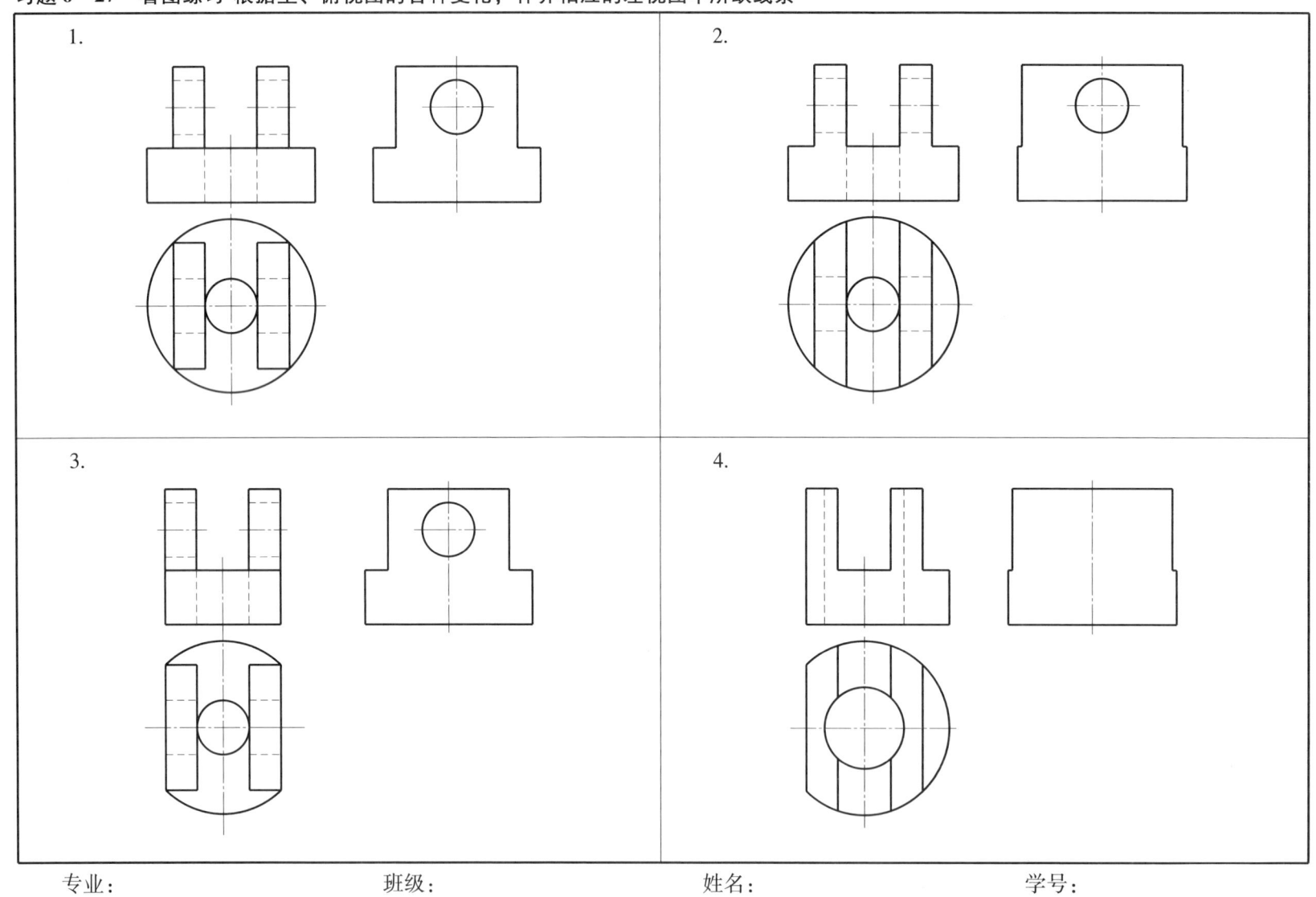

习题 6-28 看图练习 指出四个左视图中哪个正确，在正确标号处画"√"

1.

(a)　　(b)　　(c)　　(d)

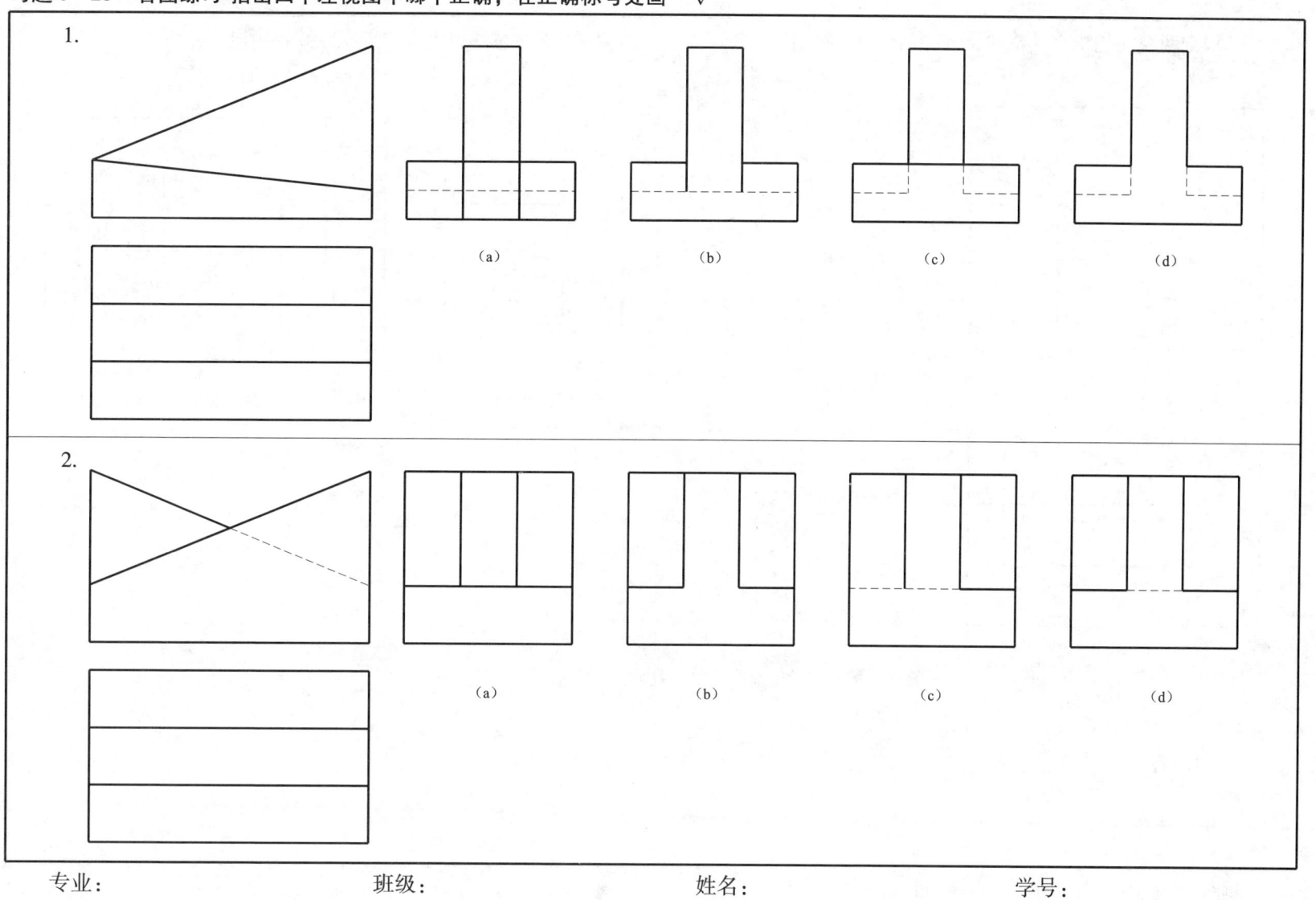

2.

(a)　　(b)　　(c)　　(d)

专业：　　　　　班级：　　　　　姓名：　　　　　学号：

习题 6-29　看图练习

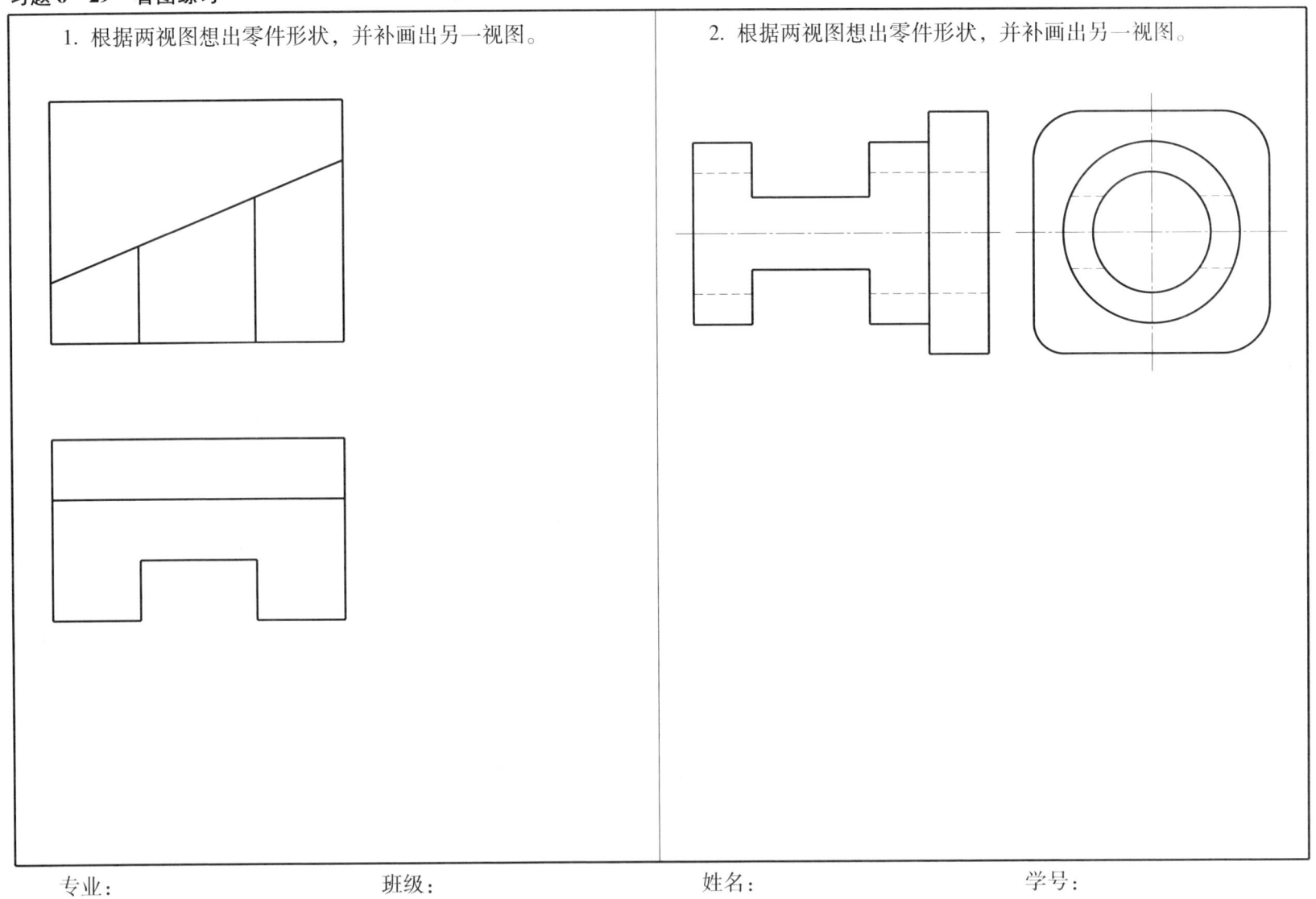

1. 根据两视图想出零件形状，并补画出另一视图。

2. 根据两视图想出零件形状，并补画出另一视图。

专业：　　　　　　班级：　　　　　　姓名：　　　　　　学号：

习题 6-30　看图练习

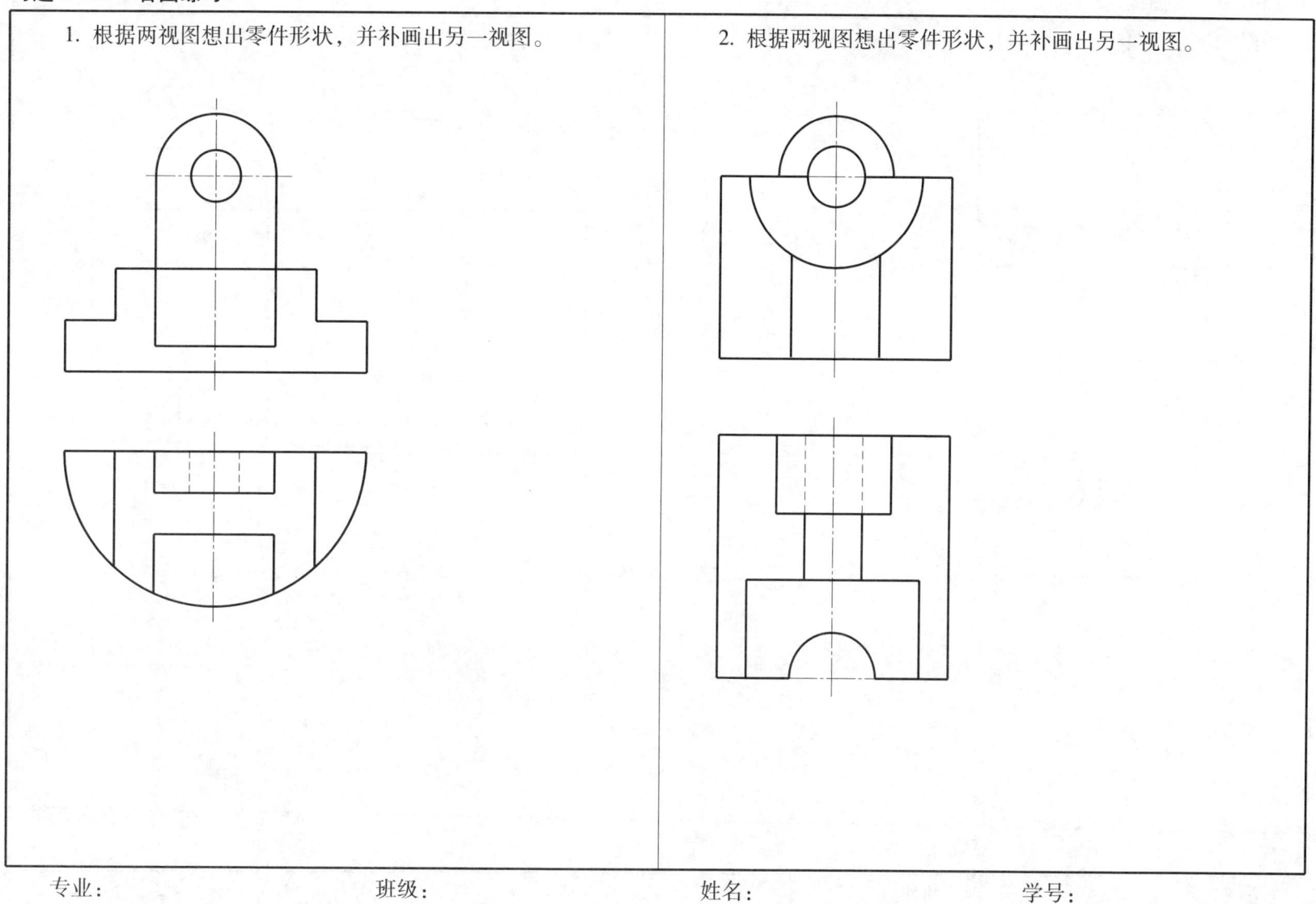

1. 根据两视图想出零件形状，并补画出另一视图。

2. 根据两视图想出零件形状，并补画出另一视图。

专业：　　　　　　班级：　　　　　　姓名：　　　　　　学号：

习题 6-31　看图练习

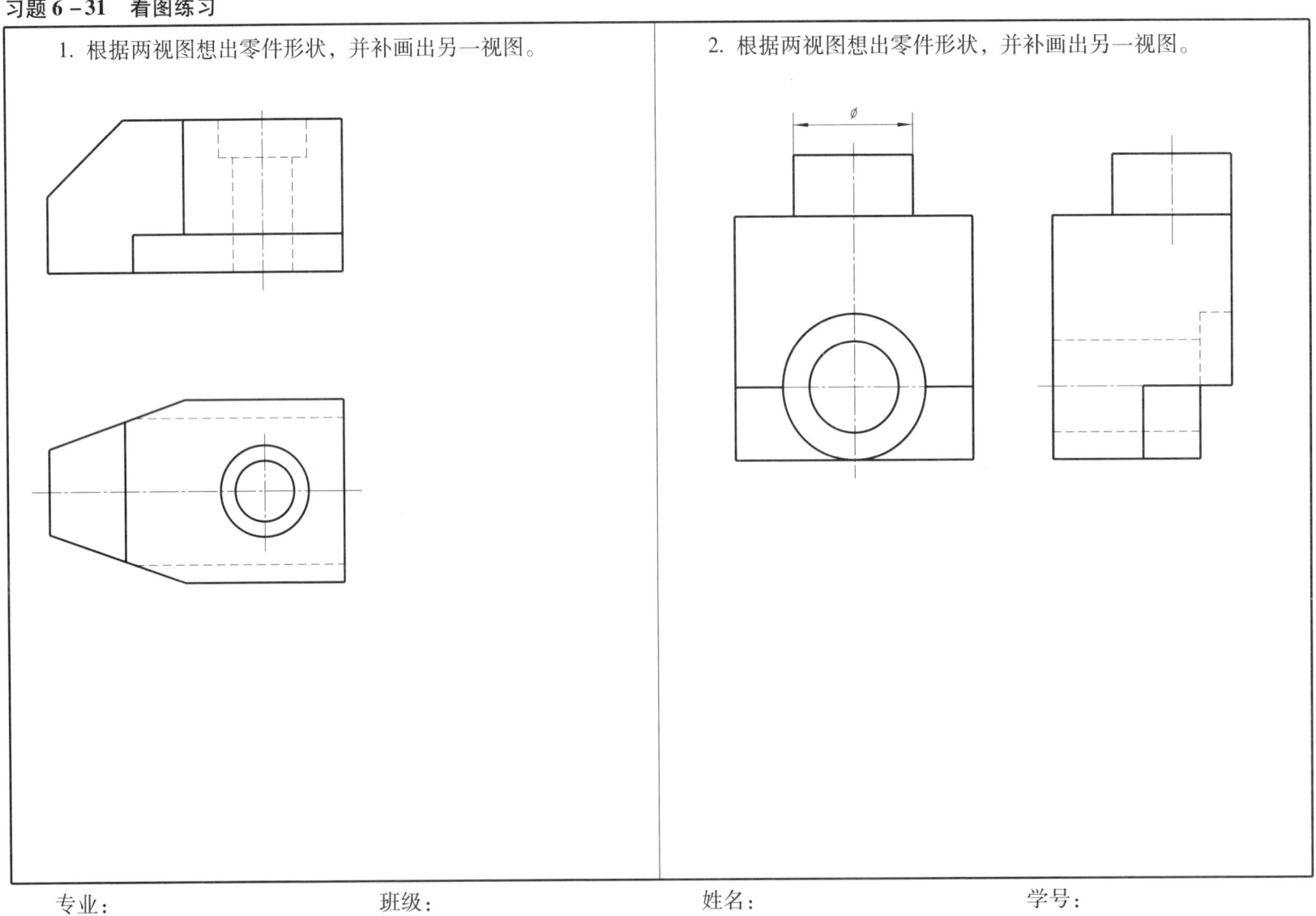

1. 根据两视图想出零件形状，并补画出另一视图。

2. 根据两视图想出零件形状，并补画出另一视图。

专业：　　　　　　　　班级：　　　　　　　　姓名：　　　　　　　　学号：

习题 6-32　视图上的尺寸标注

1. 补全视图所漏标的尺寸（尺寸数值从图中按 1:1 量取，并取整数）。

2. 补全三视图所漏标的尺寸（尺寸数值从图中按 1:1 量取，并取整数）。

专业：　　　　　　班级：　　　　　　姓名：　　　　　　学号：

习题 6-33　视图上的尺寸标注

1. 根据两视图想出零件形状，并标注尺寸（尺寸数值从图中按 1:1 量取，并取整数）。

2. 根据两视图想出零件形状，并标注尺寸（尺寸数值从图中按 1:1 量取，并取整数）。

专业：　　　　　　班级：　　　　　　姓名：　　　　　　学号：

第7章 机件常用的表达方法

一、内容概要

1. 目的要求。

本章学习的内容是在三视图基础上，学习机械制图国家标准规定的零件常用的五种表达方法（视图、剖视图、断面图、局部放大图、简化画法与规定画法），以便完整、清晰、简便、灵活地图示各种零件。要求掌握这些表达方法中的相关理论、概念与规定，并能针对零件结构的特点，确定最佳表达方案，且准确无误地绘制图样。

2. 重点、难点。

（1）视图（基本视图和向视图、局部视图和斜视图）。

视图主要用于表达零件外形。基本视图用于表达零件整体外形；局部视图用于表达零件局部外形；斜视图用于表达零件倾斜部分的外形。重点掌握每种视图的画法及相应的标注方法。

（2）剖视图。

剖视图主要用于表达零件的内部结构。应针对零件的结构特点选择适宜的剖切面及剖视图的种类。重点掌握单一剖、阶梯剖、旋转剖、复合剖的适用条件以及在画法和标注方面的要求。重点掌握全剖视图、半剖视图、局部剖视图的应用条件及相应的画法规定。全剖视图用于表达零件整个内形；半剖视图适用于内外形状均需表达的对称零件；局部剖视图适用于内外形状均需表达的非对称零件。

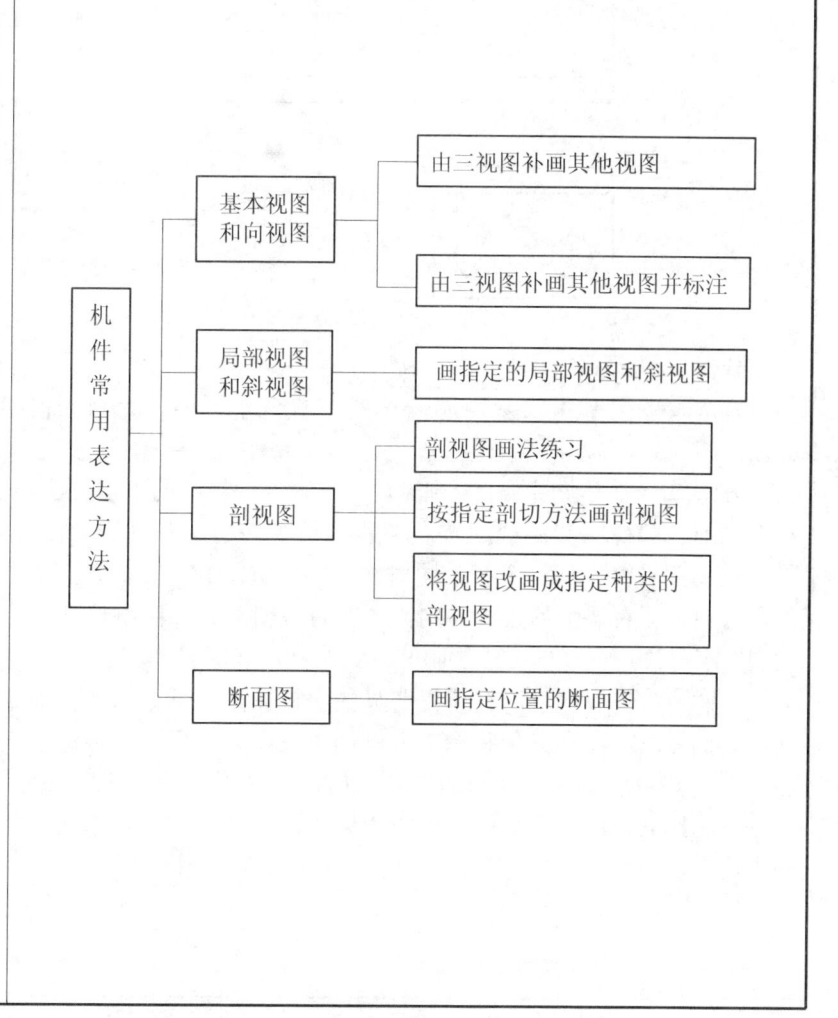

二、题目类型

机件常用表达方法
- 基本视图和向视图
  - 由三视图补画其他视图
  - 由三视图补画其他视图并标注
- 局部视图和斜视图
  - 画指定的局部视图和斜视图
- 剖视图
  - 剖视图画法练习
  - 按指定剖切方法画剖视图
  - 将视图改画成指定种类的剖视图
- 断面图
  - 画指定位置的断面图

三、示题及解题方法 例 7–1 由三视图补画其他视图示例

题目 根据三视图补画零件的右视图、仰视图和后视图。

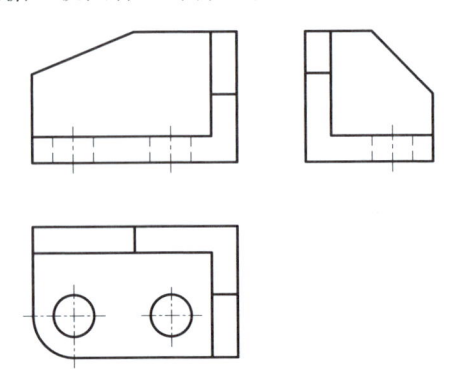

方法一 解题结果

方法二 解题结果

分析 本题可按两种方法完成。

方法一 按基本投影面展开位置布置各个视图，无须任何标注。

方法二 为了在图纸上合理布局，可采用向视图的表达方法。将右视图、仰视图和后视图按右图所示位置布置，并进行标注。例如在主视图右边画一个箭头同时注写字母 A，箭头所指方向为投影方向，即右视图的投影方向。再在右视图上方标注字母 A 作为视图名称。用同样的方法绘制仰视图 B 和后视图 C。

注意 箭头应尽可能在位置明显的主视图附近标注。条件不允许时也可以标注在其他视图上。例如主视图只能反映零件的左右和上下方向，因此后视图的投影方向就无法在主视图上标注，故本例选择的标注位置是在右视图 A 旁边，字母 C 下方的箭头方向表示由零件的后方指向前方，故 C 向视图为后视图。

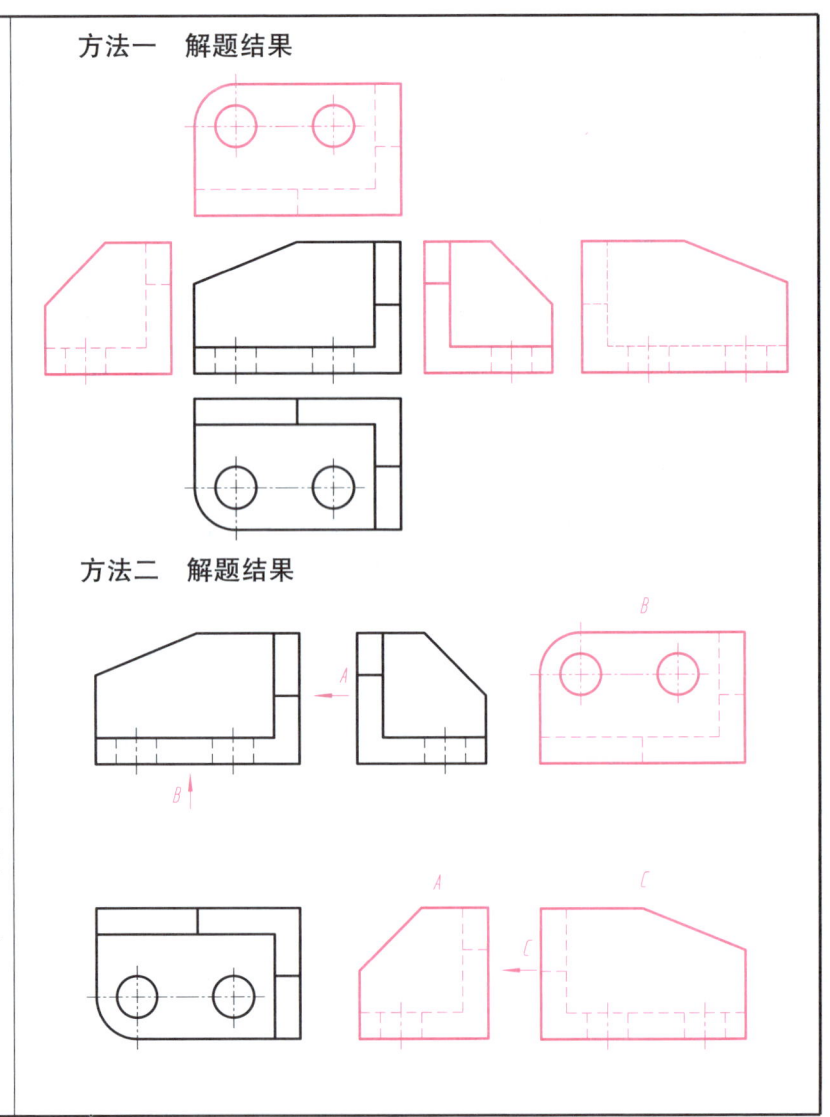

— 108 —

例7-2　画指定的局部视图和斜视图示例

题目　根据给出的一组视图，补画 B 向视图和 C 向视图。

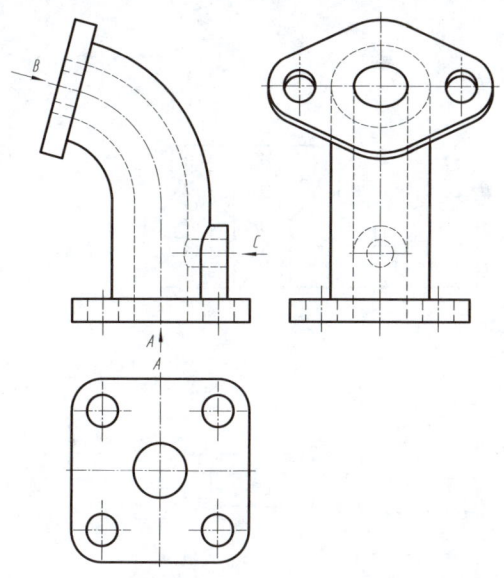

分析　已给出的一组视图不能反映零件左上方的倾斜结构和右下方凸台的形状及前后位置，故采用 B 向斜视图和 C 向局部视图作补充表达。

注意

（1）B 向斜视图应按主视图左上方箭头指引的方向进行投影，在画出的斜视图上方标注的视图名称应与箭头上方标注的字母相同。也可以将图形旋转（如右下部的图所示），但必须在旋转后的斜视图上方画出与实际旋转方向一致的旋转符号，字母应靠近旋转符号的箭头端。

（2）C 向局部视图与表示该局部结构的主视图按投影关系（高平齐）配置，并按向视图的方法进行标注。条件不允许时，可将局部视图画在图纸的其他地方并标注。

（3）B 向斜视图所表示的倾斜结构是完整的，且外形轮廓是封闭的，这种情况下只画出封闭的外形轮廓。而 C 向局部视图所表示的局部结构尽管外形轮廓封闭，但并不是独立的，这种情况下用波浪线将画出的局部结构与省略未画的其他结构视图分开。

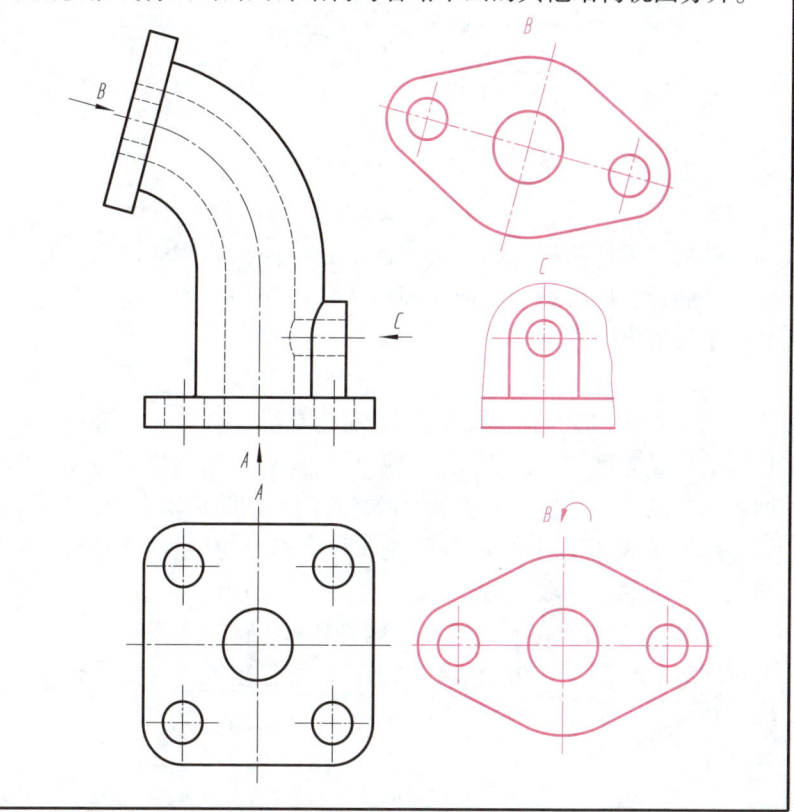

例 7-3 将零件的视图改画成剖视图示例

题目 将零件的主视图改画成剖视图。

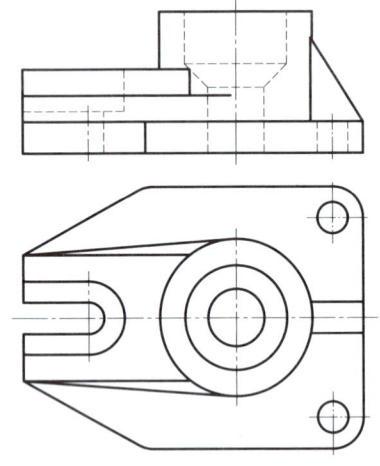

分析 零件前后对称，剖切面沿对称面剖切，剖切到空心圆柱体、肋板、底板、与底板和圆柱体均相交的平台。底板上的孔和位于底板上面平台前后的附加板未剖切到。

注意

（1）画出剖切面与零件内外表面的交线（剖断面）和剖切面后面的可见轮廓线。因剖切面沿肋板纵向对称面剖切，应画出与肋板邻接的圆柱和底板的轮廓及两者区间内的肋板轮廓。

（2）在剖断面上画出剖面线，其间隔应均匀，方向应一致。纵向剖切的肋板区域不画剖面线。

（3）未剖到的底板上的通孔因在俯视图上没有表示出"通"的情况，故在剖视图中用虚线画出。同理，附加板的投影也用虚线画出。

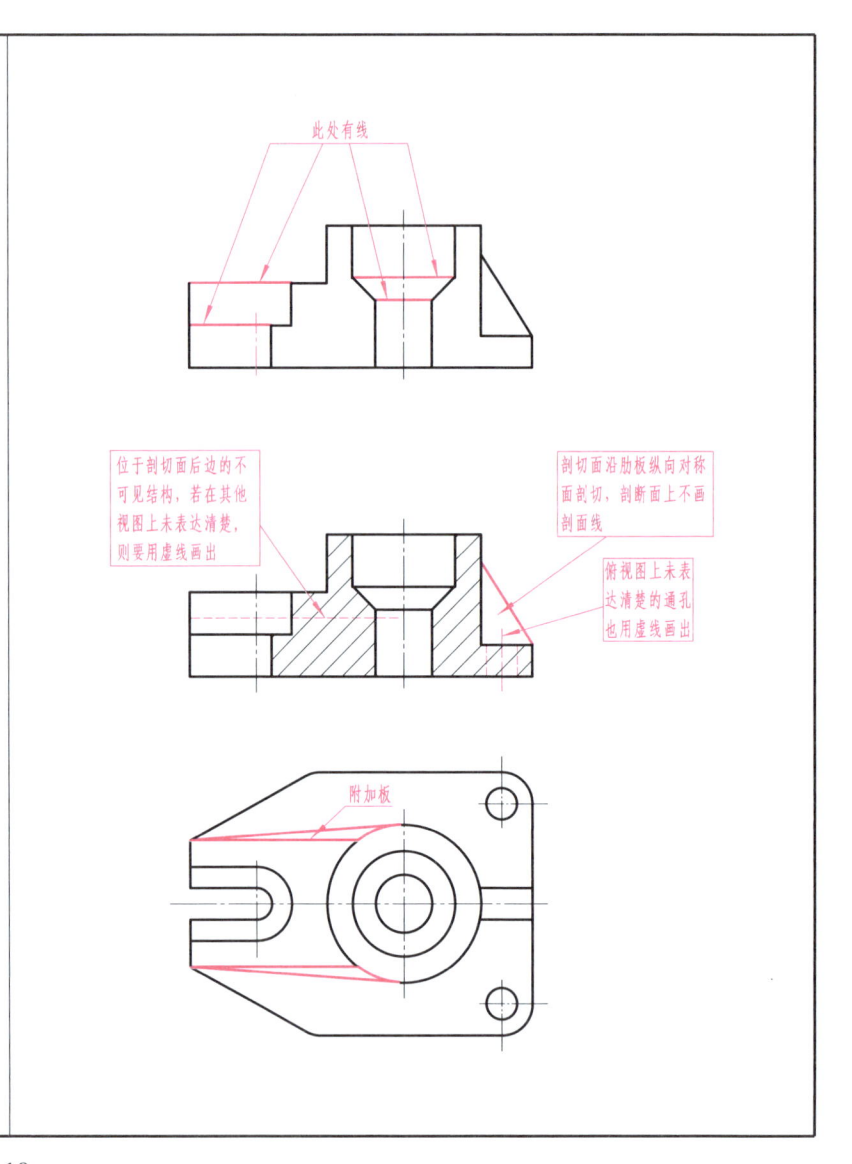

— 110 —

例 7-4 用指定方法作剖视图示例

题目 用相交的两个剖切面将零件的主视图画成（旋转）剖视图。

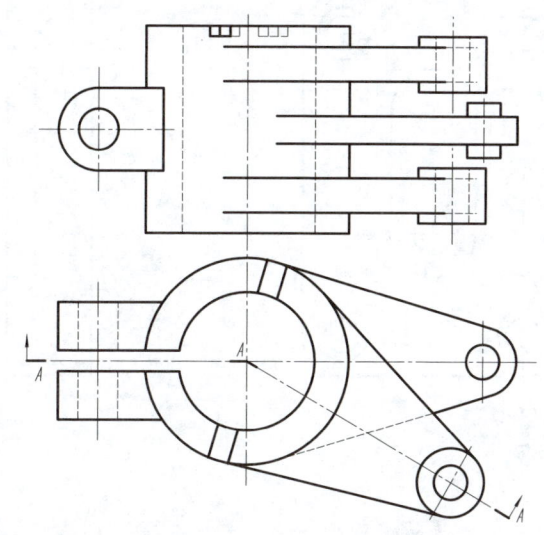

分析 零件右面有两块板与正投影面倾斜，故用一个铅垂的剖切面沿两斜板的对称面剖切，这样与零件左面结构所采用的正平剖切面形成相交的两个剖切面，如俯视图上剖切符号所示。此时，零件右面与正投影面不倾斜的板仅被剖切到一部分。

注意

（1）铅垂剖切面剖开的上下两块板绕两剖切面交线旋转到与正投影面平行后再进行投射。

（2）未完整剖切到的板可按不剖处理，其投影只画到与之相邻结构的剖断面。

（3）位于剖切面后面的可见开槽按原来的位置画出，即该结构不应视为随剖切面一起旋转。

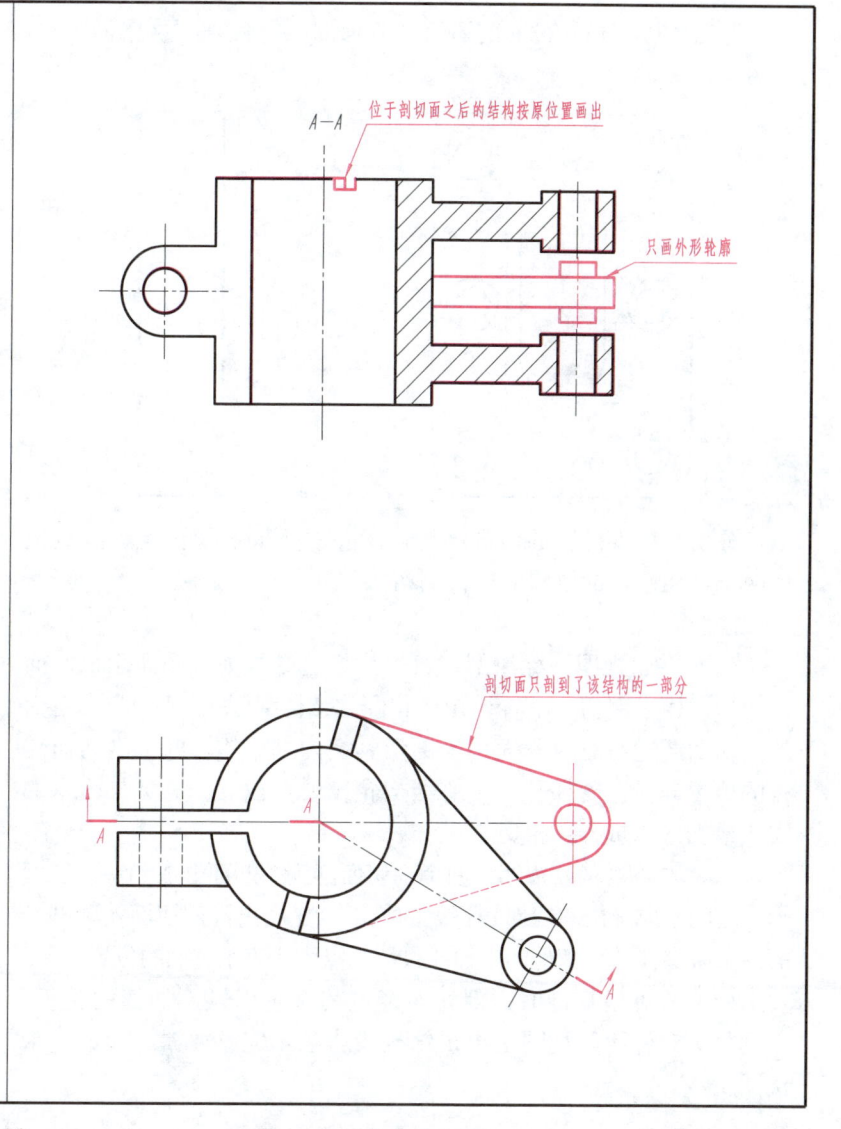

例 7-5　选择适当剖切方法画剖视图示例

题目　用互相平行的剖切面（阶梯剖），将零件左视图画成剖视图。

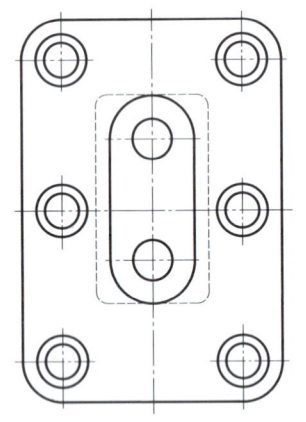

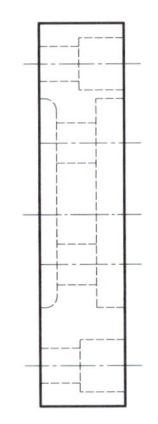

分析　该零件上的内部结构位于左右不同的层面上，故应选用两个互相平行的侧平面进行剖切。

注意

（1）在主视图上标注剖切符号。解题结果如右图所示，左面的剖切面用来剖切一个阶梯孔（相同的结构剖到一个即可），右面的剖切面经过左右对称面用来剖切其余内部结构。两个剖切面转折的位置选择在阶梯孔与中心结构轮廓的空白区，避免与图中的实线或细虚线重合、相交。

（2）画剖视的左视图。两个剖切面剖到的断面合成到一个图面上，之间不应画出剖切面转折处的投影。除画出被剖切面实际剖到的一个阶梯孔外，其他的阶梯孔只用细点画线表示它们的位置。

（3）在作阶梯剖时，剖切面经过的位置以及剖切面的转折，原则是不允许使剖视图上出现结构投影的不完整要素。如错误示例图所示。

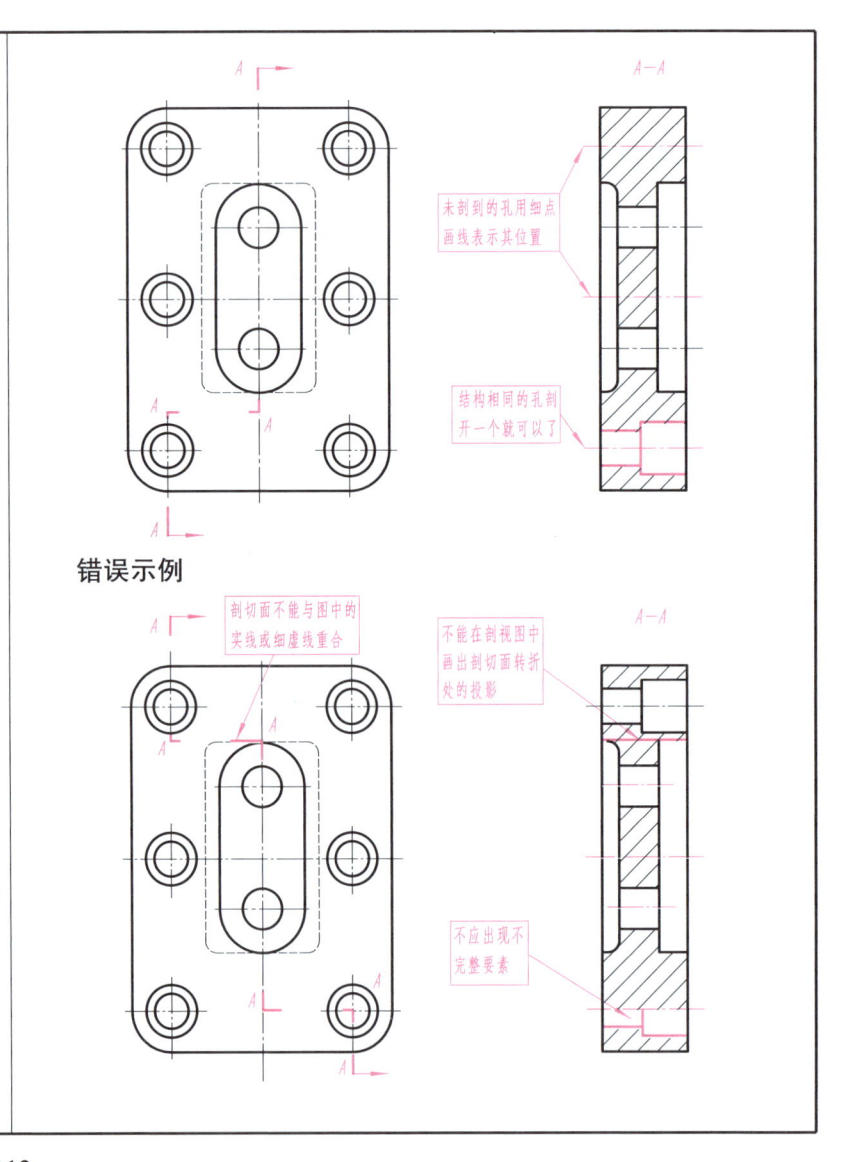

错误示例

（图中标注）
- 未剖到的孔用细点画线表示其位置
- 结构相同的孔剖开一个就可以了
- 剖切面不能与图中的实线或细虚线重合
- 不能在剖视图中画出剖切面转折处的投影
- 不应出现不完整要素

例 7-6 画指定种类的剖视图示例

题目 根据零件的主、俯视图，将主视图改画成半剖视图。

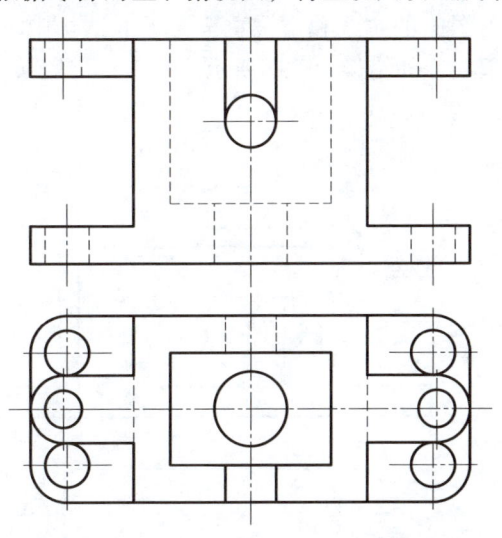

分析 半剖视图适合于内外形状均需表达的对称零件。本例中的零件结构符合上述条件。除了其所有内部结构均需表达外，前壁上的半长圆通槽和后壁上的通孔仅在俯视图上是不能表达清楚的，故在主视图上要保留它们的投影，以表示其形状及位置。

注意

（1）画半剖的主视图。以对称中心线（细点画线）为界，左边画半个视图，右边画半个剖视图，合成为半剖视图。

（2）由于剖切面经过零件的前后对称面，底板上的四个通孔没有剖切到，故在半个剖视图中只用细点画线表示其位置。

（3）在半个视图中，对于在半个剖视图中已经表达清楚的内部结构（剖到的孔）不再用细虚线画出。但底板上的孔因尚未表达清楚，故仍然用细虚线画出。零件上端左右对称伸出的搭子，其上的孔已在半个剖视图中剖到，因此在半个视图中也只用细点画线表示该孔的位置。解题结果如主视图所示。

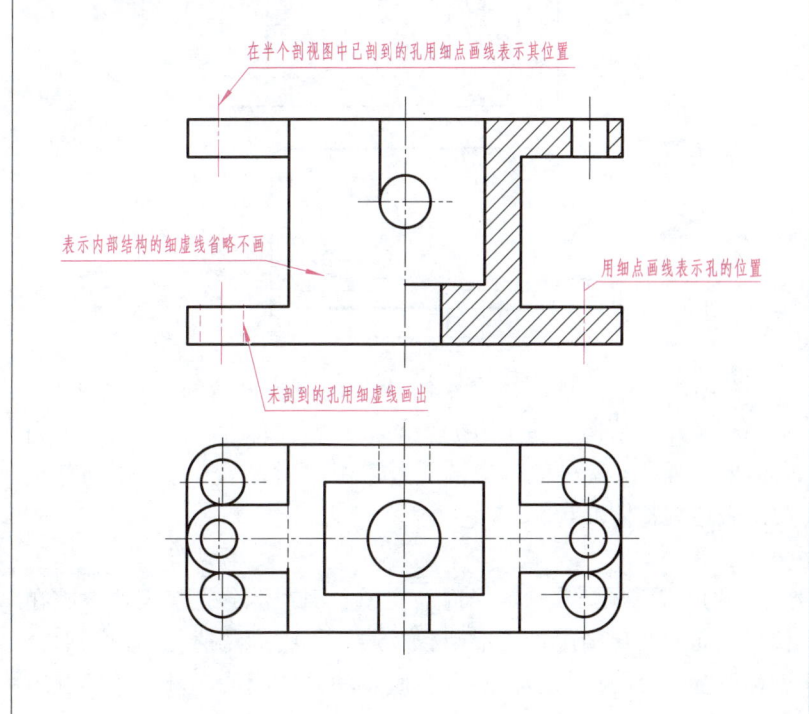

在半个剖视图中已剖到的孔用细点画线表示其位置

表示内部结构的细虚线省略不画

用细点画线表示孔的位置

未剖到的孔用细虚线画出

例 7-7　画指定种类的剖视图示例

题目　根据零件的主、俯视图，采用局部剖视图重新表达该零件。

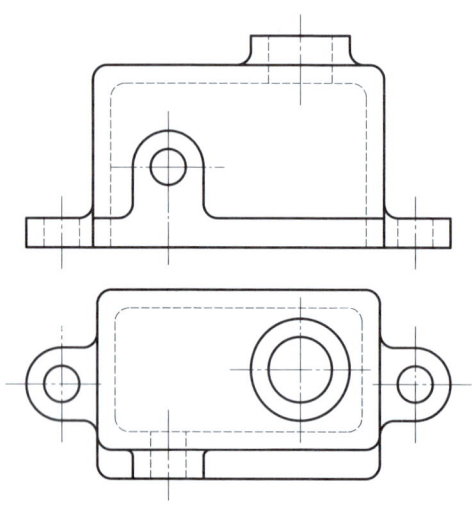

分析　局部剖视图适合于内外形状均需表达的非对称零件。本例中零件的结构在各个方向上均不具备对称性，既有内腔、内孔需要剖视，又有外表分布的凸台需用视图表达，适合用局部剖视图表达其整体形状。

注意

（1）将主视图改画成局部剖视图。剖视部分主要表达内腔在长度方向的变化情况、顶部凸台及通孔、底脚及通孔。视图部分表达前壁凸台的形状与位置以及底脚和总体间的轮廓，如解题结果主视图所示。

（2）将俯视图改画成局部剖视图。剖视部分用来表达前壁凸台孔与内腔相通情况，以及内腔前后变化情况。视图部分主要用来表达顶部凸台以及底脚的形状与位置，如解题结果俯视图所示。

（3）局部剖视图中，剖视图与视图之间用波浪线作为分界线。波浪线不能与图中的实线和虚线重合，零件结构中空部位的投影处不能画波浪线，如错误示例图所示。

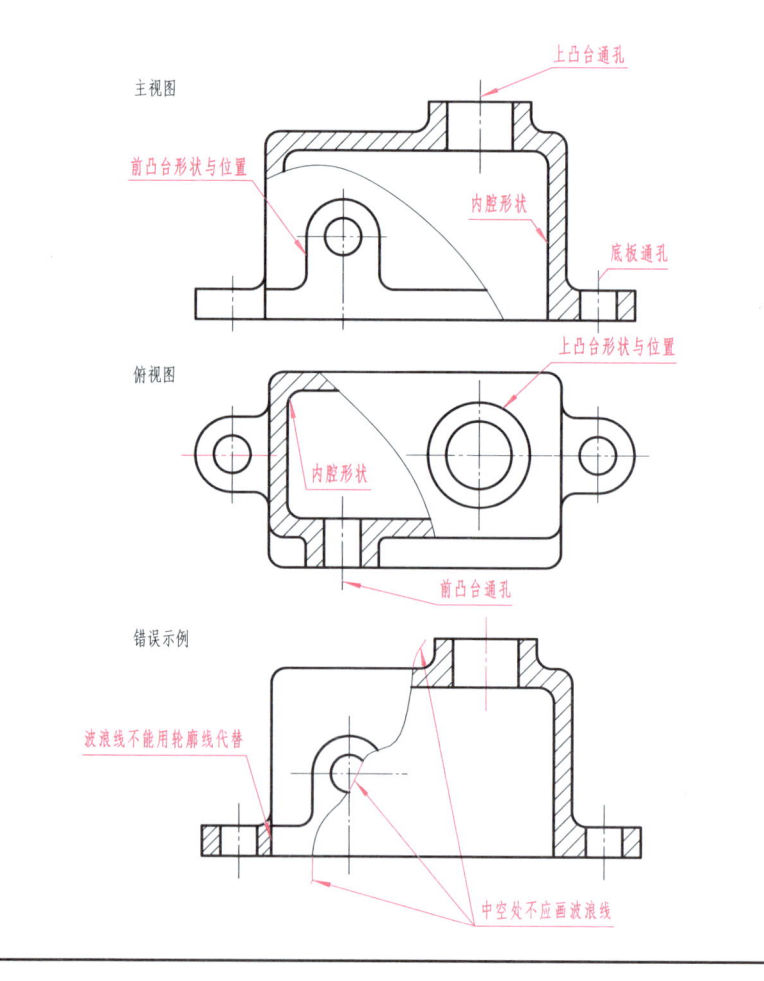

四、习题 7-1　视图

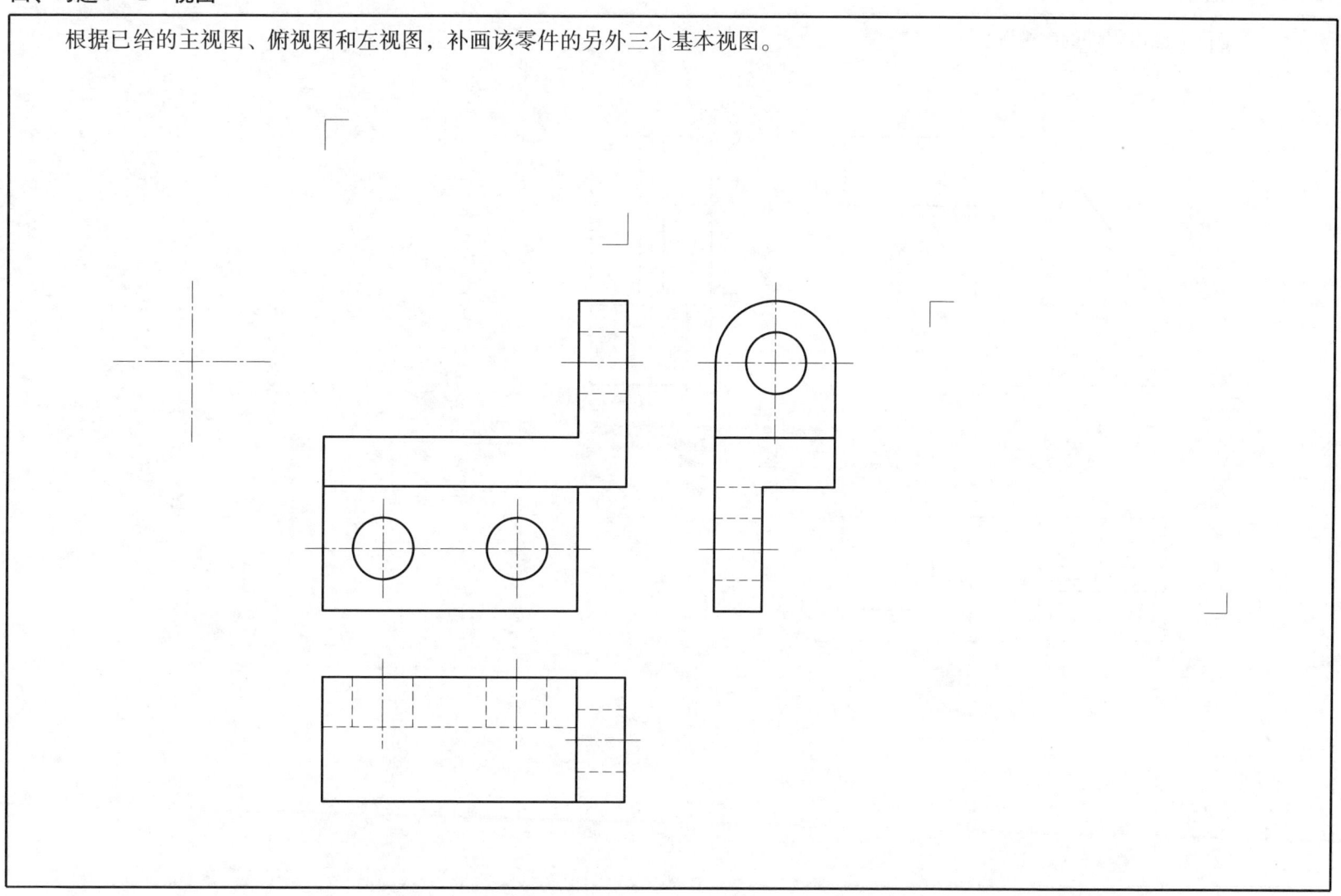

根据已给的主视图、俯视图和左视图，补画该零件的另外三个基本视图。

专业：　　　　　　　　　班级：　　　　　　　　　姓名：　　　　　　　　　学号：

习题 7-2 视图

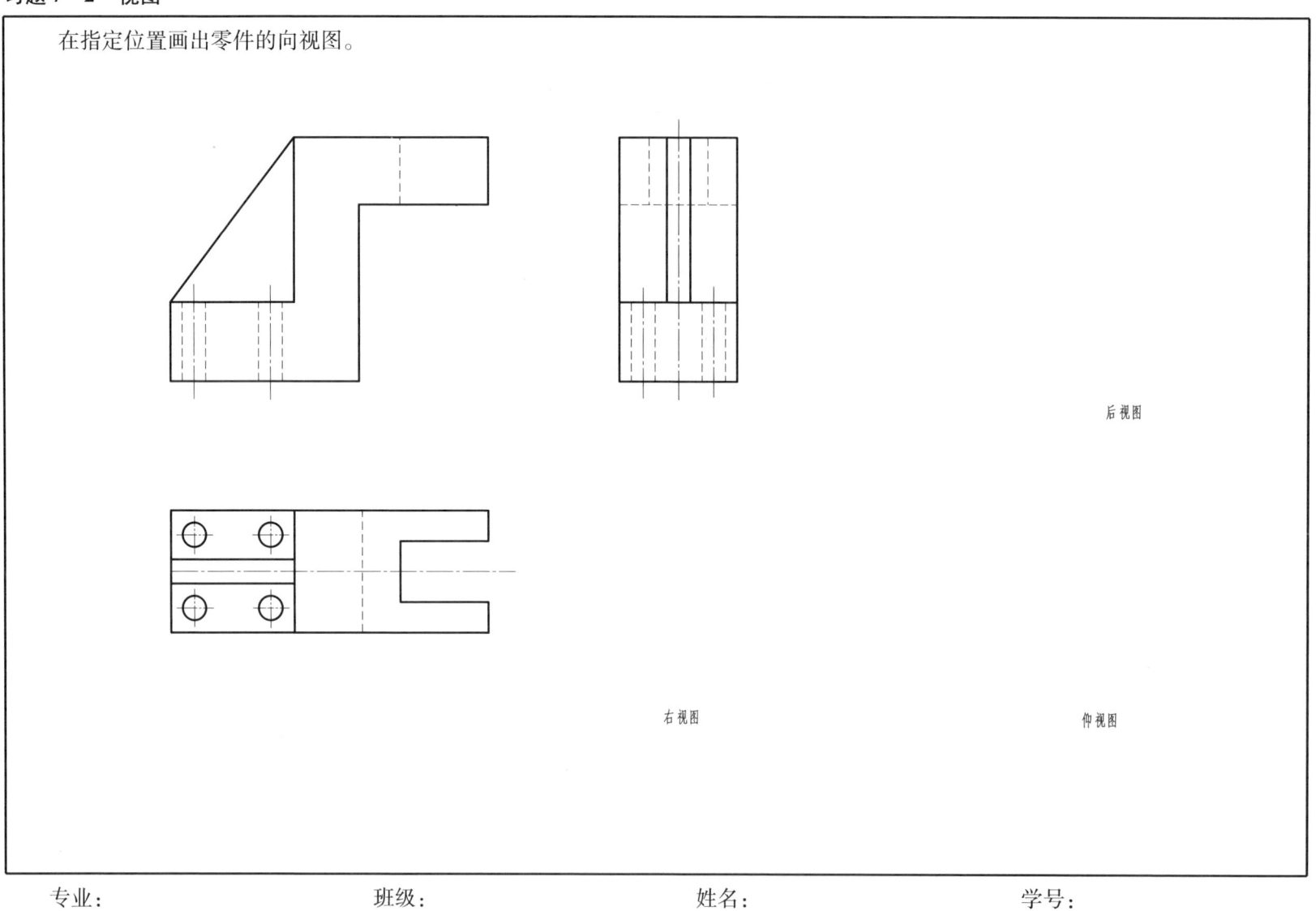

在指定位置画出零件的向视图。

后视图

右视图　　　　　　　　　　仰视图

专业：　　　　　班级：　　　　　姓名：　　　　　学号：

习题 7-3 视图

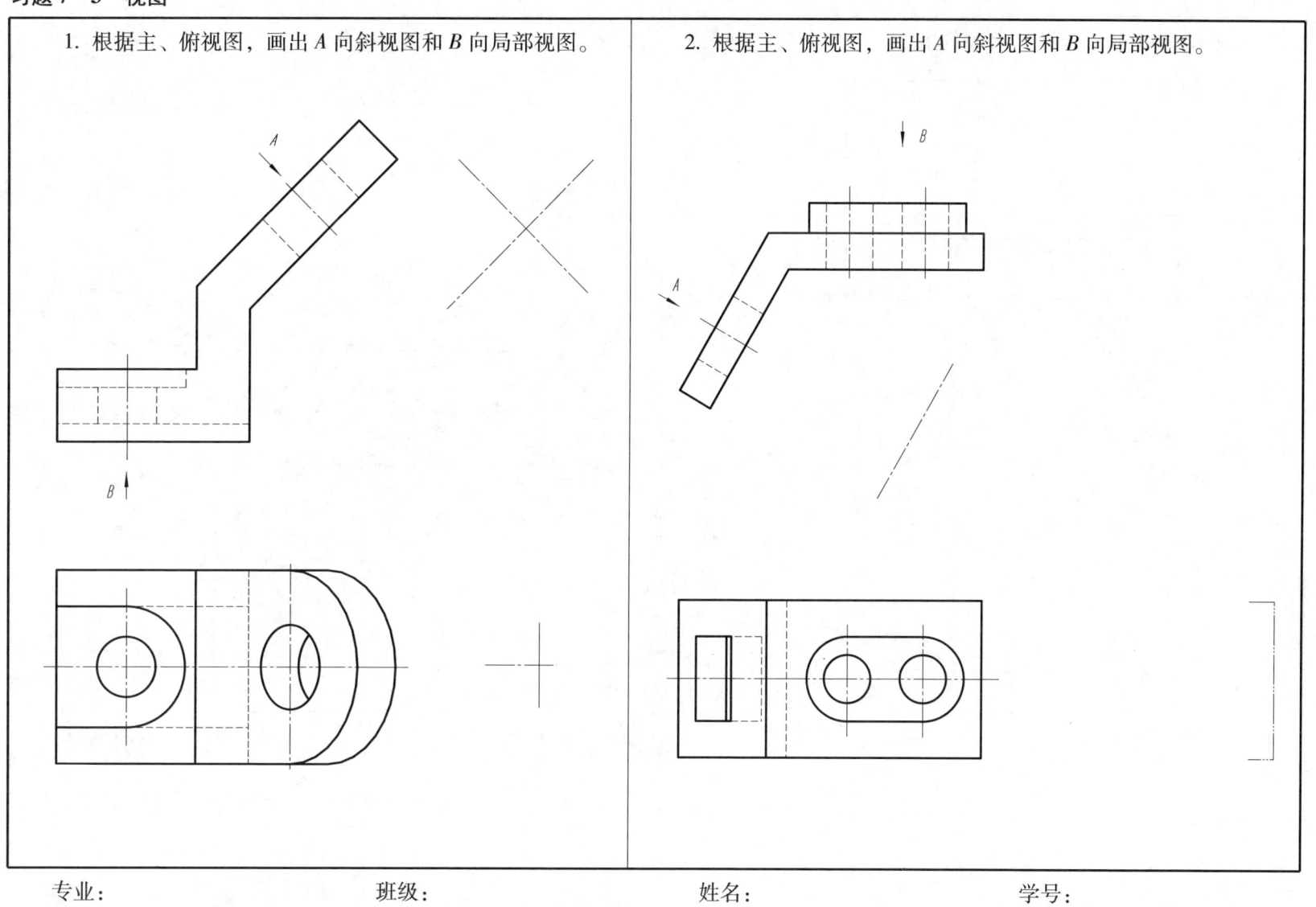

1. 根据主、俯视图，画出 A 向斜视图和 B 向局部视图。

2. 根据主、俯视图，画出 A 向斜视图和 B 向局部视图。

专业：　　　　　　班级：　　　　　　姓名：　　　　　　学号：

习题 7-4　视图

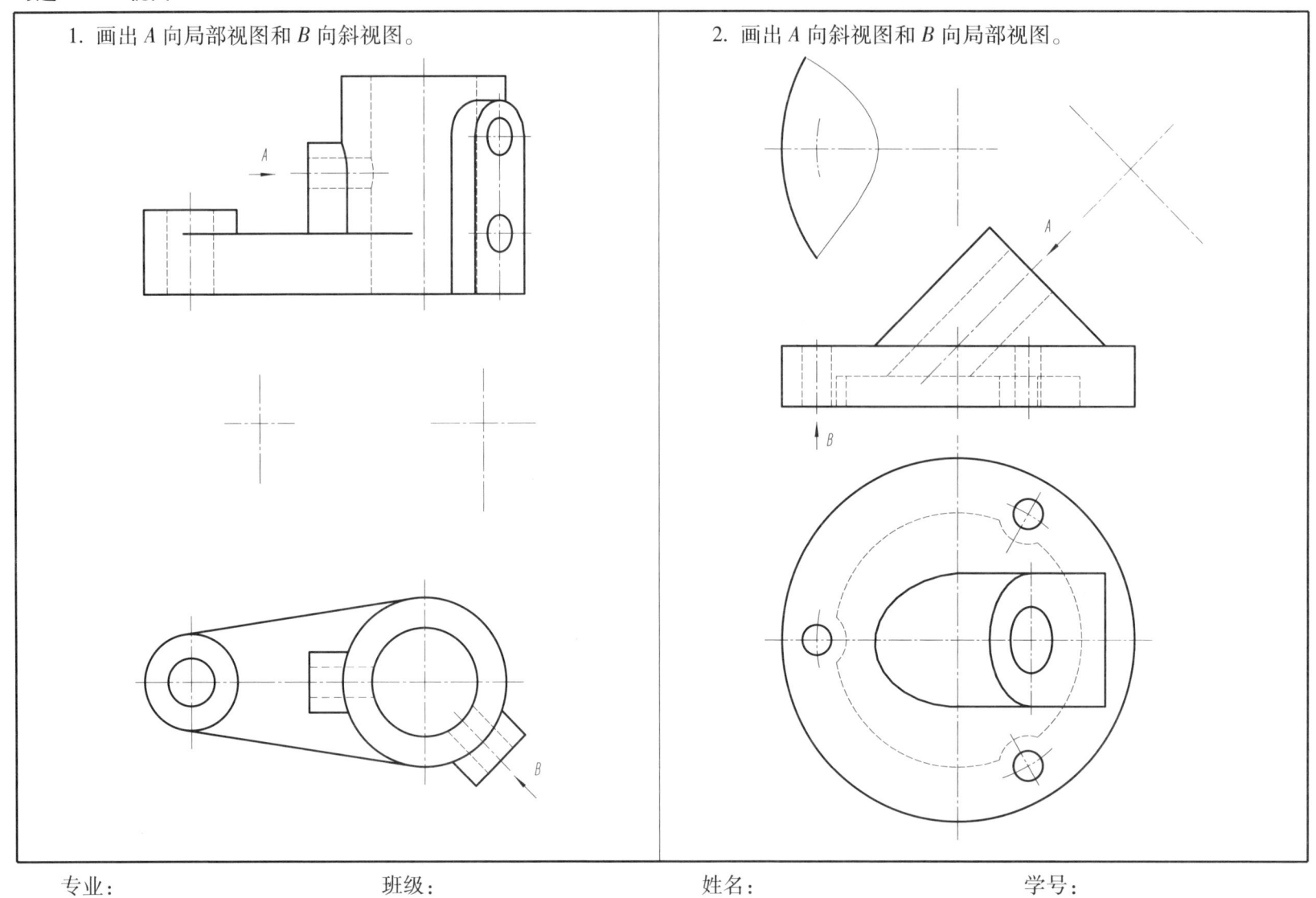

1. 画出 A 向局部视图和 B 向斜视图。

2. 画出 A 向斜视图和 B 向局部视图。

| 专业： | 班级： | 姓名： | 学号： |

习题 7-5　剖视图

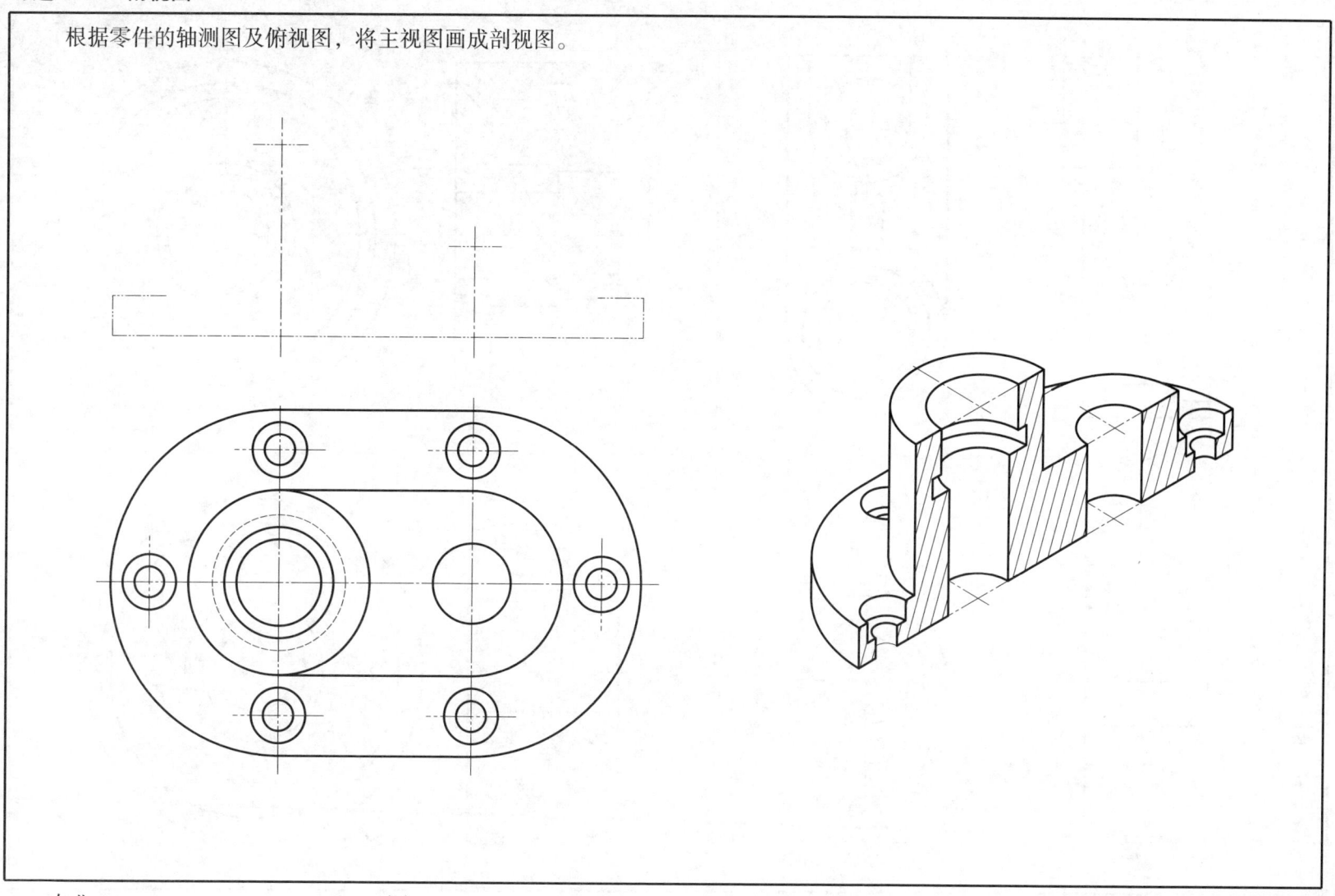

根据零件的轴测图及俯视图，将主视图画成剖视图。

专业：　　　　　　　班级：　　　　　　　姓名：　　　　　　　学号：

习题 7-6 剖视图

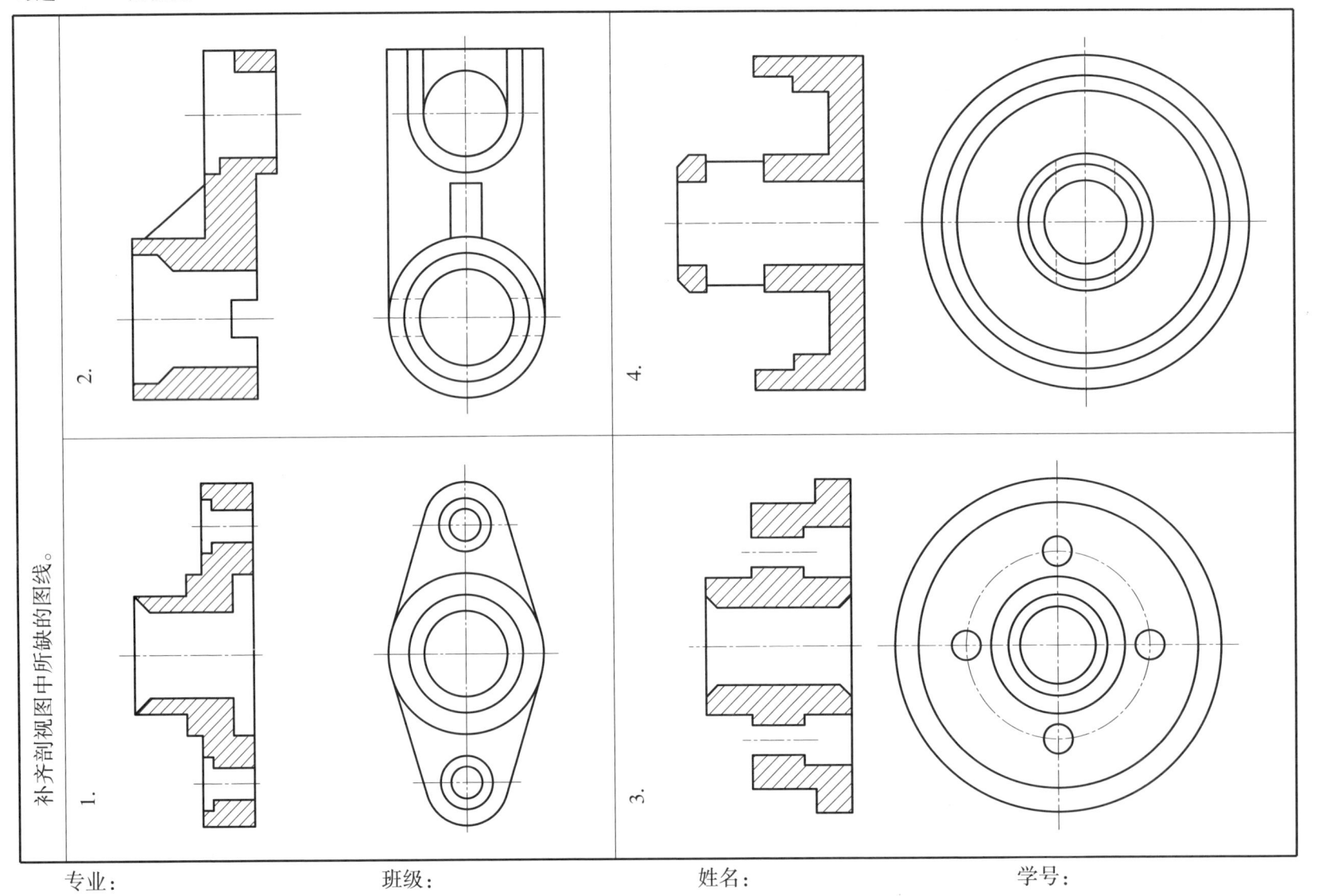

补齐剖视图中所缺的图线。

1.
2.
3.
4.

专业： 班级： 姓名： 学号：

习题 7-7　剖视图

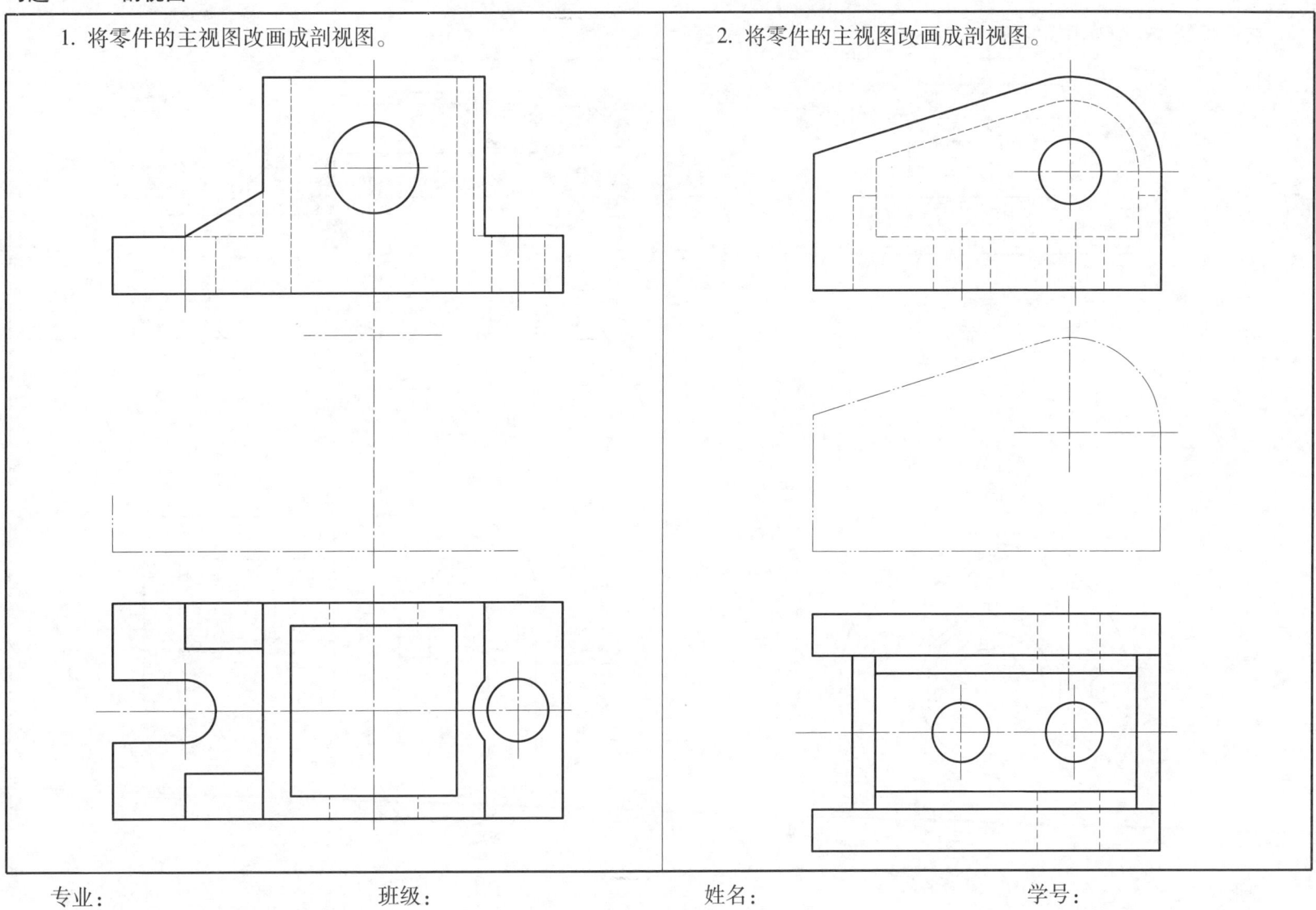

1. 将零件的主视图改画成剖视图。

2. 将零件的主视图改画成剖视图。

专业：　　　　　　　　班级：　　　　　　　　姓名：　　　　　　　　学号：

习题 7-8　剖视图

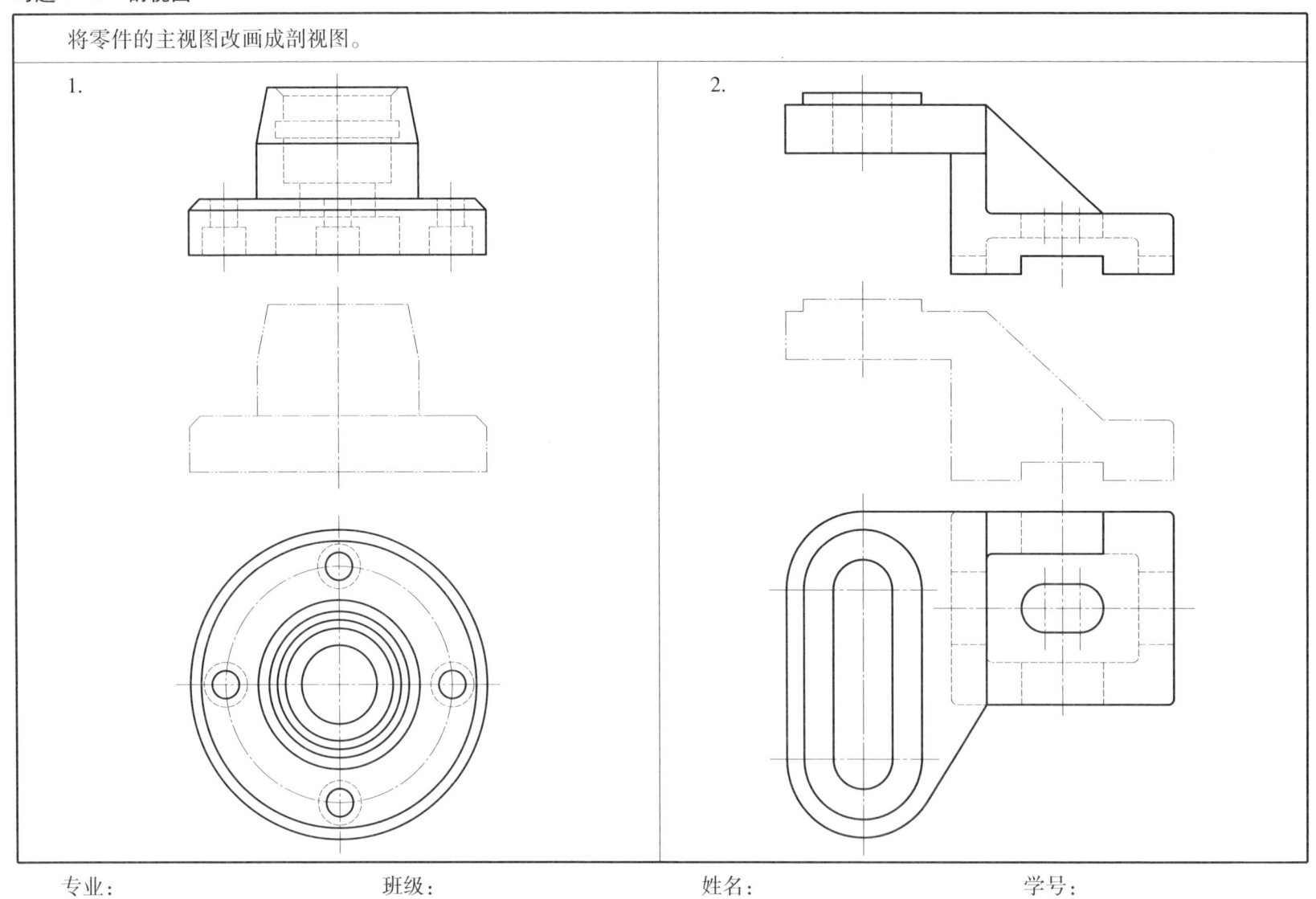

将零件的主视图改画成剖视图。

1.

2.

专业：　　　　　　　　班级：　　　　　　　　姓名：　　　　　　　　学号：

习题 7-9 剖视图

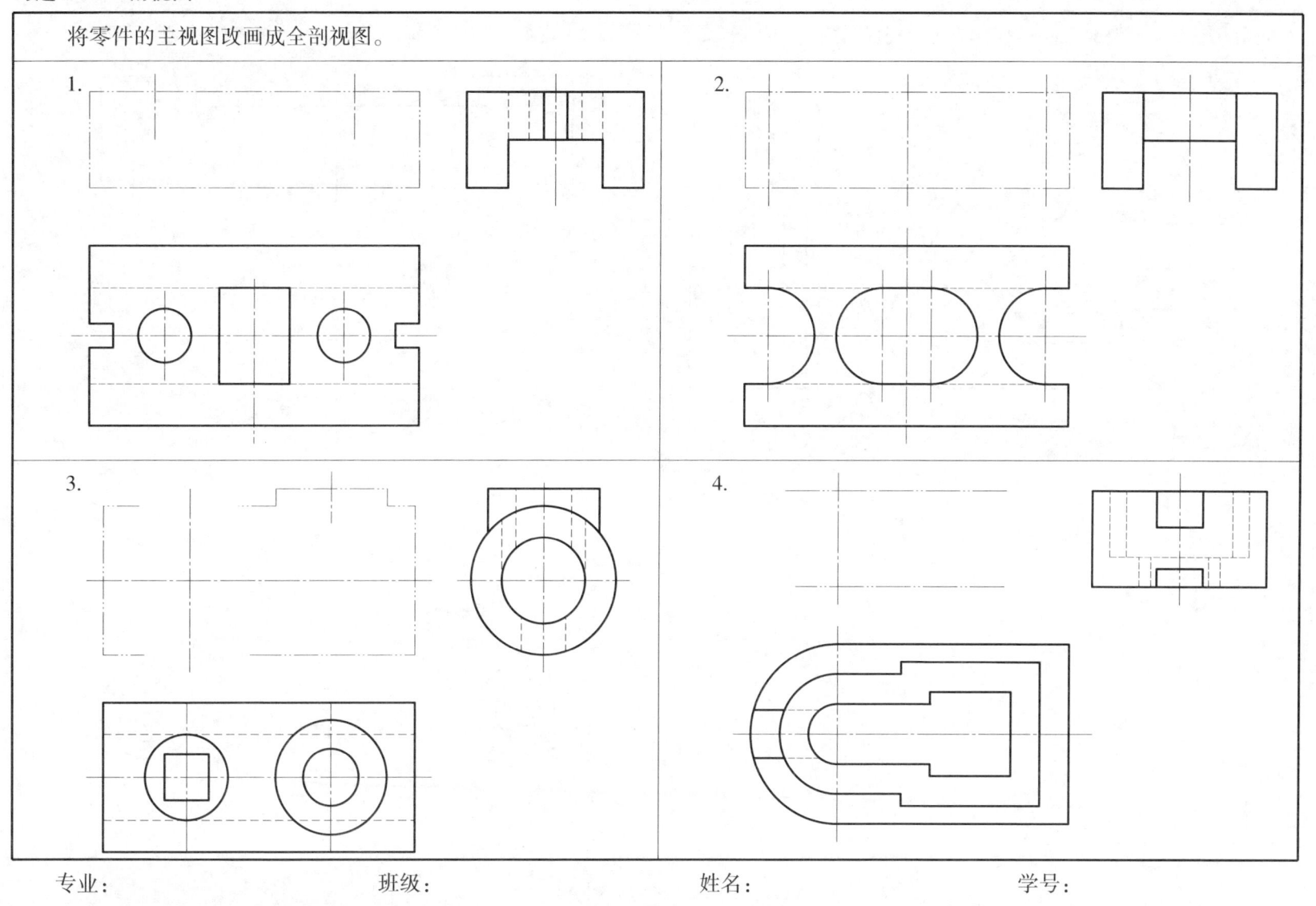

将零件的主视图改画成全剖视图。

1.

2.

3.

4.

专业： 班级： 姓名： 学号：

习题 7-10　剖视图

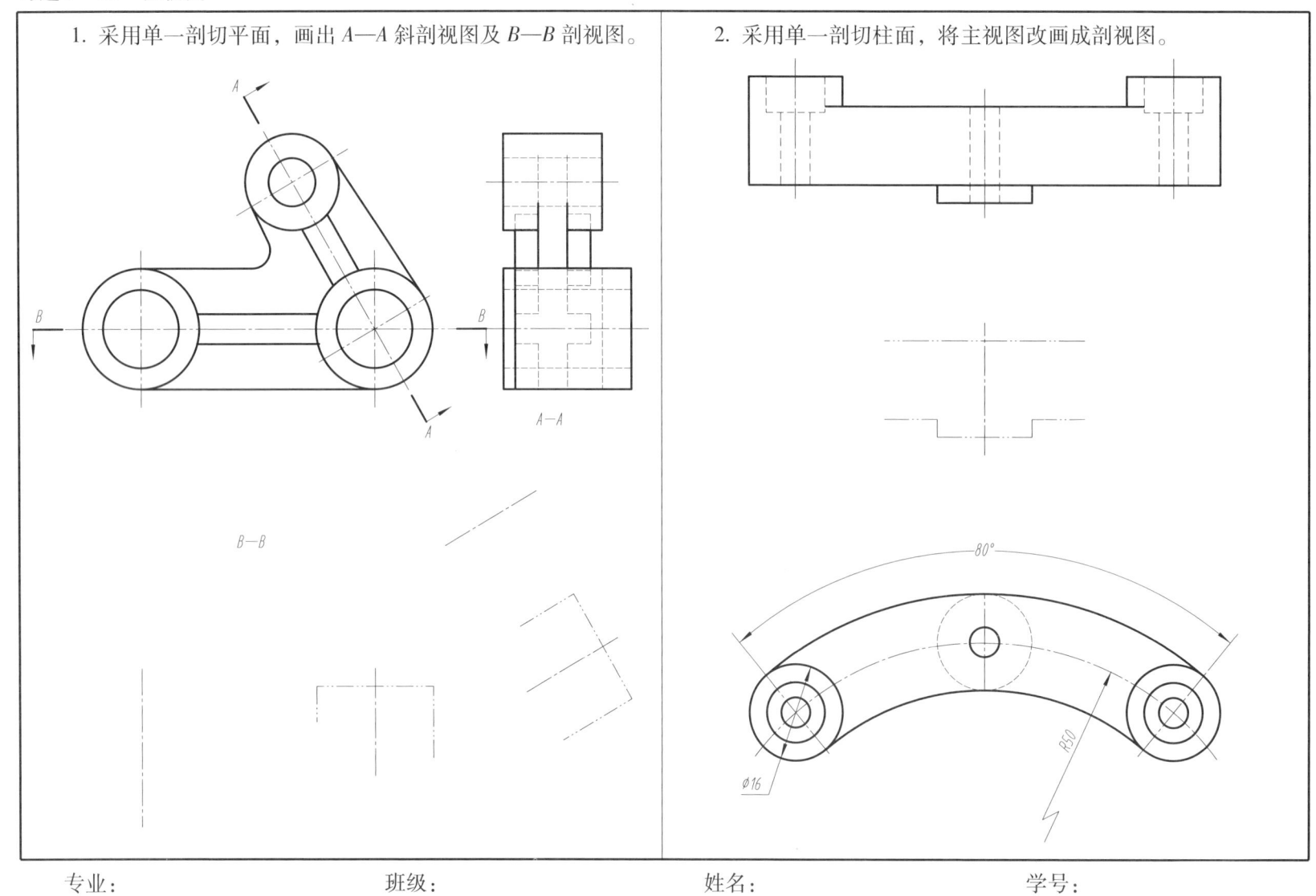

1. 采用单一剖切平面，画出 A—A 斜剖视图及 B—B 剖视图。

2. 采用单一剖切柱面，将主视图改画成剖视图。

专业：　　　　　　　班级：　　　　　　　姓名：　　　　　　　学号：

习题 7−11 剖视图

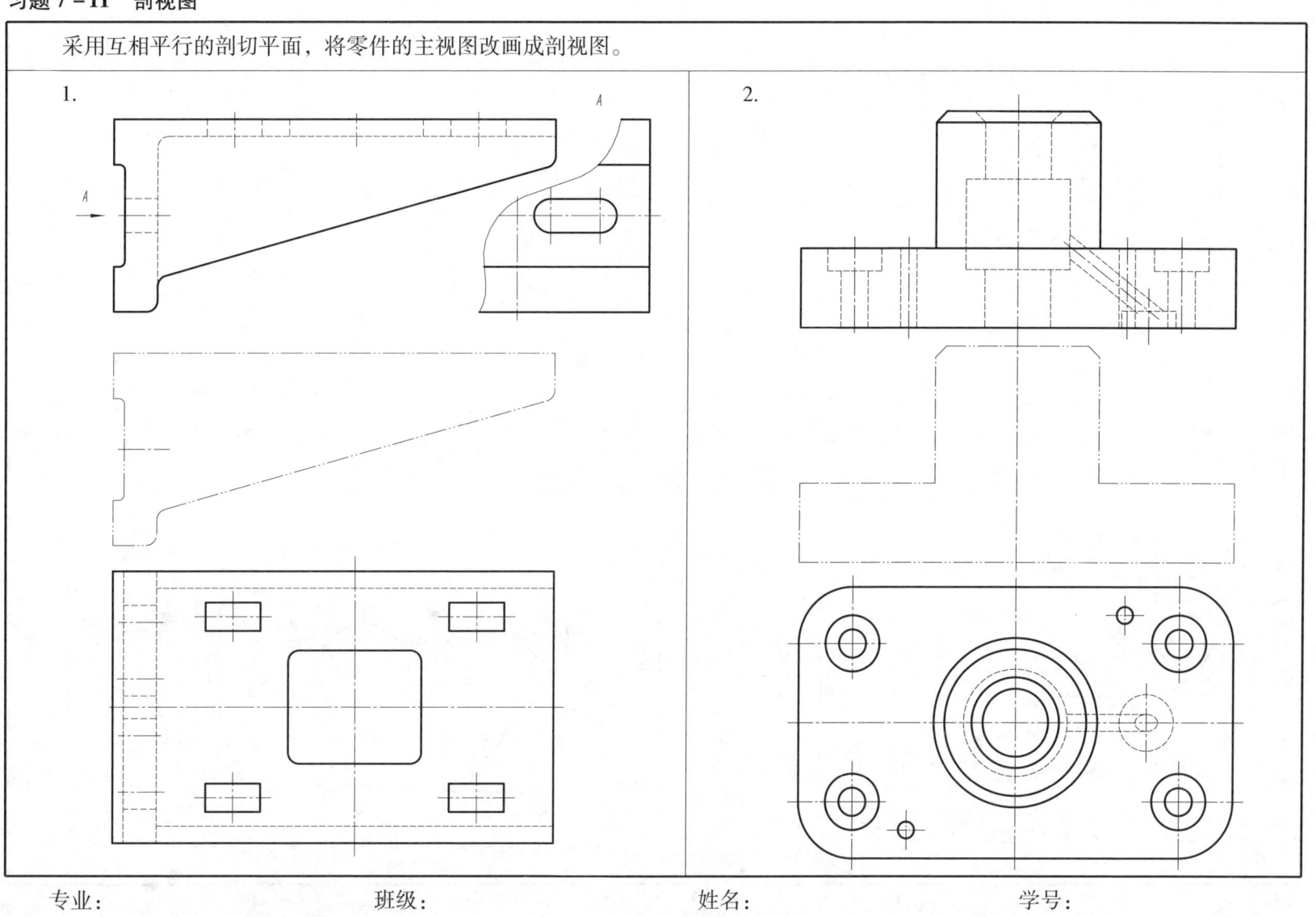

采用互相平行的剖切平面，将零件的主视图改画成剖视图。

1.

2.

习题 7–12　剖视图

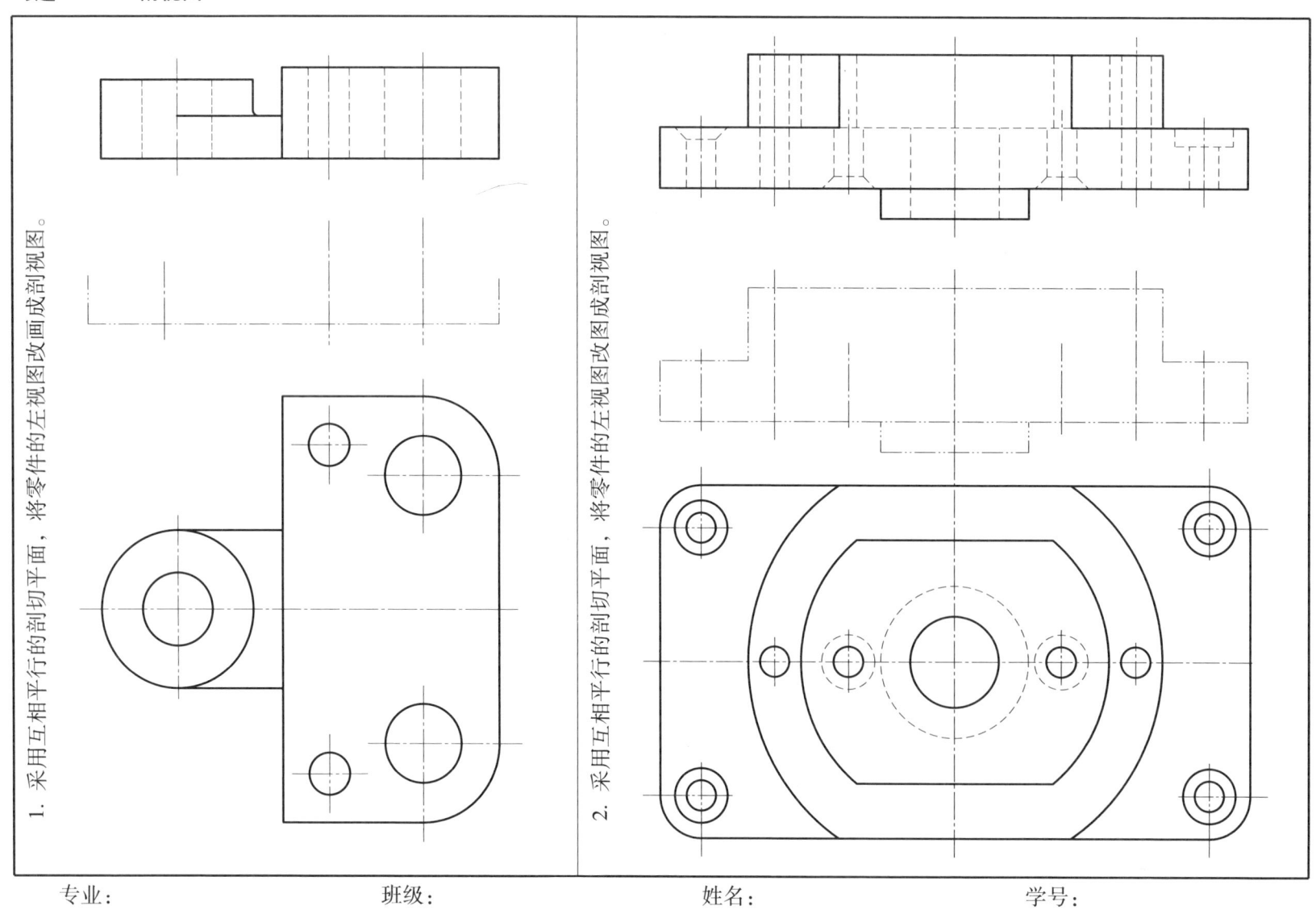

1. 采用互相平行的剖切平面，将零件的左视图改画成剖视图。

2. 采用互相平行的剖切平面，将零件的左视图改画成剖视图。

专业：　　　　　　班级：　　　　　　姓名：　　　　　　学号：

习题 7-13　剖视图

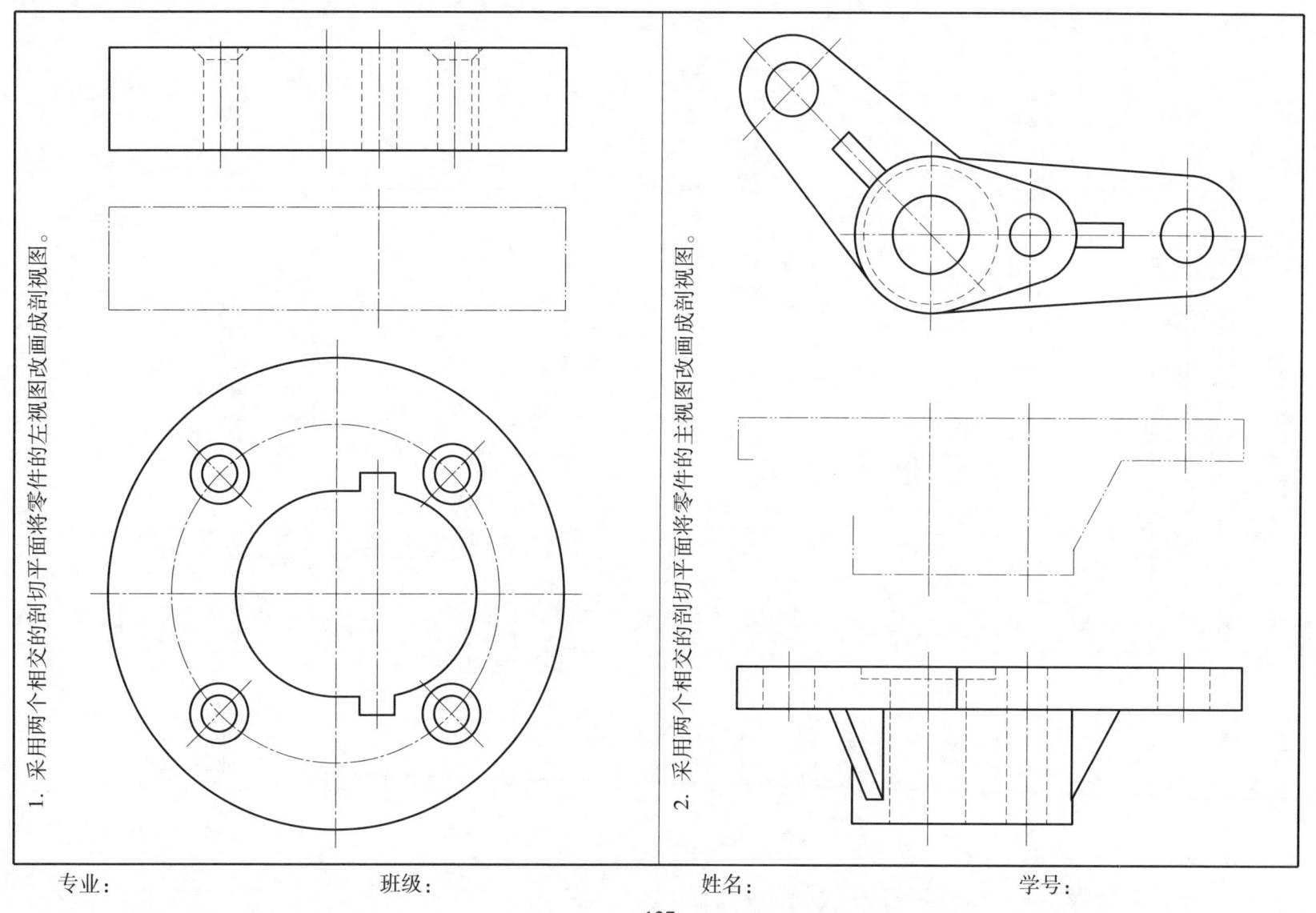

1. 采用两个相交的剖切平面将零件的左视图改画成剖视图。

2. 采用两个相交的剖切平面将零件的主视图改画成剖视图。

专业：　　　　　　　　班级：　　　　　　　　姓名：　　　　　　　　学号：

习题 7-14　剖视图

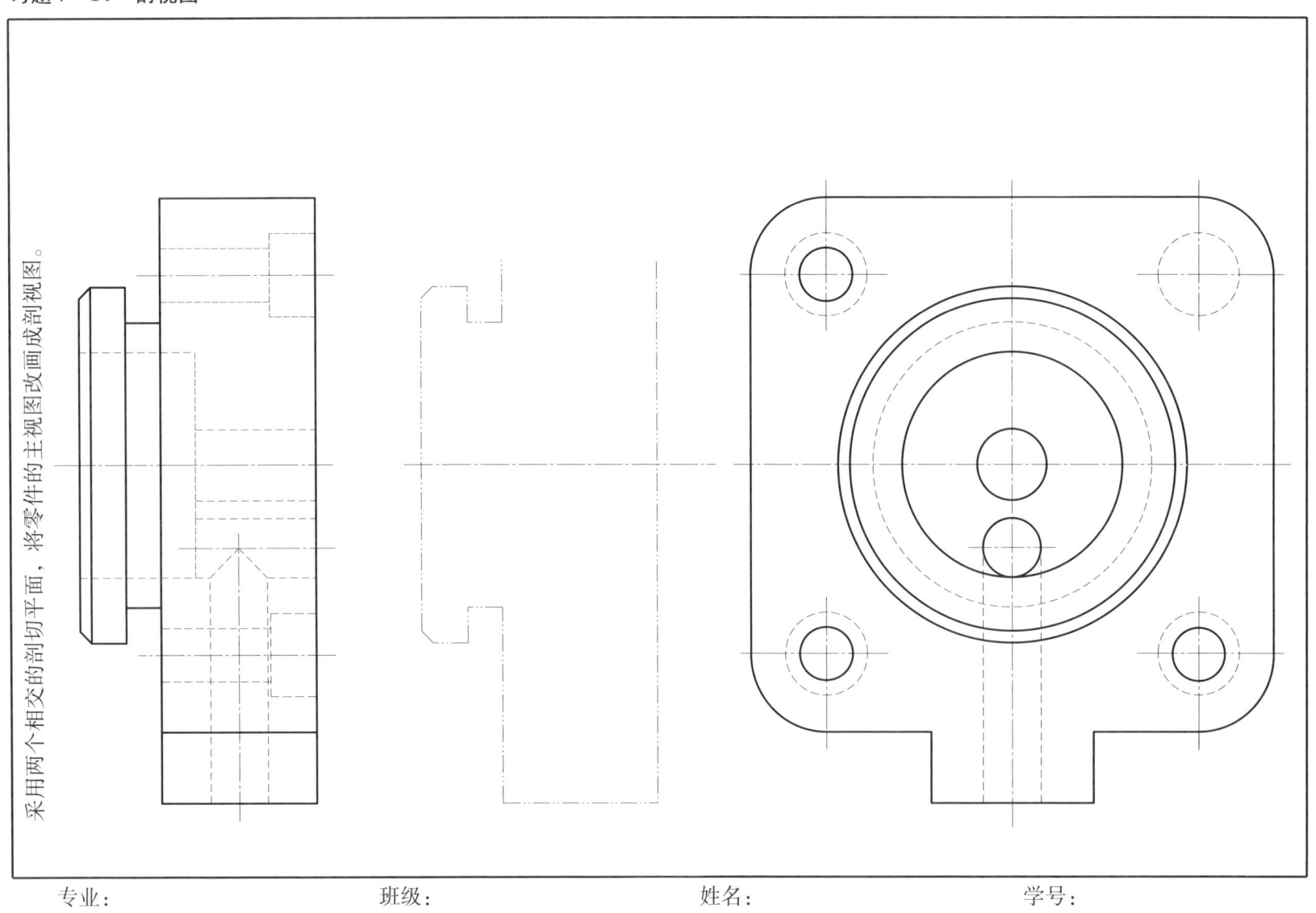

采用两个相交的剖切平面，将零件的主视图改画成剖视图。

专业：　　　　　班级：　　　　　姓名：　　　　　学号：

习题 7-15　剖视图

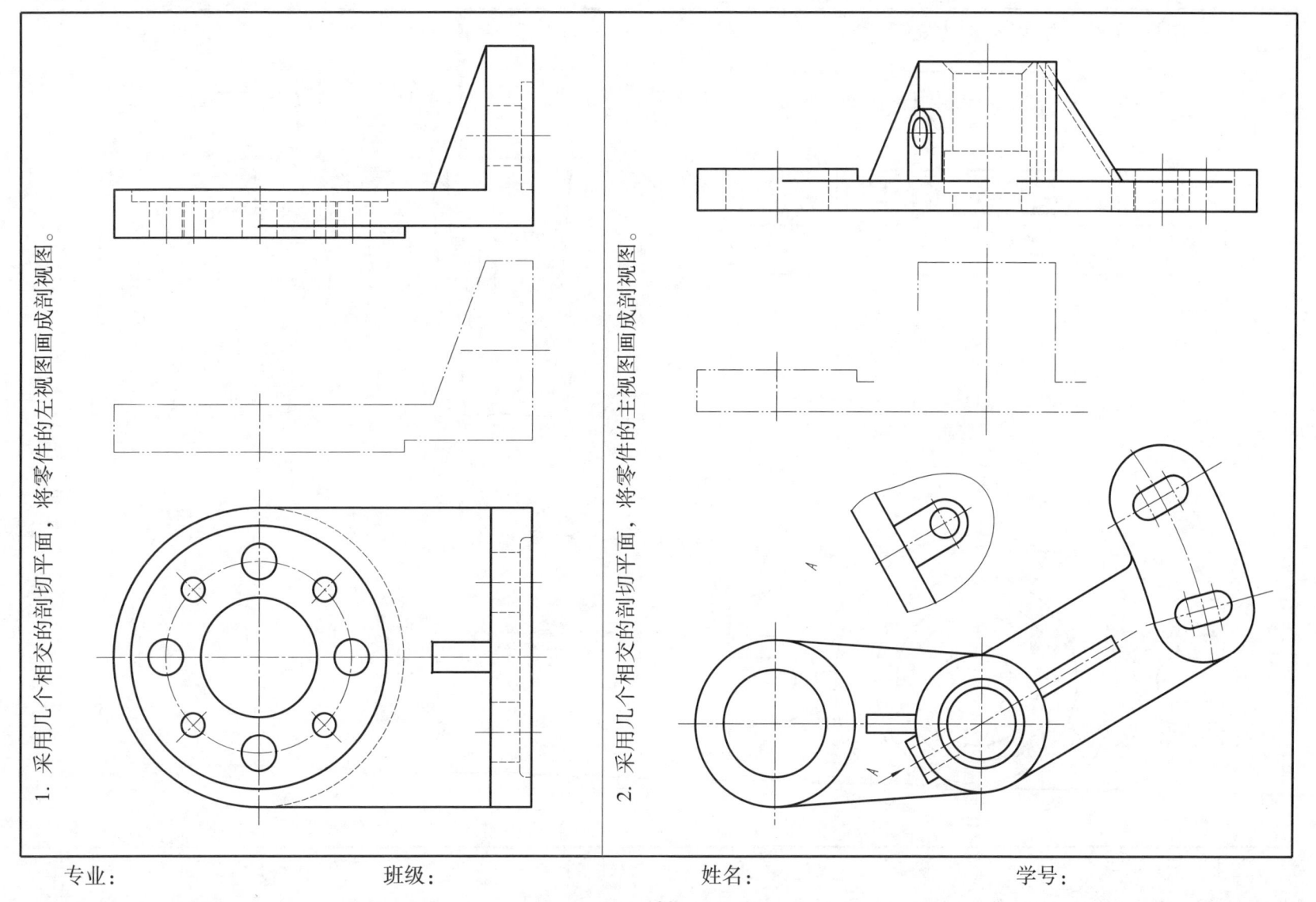

1. 采用几个相交的剖切平面，将零件的左视图画成剖视图。

2. 采用几个相交的剖切平面，将零件的主视图画成剖视图。

专业：　　　　　　班级：　　　　　　姓名：　　　　　　学号：

习题 7-16 剖视图

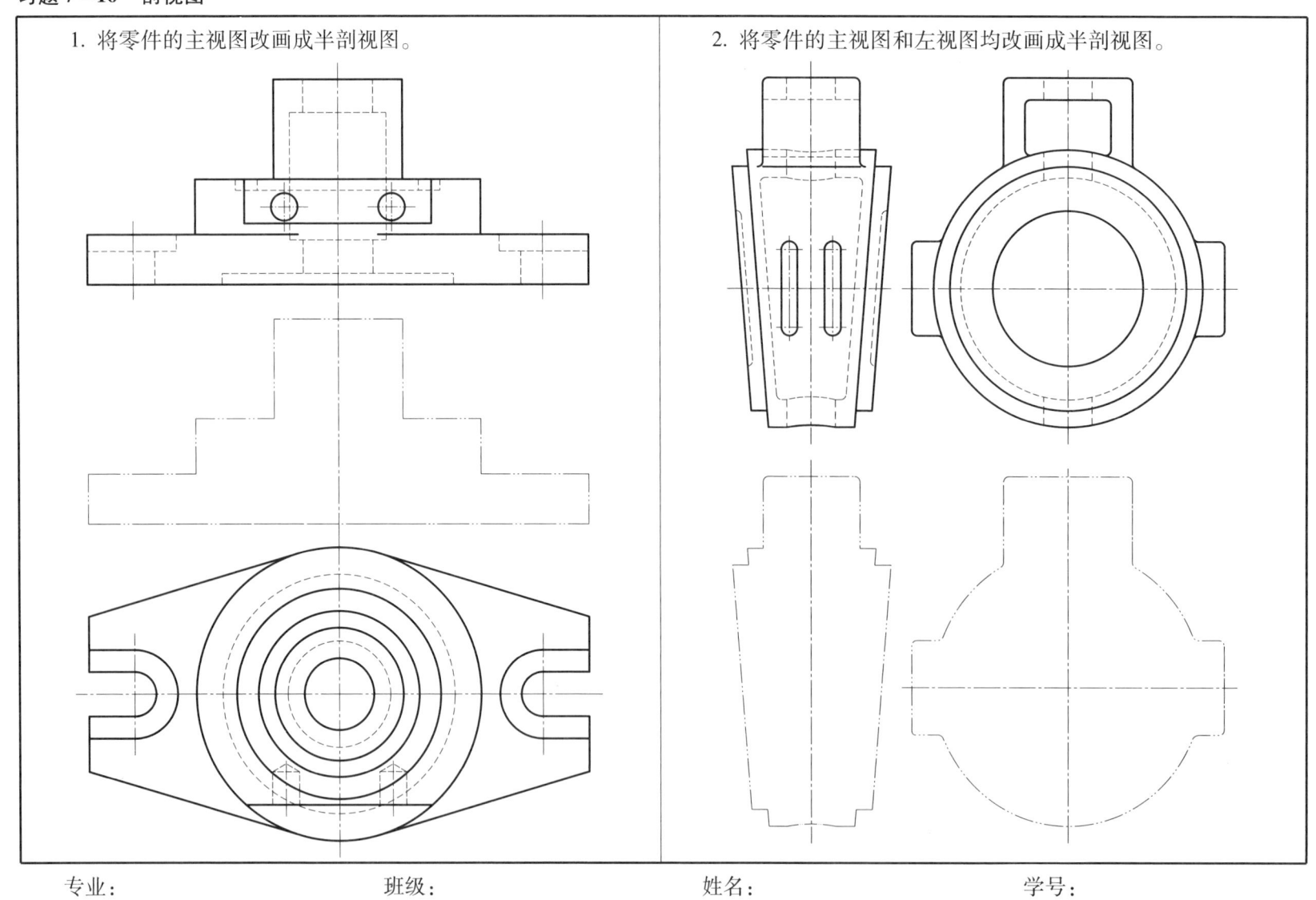

1. 将零件的主视图改画成半剖视图。

2. 将零件的主视图和左视图均改画成半剖视图。

专业：　　　　　　　班级：　　　　　　　姓名：　　　　　　　学号：

习题 7-17　剖视图

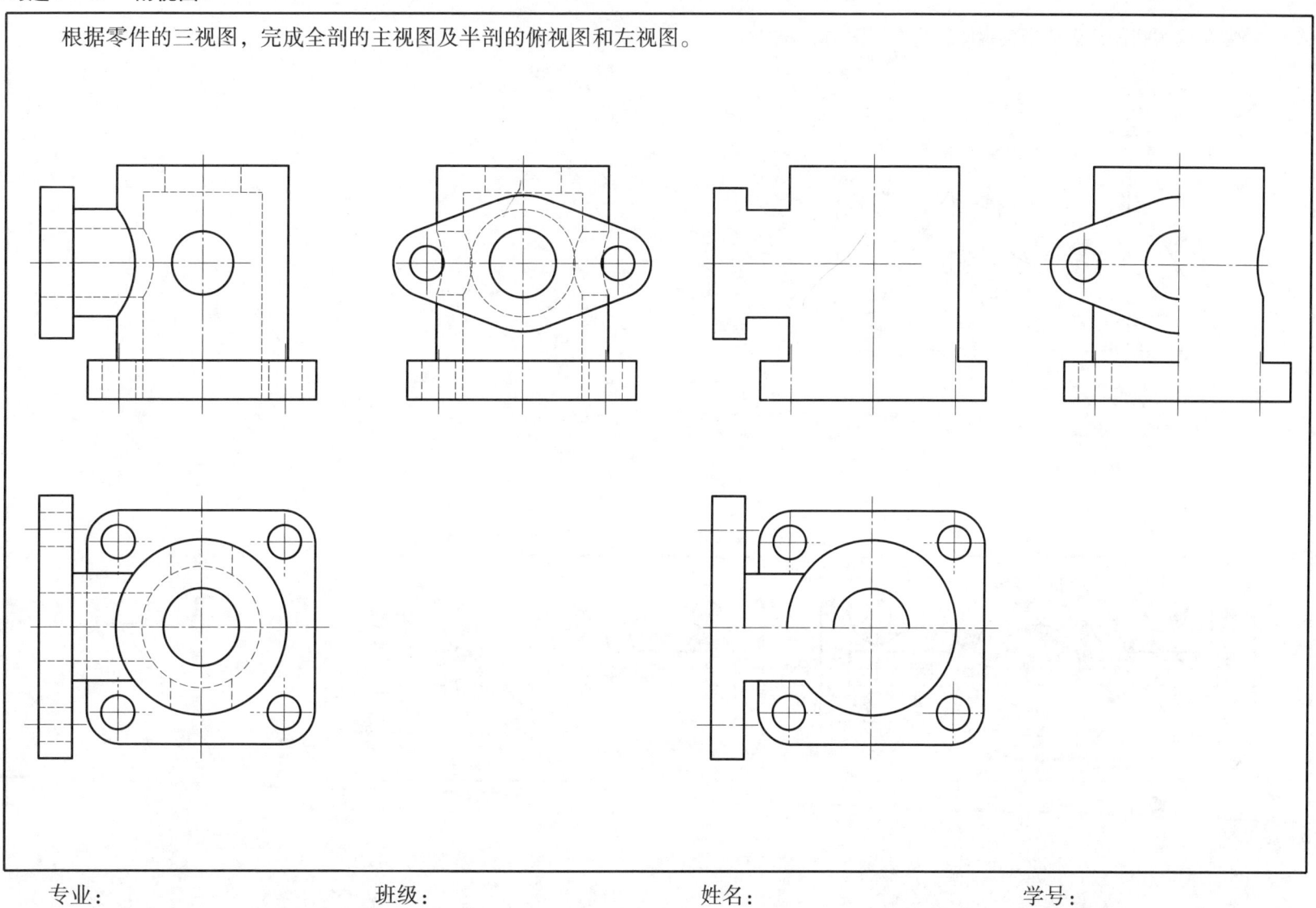

根据零件的三视图，完成全剖的主视图及半剖的俯视图和左视图。

专业：　　　　　　　班级：　　　　　　　姓名：　　　　　　　学号：

习题 7-18 剖视图

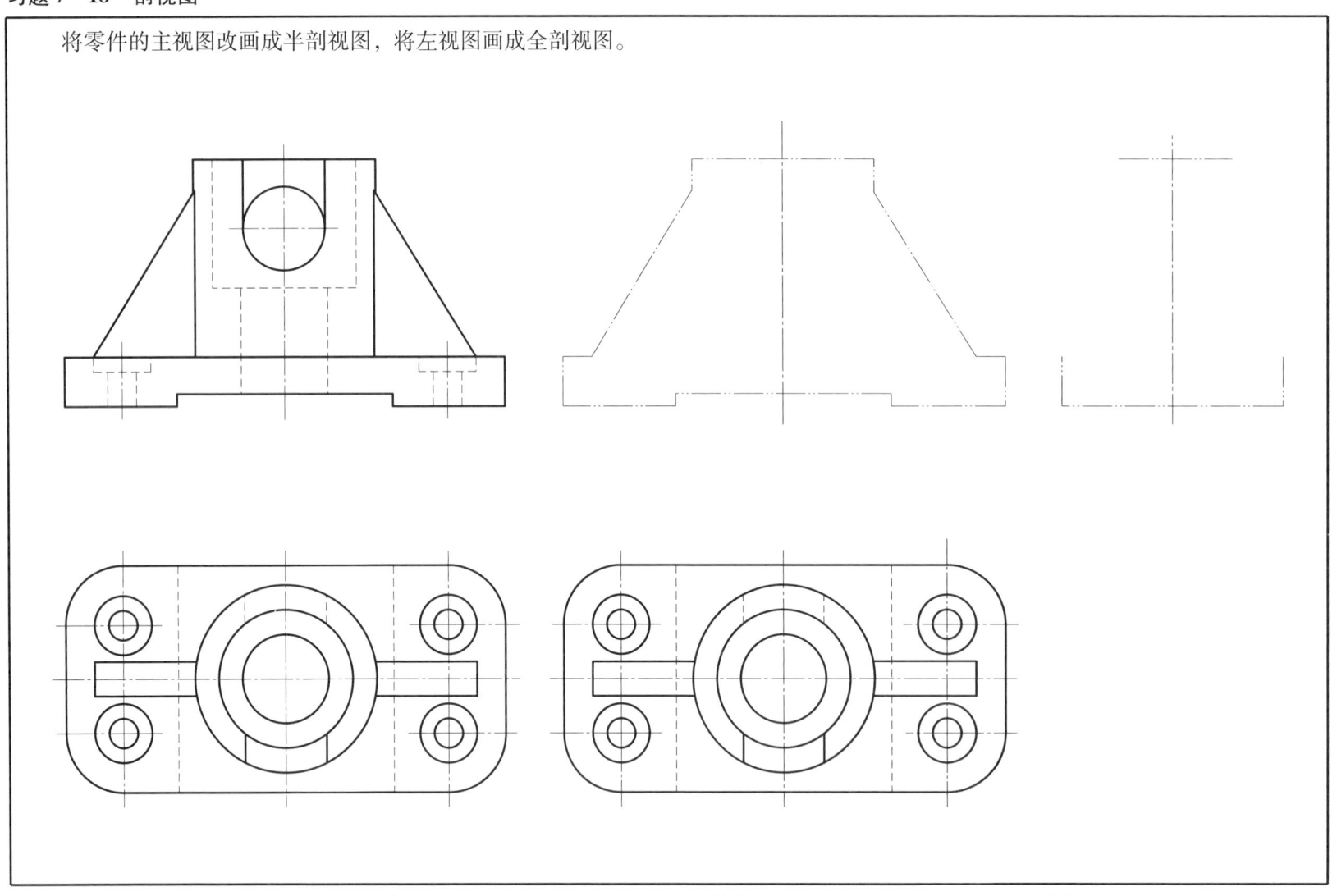

将零件的主视图改画成半剖视图，将左视图画成全剖视图。

专业： 班级： 姓名： 学号：

习题 7-19　剖视图

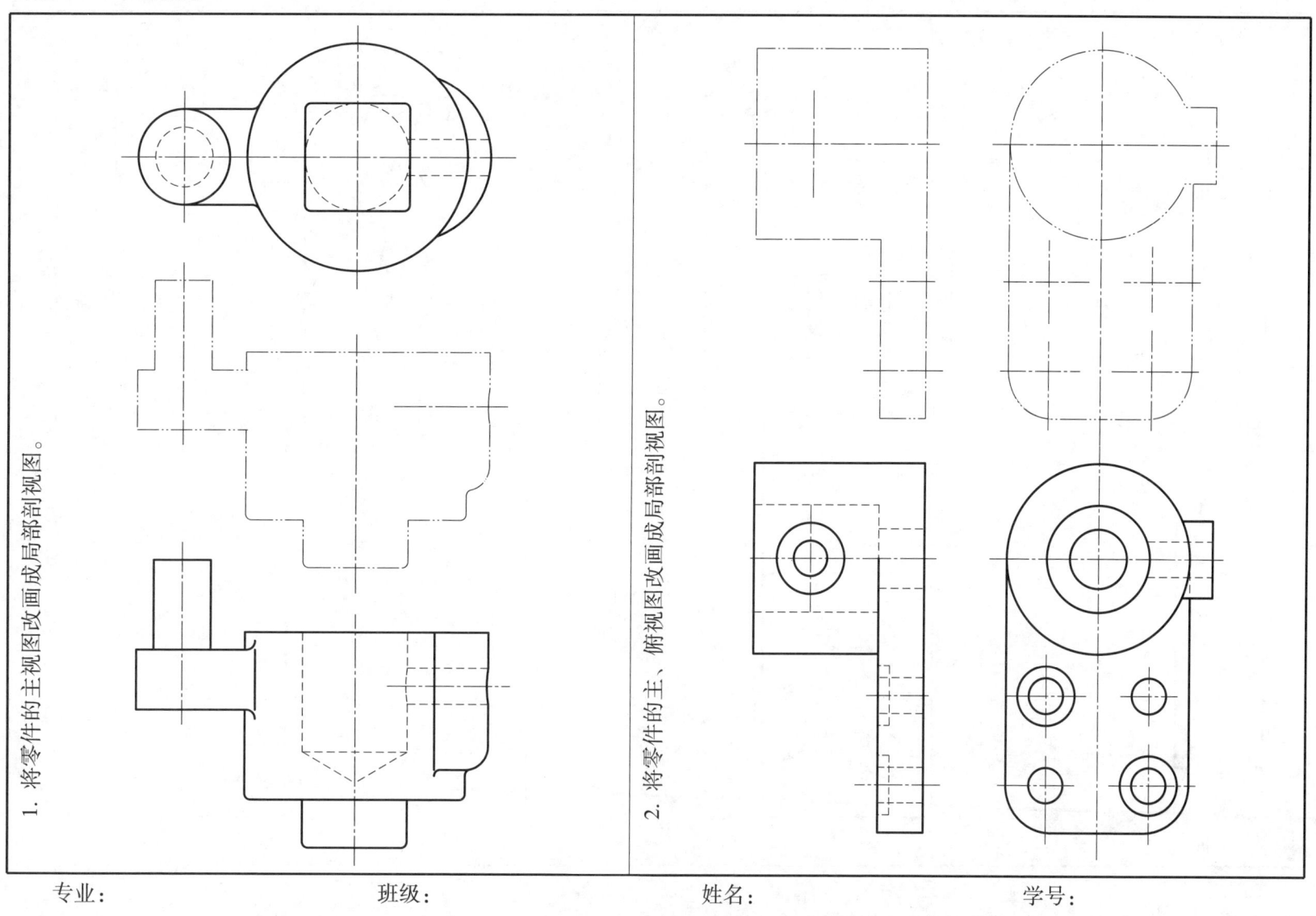

1. 将零件的主视图改画成局部剖视图。

2. 将零件的主、俯视图改画成局部剖视图。

习题 7-20　剖视图

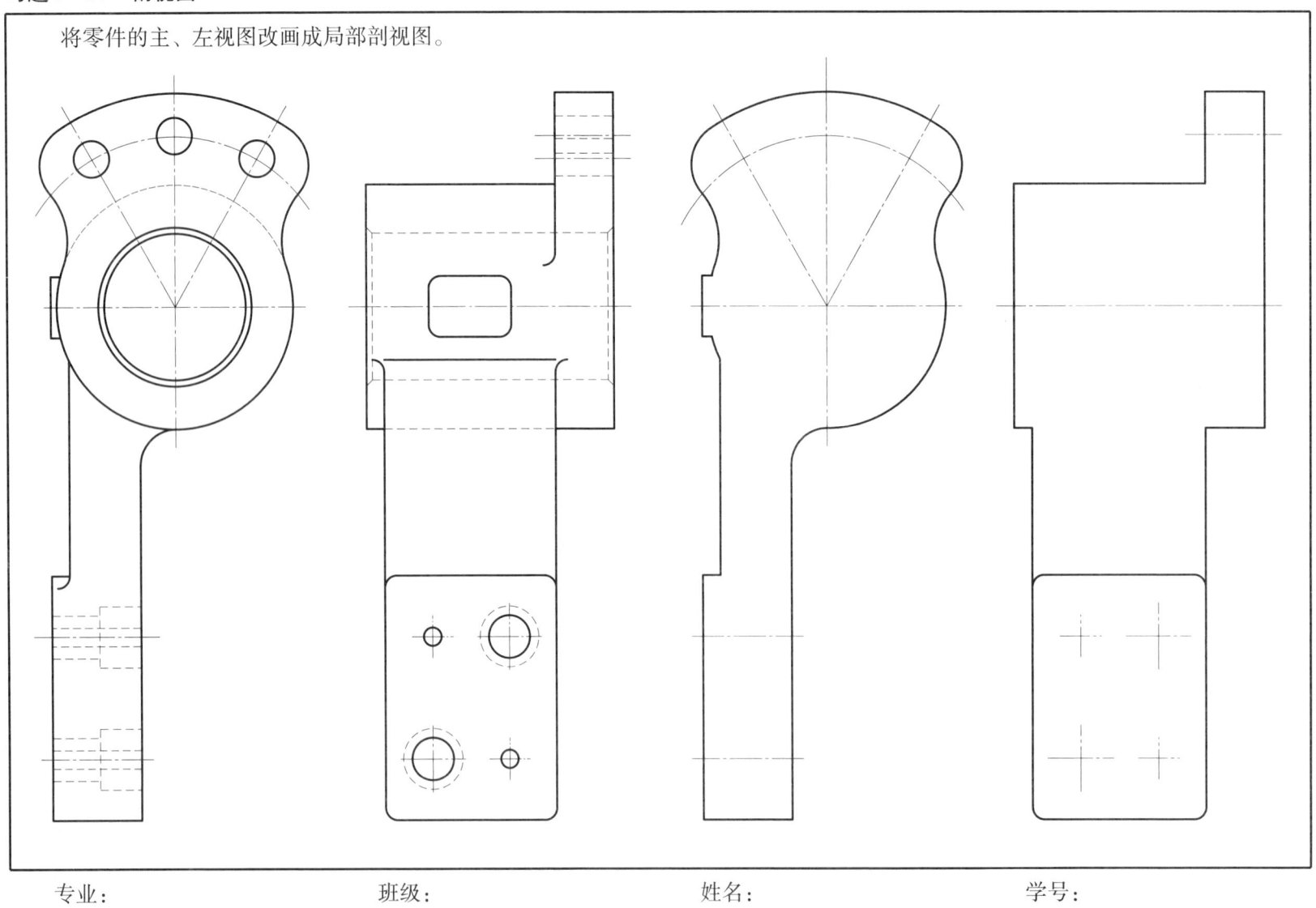

将零件的主、左视图改画成局部剖视图。

习题 7-21　剖视图

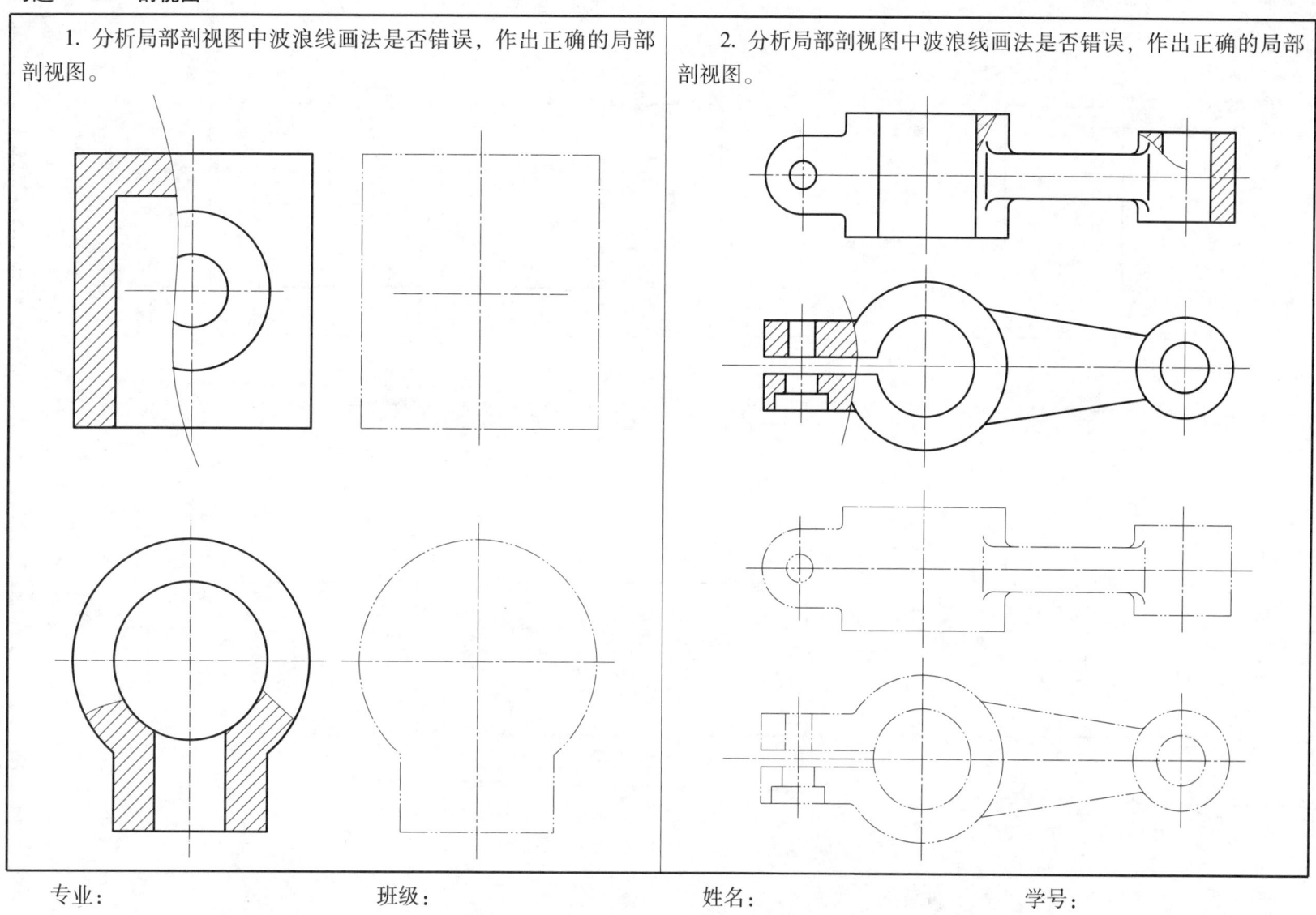

1. 分析局部剖视图中波浪线画法是否错误，作出正确的局部剖视图。

2. 分析局部剖视图中波浪线画法是否错误，作出正确的局部剖视图。

习题 7-22　剖视图

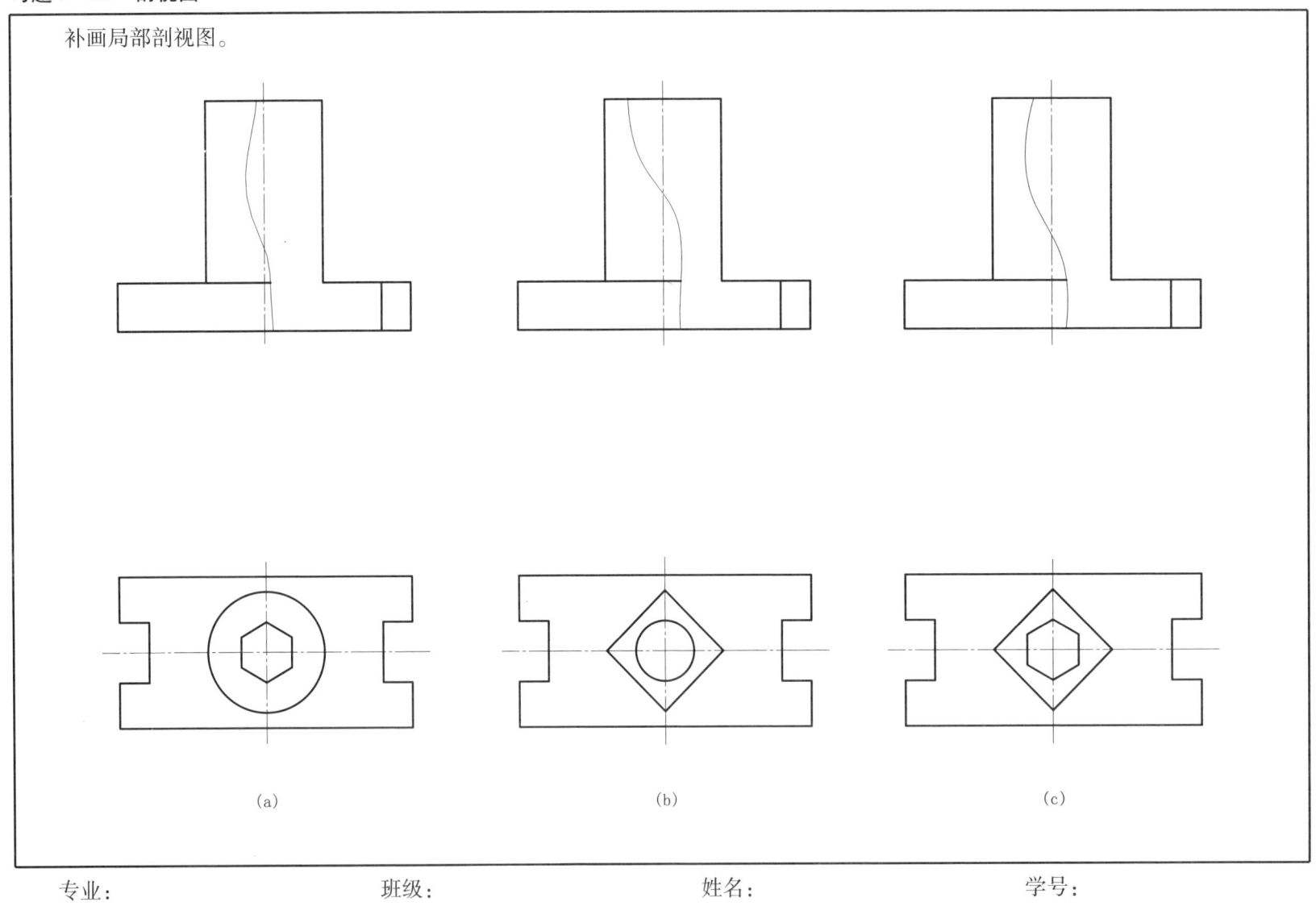

补画局部剖视图。

(a)　　　　　(b)　　　　　(c)

专业：　　　班级：　　　姓名：　　　学号：

习题 7-23　断面图

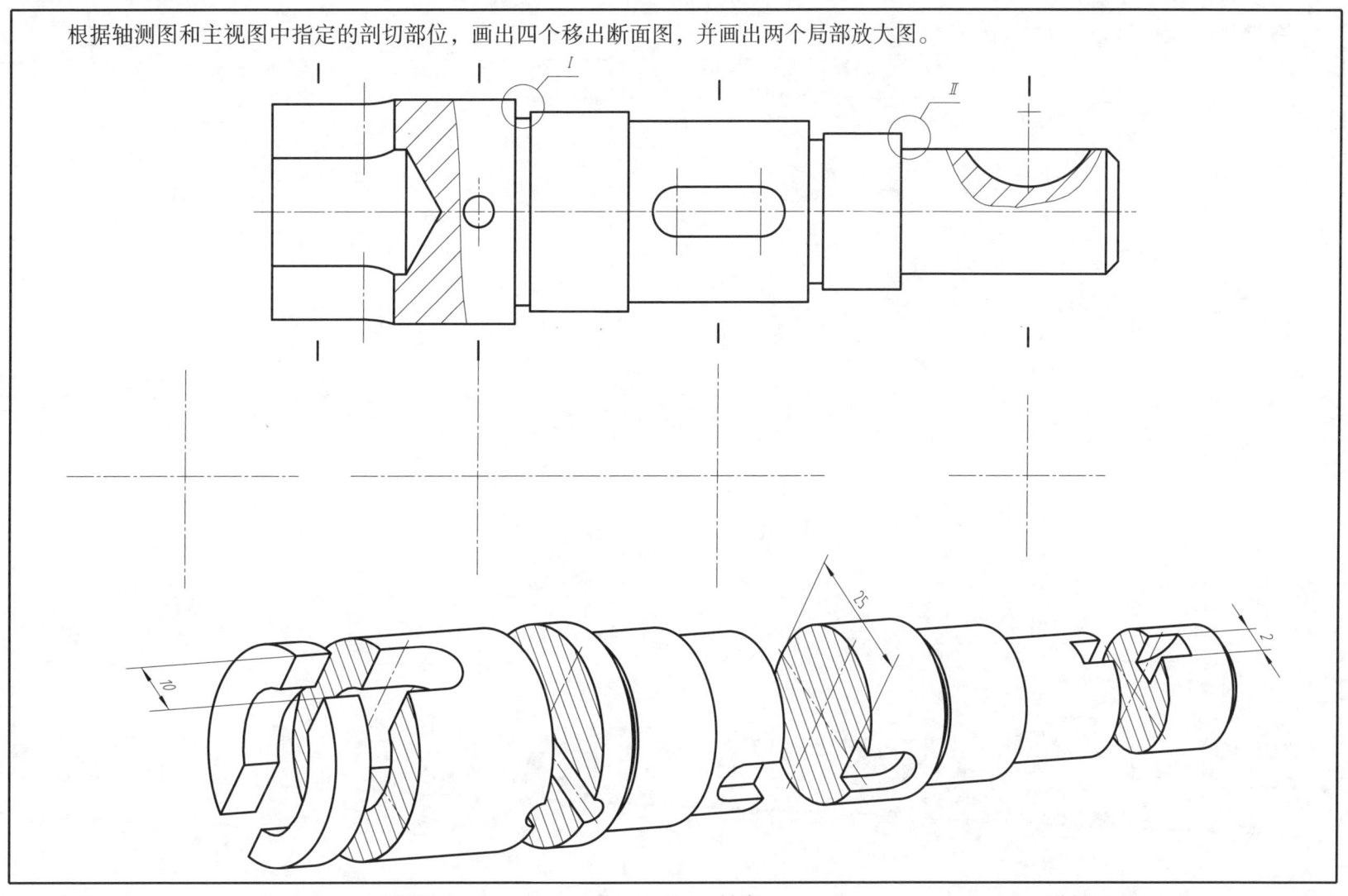

根据轴测图和主视图中指定的剖切部位，画出四个移出断面图，并画出两个局部放大图。

习题 7-24 断面图

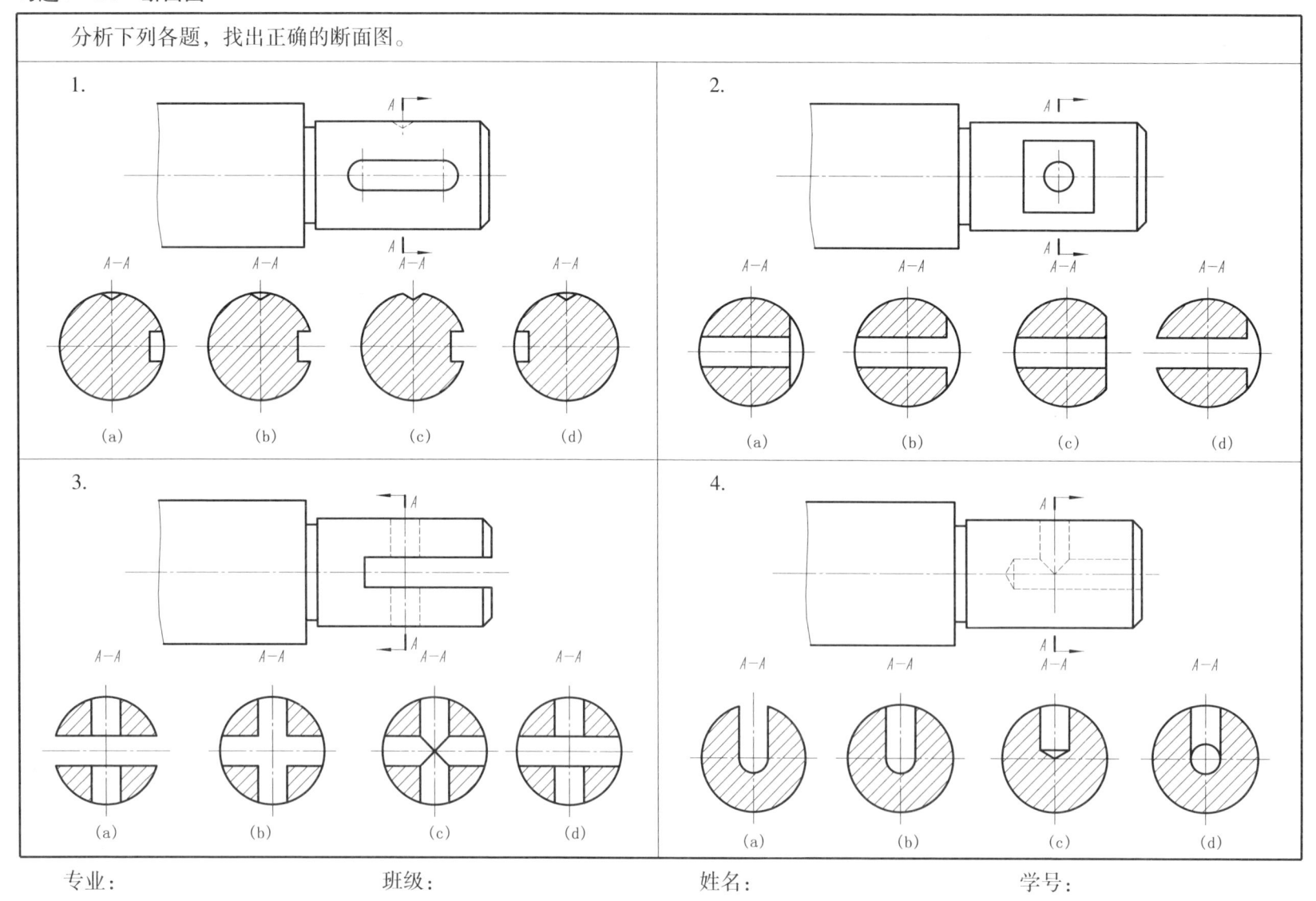

分析下列各题，找出正确的断面图。

1. (a) (b) (c) (d)

2. (a) (b) (c) (d)

3. (a) (b) (c) (d)

4. (a) (b) (c) (d)

专业： 班级： 姓名： 学号：

习题 7-25　断面图

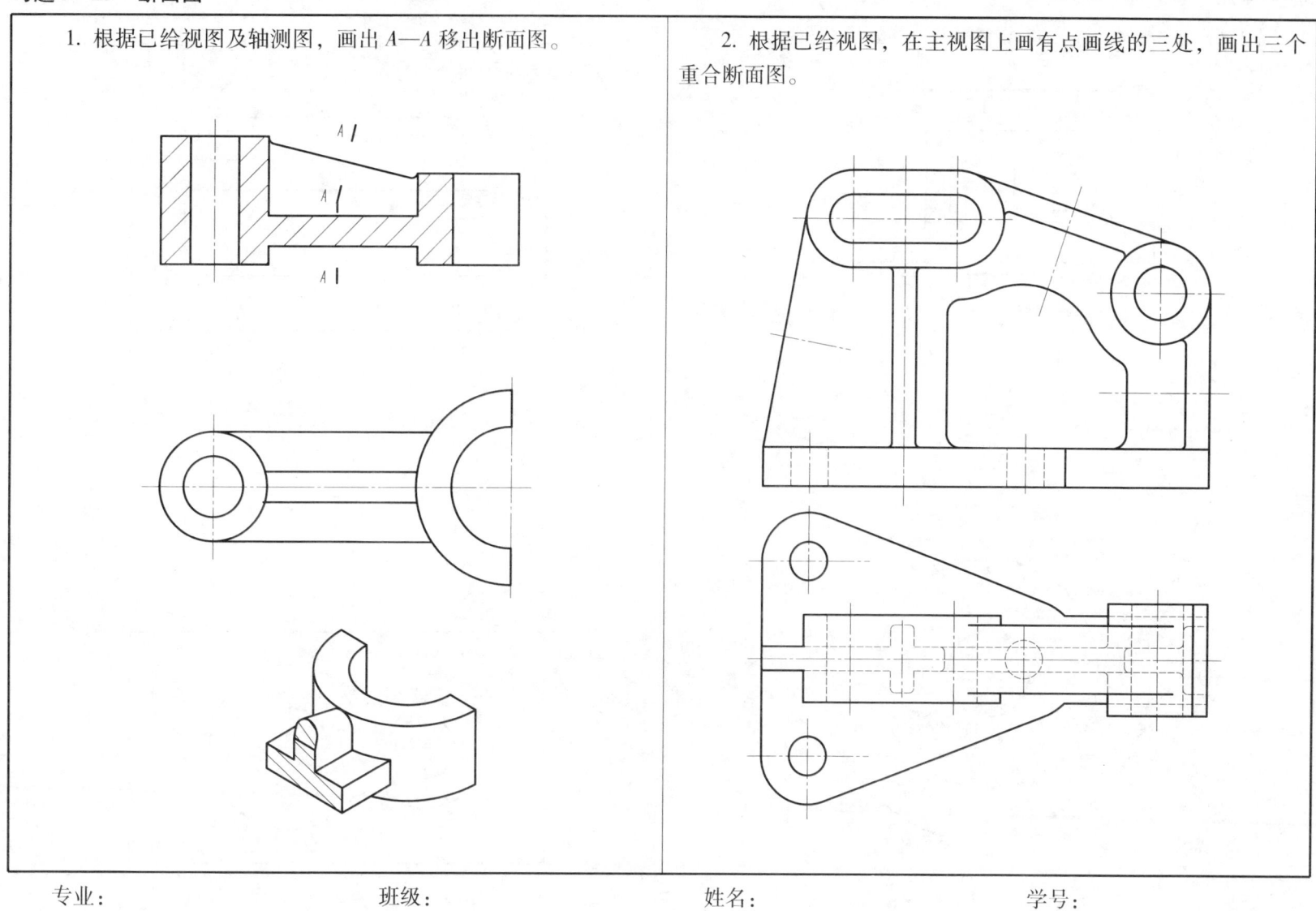

1. 根据已给视图及轴测图，画出 A—A 移出断面图。

2. 根据已给视图，在主视图上画有点画线的三处，画出三个重合断面图。

专业：　　　　　班级：　　　　　姓名：　　　　　学号：

习题 7-26　简化表示法

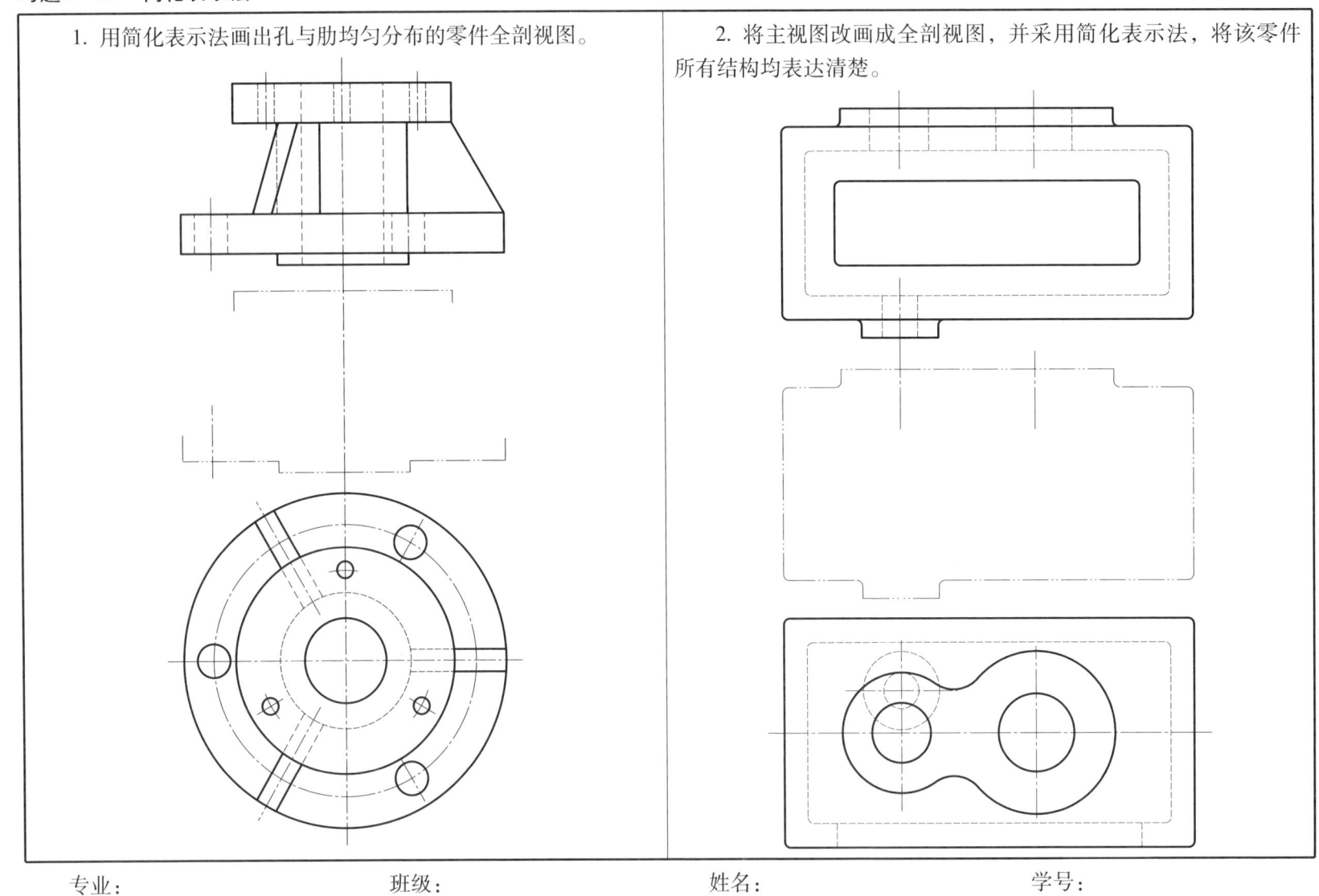

1. 用简化表示法画出孔与肋均匀分布的零件全剖视图。

2. 将主视图改画成全剖视图，并采用简化表示法，将该零件所有结构均表达清楚。

专业：　　　　　班级：　　　　　姓名：　　　　　学号：

习题 7-27　表达方法综合练习

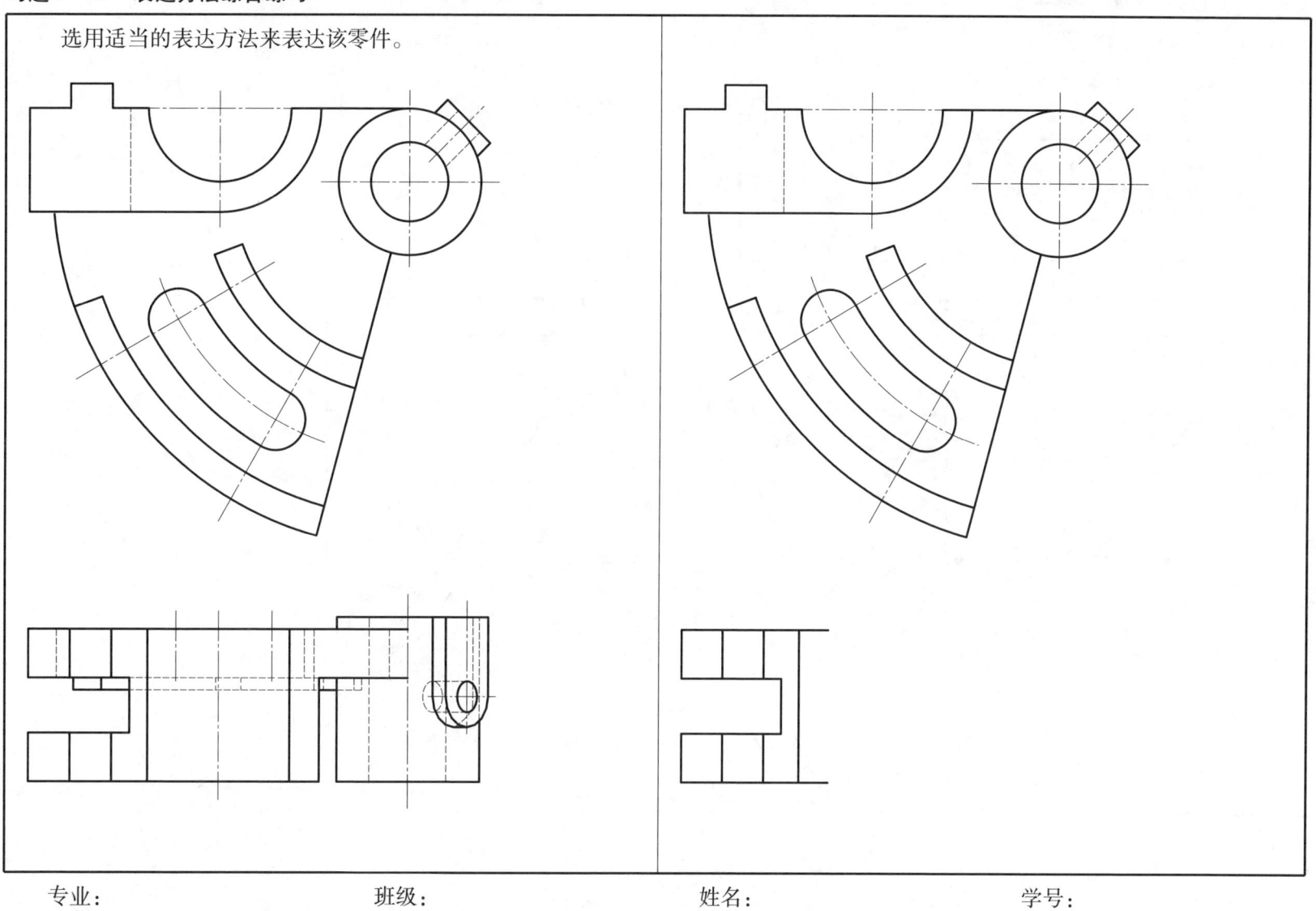

选用适当的表达方法来表达该零件。

专业：　　　　　　班级：　　　　　　姓名：　　　　　　学号：

习题 7-28　表达方法综合练习

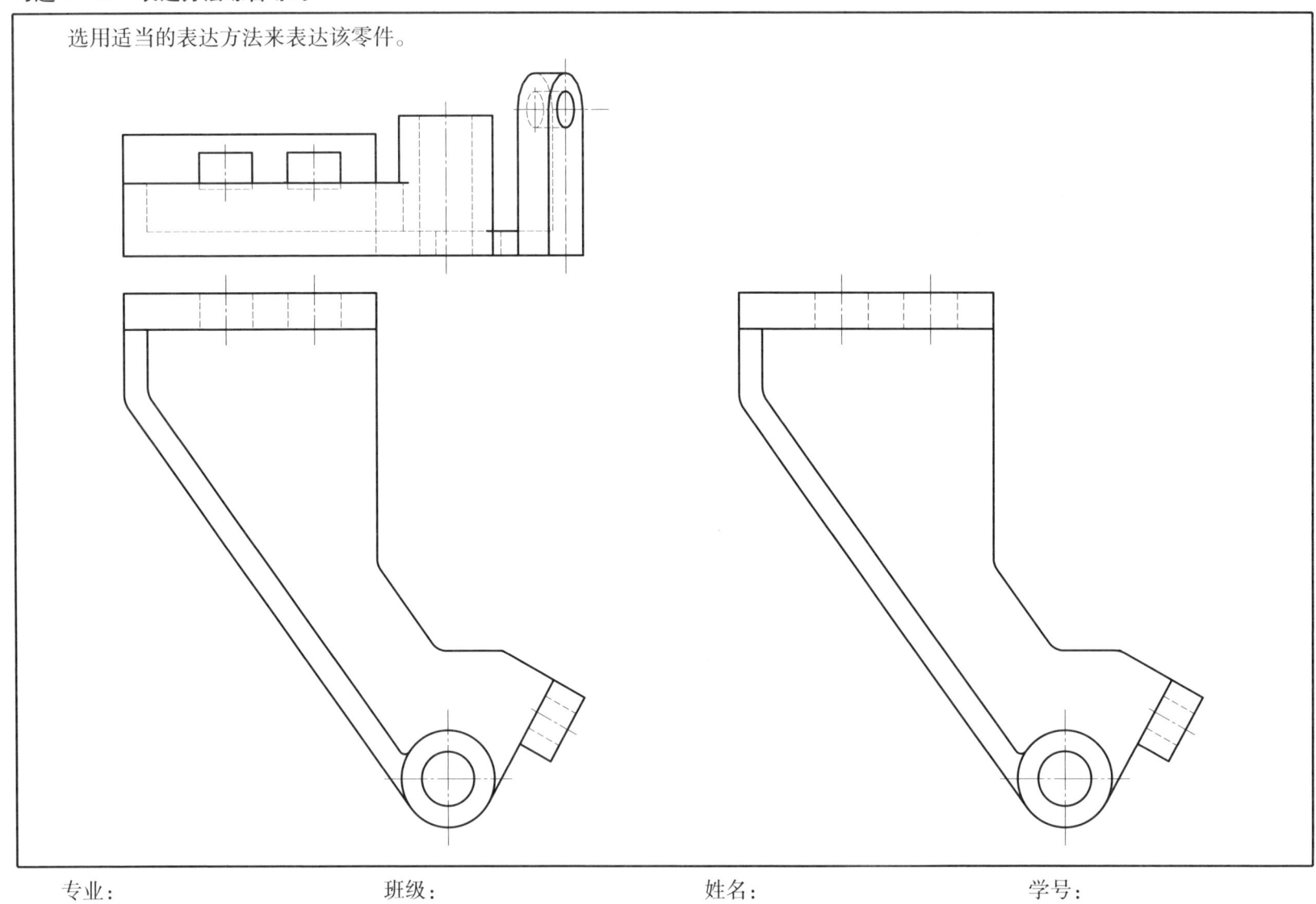

选用适当的表达方法来表达该零件。

专业：　　　　　　　　　　班级：　　　　　　　　　　姓名：　　　　　　　　　　学号：

— 142 —

第8章 轴测投影图

一、内容概要

1. 目的要求

轴测投影图能在一个投影上同时反映物体的正面、顶面和侧面的形状，因此富有立体感。本章主要介绍轴测图的基本知识和基本作图方法，主要包括轴测图的形成、正等测和斜二测等轴测图的轴间角、轴向伸缩系数和投影特性，正等测和斜二测等轴测图的绘制原理和基本作图方法。学习后应达到两点要求：

（1）了解轴测图的基本知识。

（2）掌握绘制正等测轴测图和斜二测等轴测图的基本方法。

2. 重点、难点。

重点是正等测轴测图的画法。

难点是曲面立体的正等测轴测图的画法。

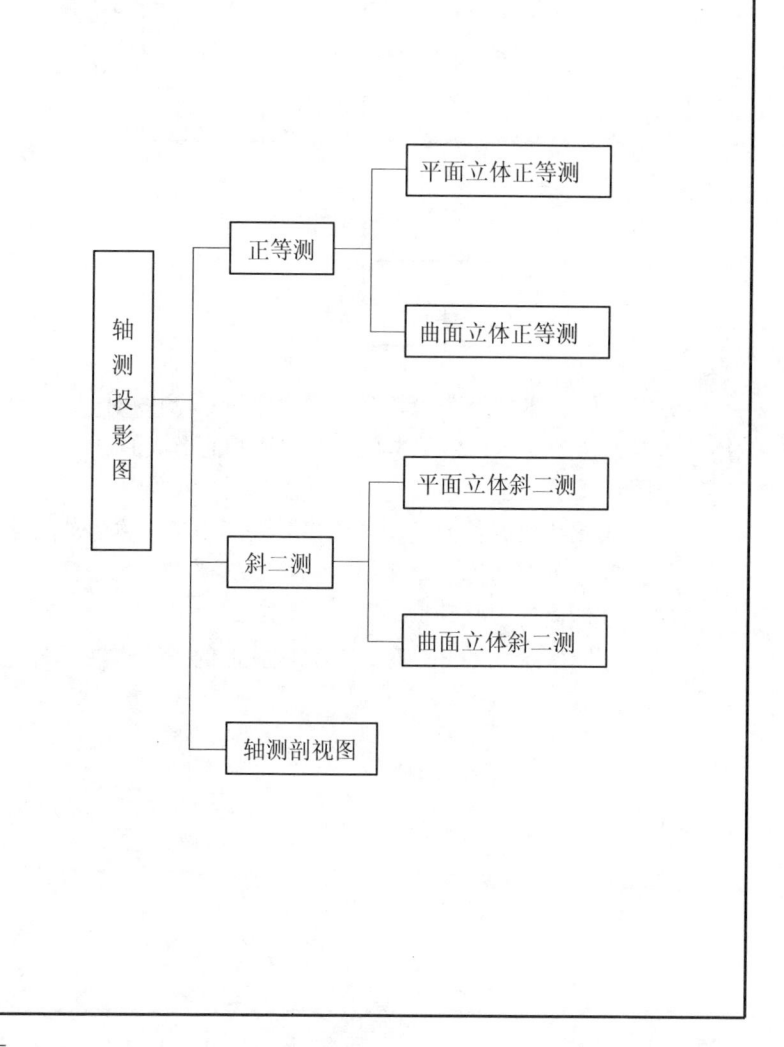

二、题目类型

```
                        ┌── 平面立体正等测
            ┌── 正等测 ──┤
            │           └── 曲面立体正等测
轴测投影图 ──┤
            │           ┌── 平面立体斜二测
            ├── 斜二测 ──┤
            │           └── 曲面立体斜二测
            │
            └── 轴测剖视图
```

三、示例及解题方法　　例 8－1　平面立体正等测示例

题目　作出立体的正等测轴测图。

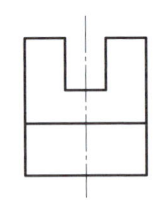

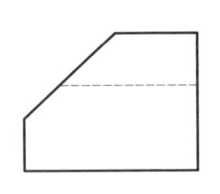

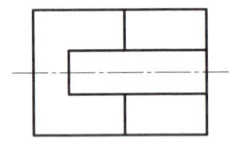

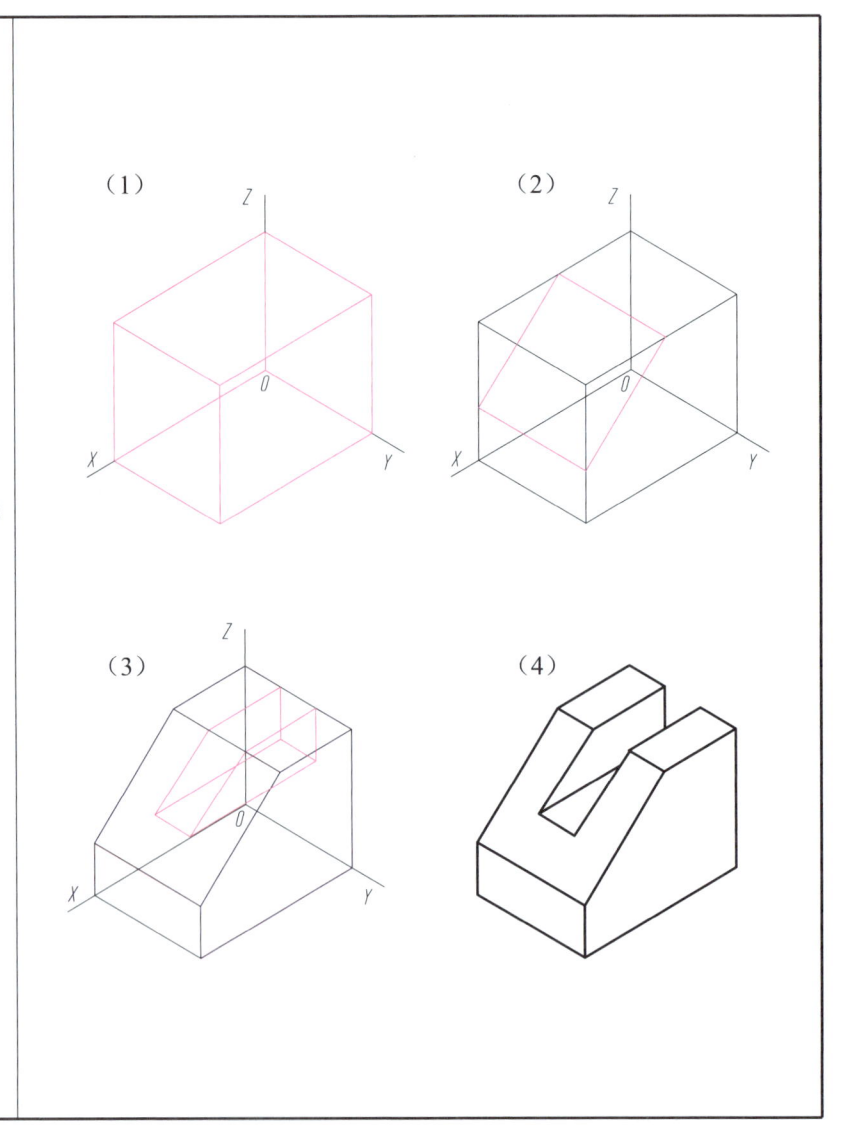

分析　该立体是一个简单的组合体，画轴测图时，可以用形体分析法，认为立体是由基本形体两次切割而形成的。

作图步骤

（1）先按垫块的长、宽、高画出其外形为长方体的轴测图。
（2）在左上方切掉一个角。
（3）在形体的中间开槽。
（4）擦除多余线条并描深，即完成立体的正等测轴测图。

例 8-2　平面立体正等测示例

题目　作出立体的正等测轴测图。

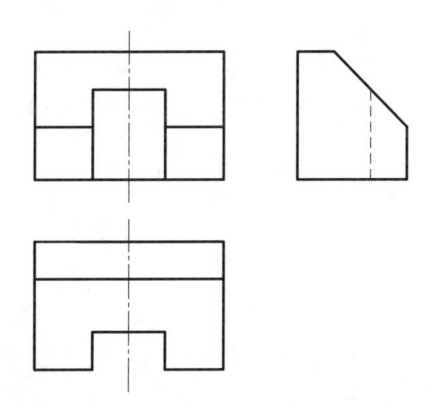

分析　该立体可以看成是一个简单的组合体，画轴测图时，可以用形体分析法，认为立体是由长方体被切割形成的。

作图步骤
（1）先按立体的长、宽、高画出其外形为长方体的轴测图，注意轴测轴选定的方向。
（2）在立体的前方斜切一部分。
（3）从立体的前面正中间开槽，切掉一部分。
（4）擦除多余线条并描深，即完成立体的正等测轴测图。

— 145 —

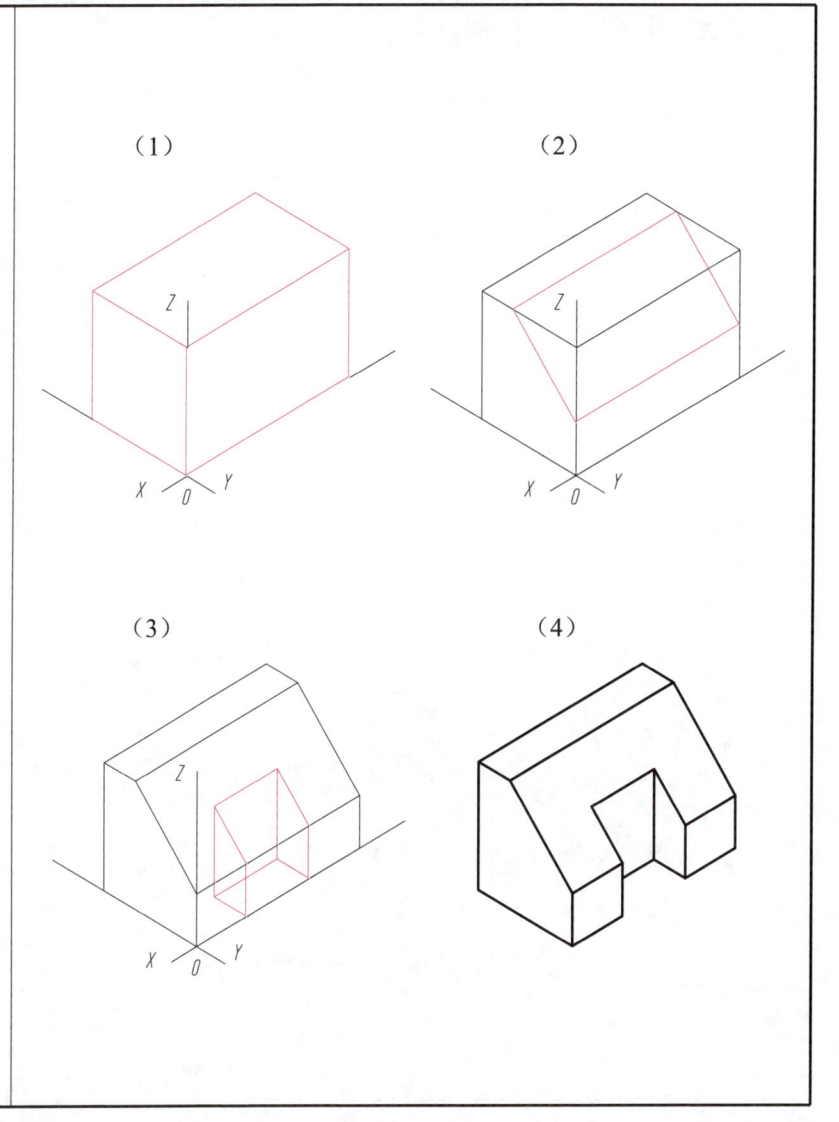

例 8-3 平面立体正等测示例

题目 作出垫块的正等测轴测图。

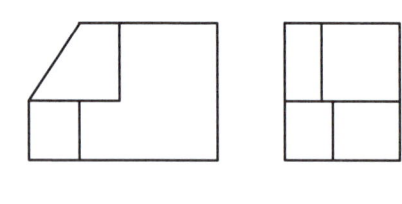

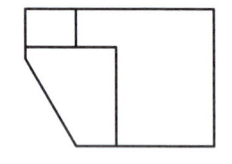

分析 垫块是一个简单的组合体，画轴测图时，可以用形体分析法，认为垫块是由长方体被四次切割形成的。

作图步骤

（1）先按垫块的长、宽、高画出其外形为长方体的轴测图。
（2）将长方体切成"⌐"形。
（3）在左上方切掉一个角。
（4）在右端加上一个长方形立体。
（5）在左前方切掉一个角。
（6）擦除多余线条并描深，即完成垫块的正等测轴测图。

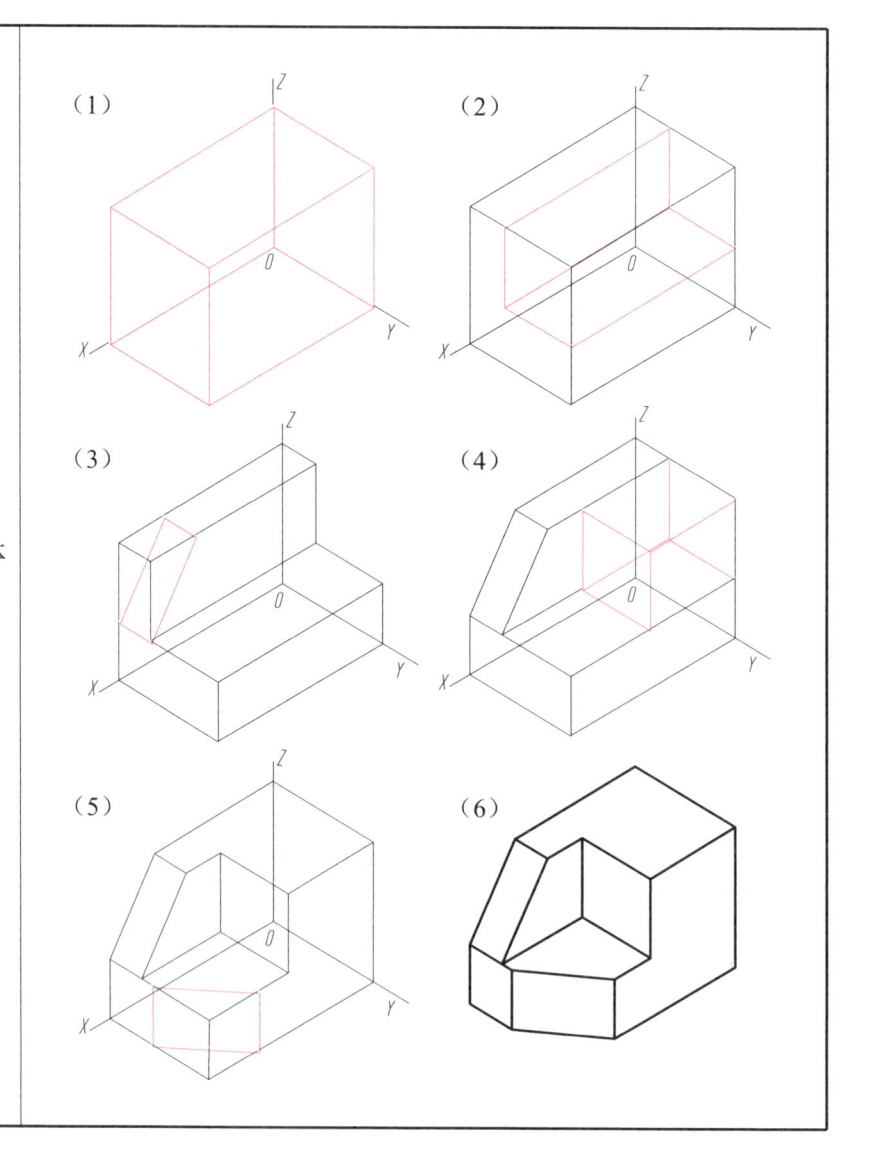

例 8-4 曲面立体正等测示例

题目 作出支座的正等测轴测图。

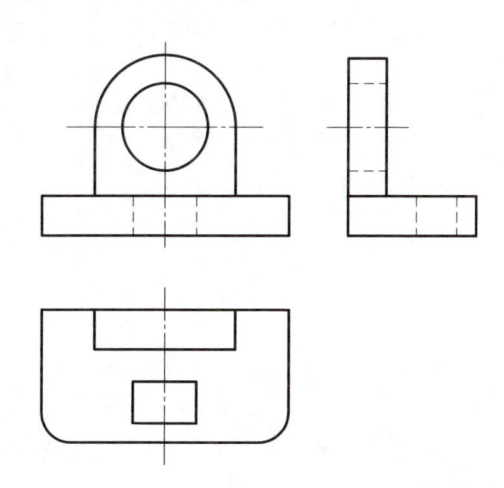

分析 该支座由底板和竖板组成。先画竖板上的长方体的正等测，再画半圆柱体，然后开通孔。同理画底板。

作图步骤

（1）先作出底板和竖板的长方体轮廓。

（2）在竖板长方形内作出椭圆弧及椭圆，并沿 Y 轴向后平移竖板宽度，作出椭圆弧的公切线。

（3）在底板上表面左右角处各画一个椭圆弧，并沿 Z 轴垂直下移一个底板的厚度，作出上下椭圆弧的公切线。

（4）在底板上作出长方形孔。

（5）擦除多余线条并描深，即完成支座的正等测轴测图。

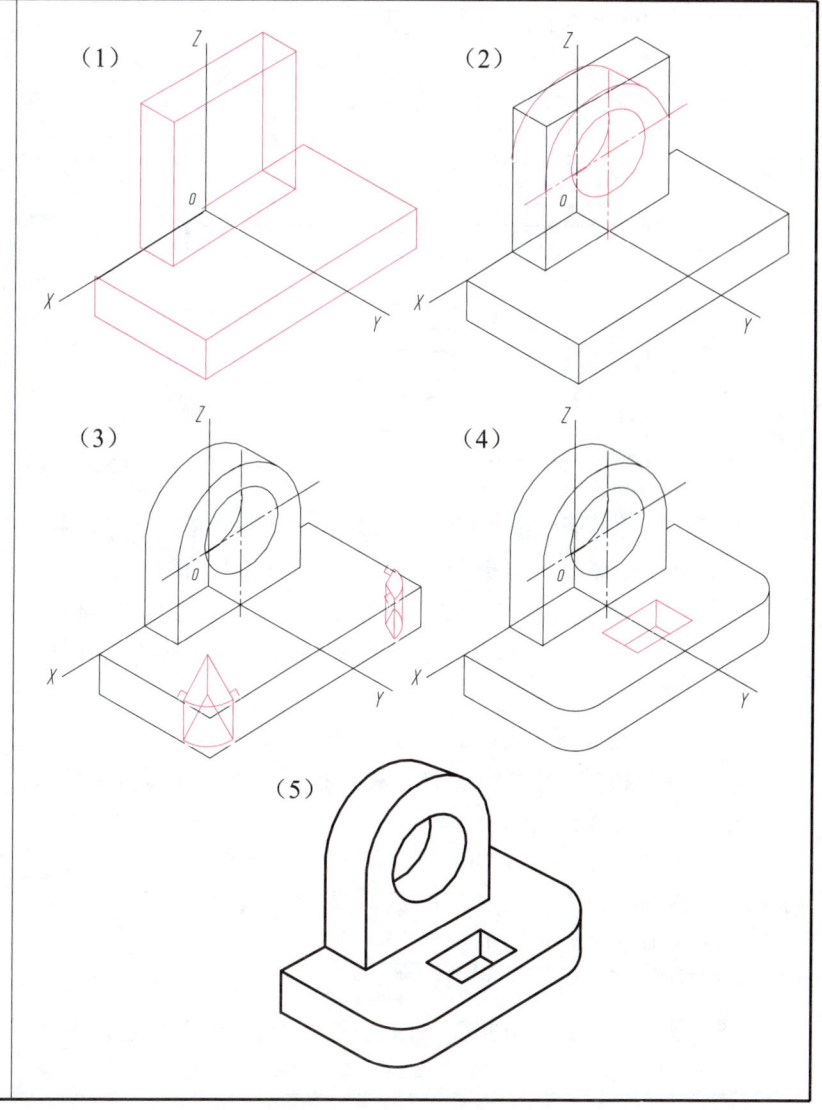

例 8-5 曲面立体正等测示例

题目 作出座体的正等测轴测图。

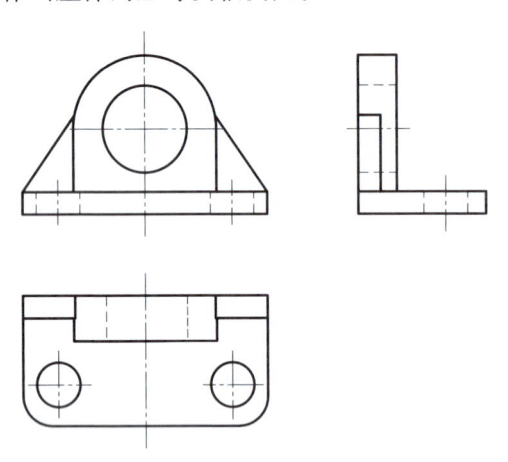

分析 座体下部是带圆角的矩形底板，上面开两个圆柱孔，底板上方有一个竖板，竖板左右各有一个肋板起支撑作用。先作出竖板上的半圆形，内切长方形，再在长方形内作出椭圆通孔，底板上的两个圆柱孔按同样方法作图，圆角按规定方法直接画出。

作图步骤

（1）先作出底板和竖板的长方体轮廓。

（2）在竖板长方形内作出椭圆弧及椭圆，并沿 Y 轴向后平移竖板宽度，作出椭圆弧的公切线。

（3）在底板上表面左右角处各画一个椭圆弧，并沿 Z 轴垂直下移一个底板的厚度，作出上下椭圆弧的公切线。

（4）在底板上加两个肋板。

（5）在底板上作出两个圆柱孔。

（6）擦除多余线条并描深，即完成支座的正等测轴测图。

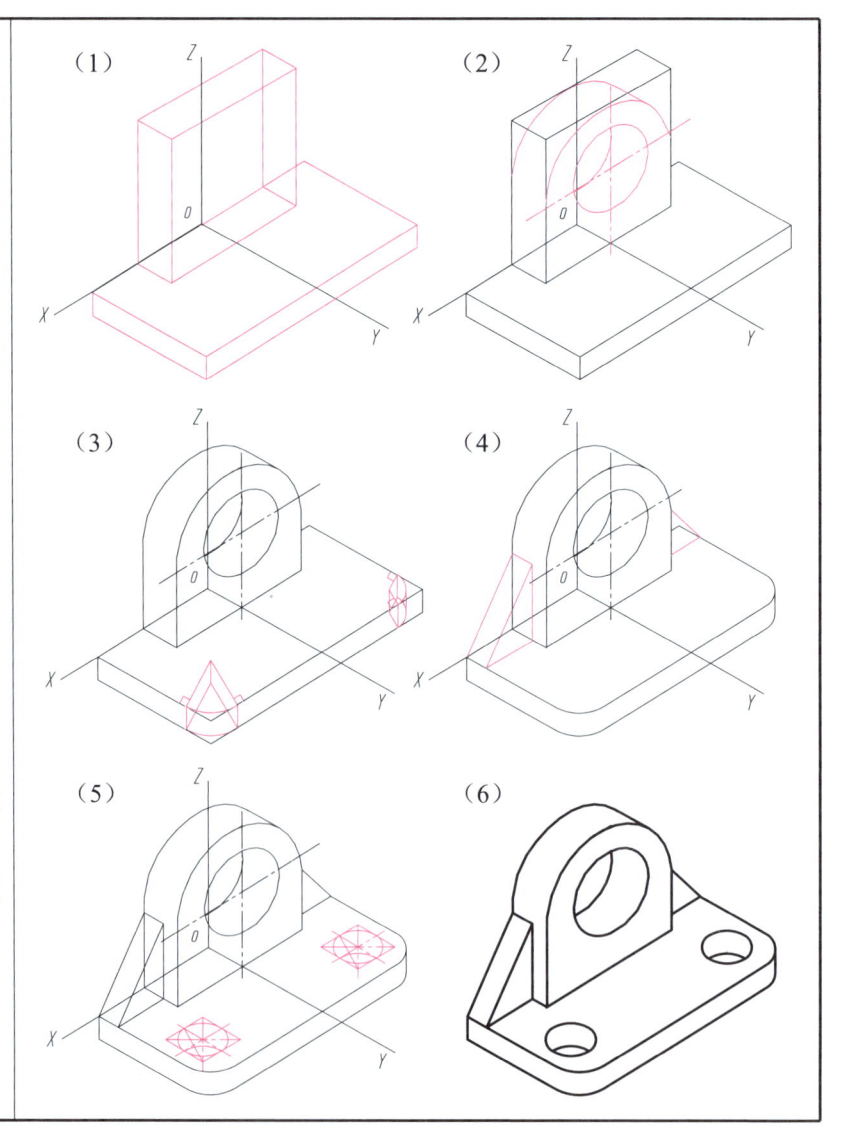

例 8-6 曲面立体斜二测示例

题目 作出立体斜二测轴测图。

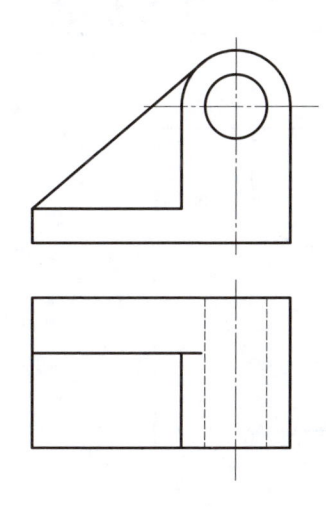

分析 立体的底板可以看成是长方体,在长方形底板的上方靠右边有一个圆头长方体,在底板的后边有一个肋板,起支撑作用。

作图步骤
(1) 先作出立体前面的投影,反映实形。
(2) 再作出立体后面的投影,可把前表面形状沿 Y 轴方向后移宽度尺寸的一半。
(3) 作后面肋板的斜二测轴测图,宽度尺寸减半。
(4) 擦除多余线条并描深,即完成支座的正等测轴测图。

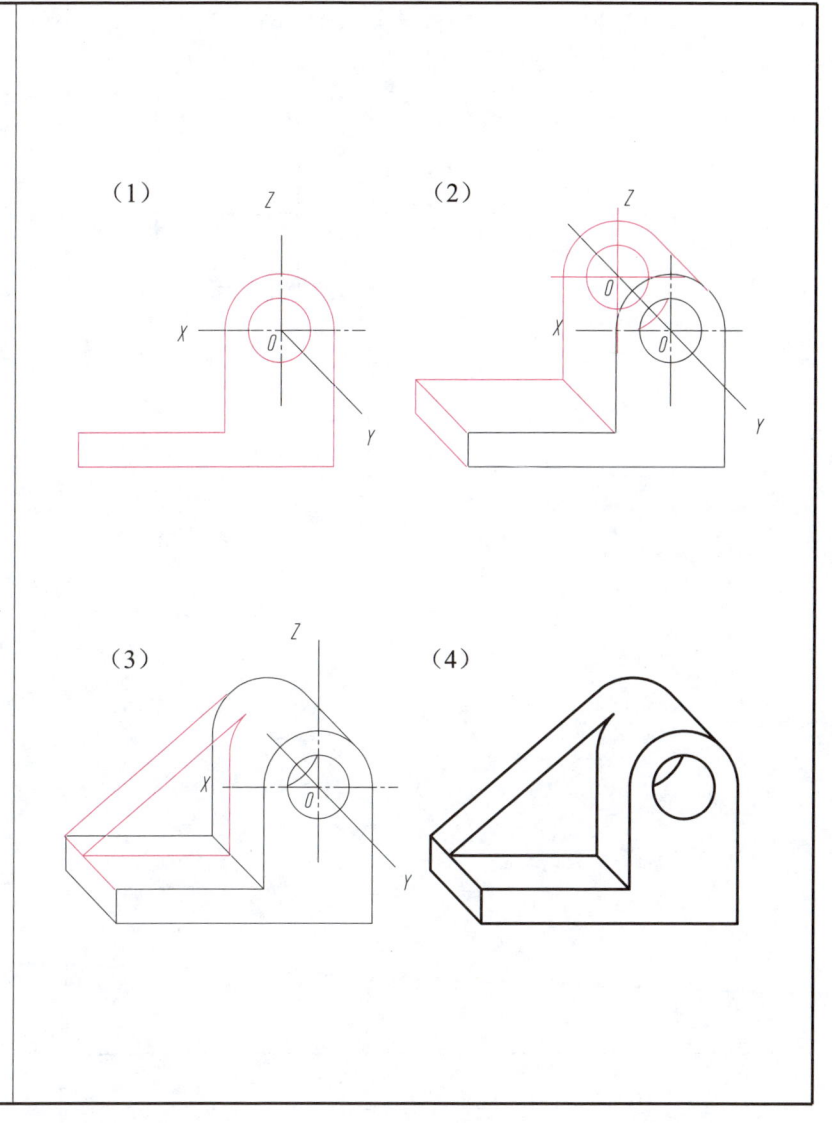

四、习题 8-1　轴测图

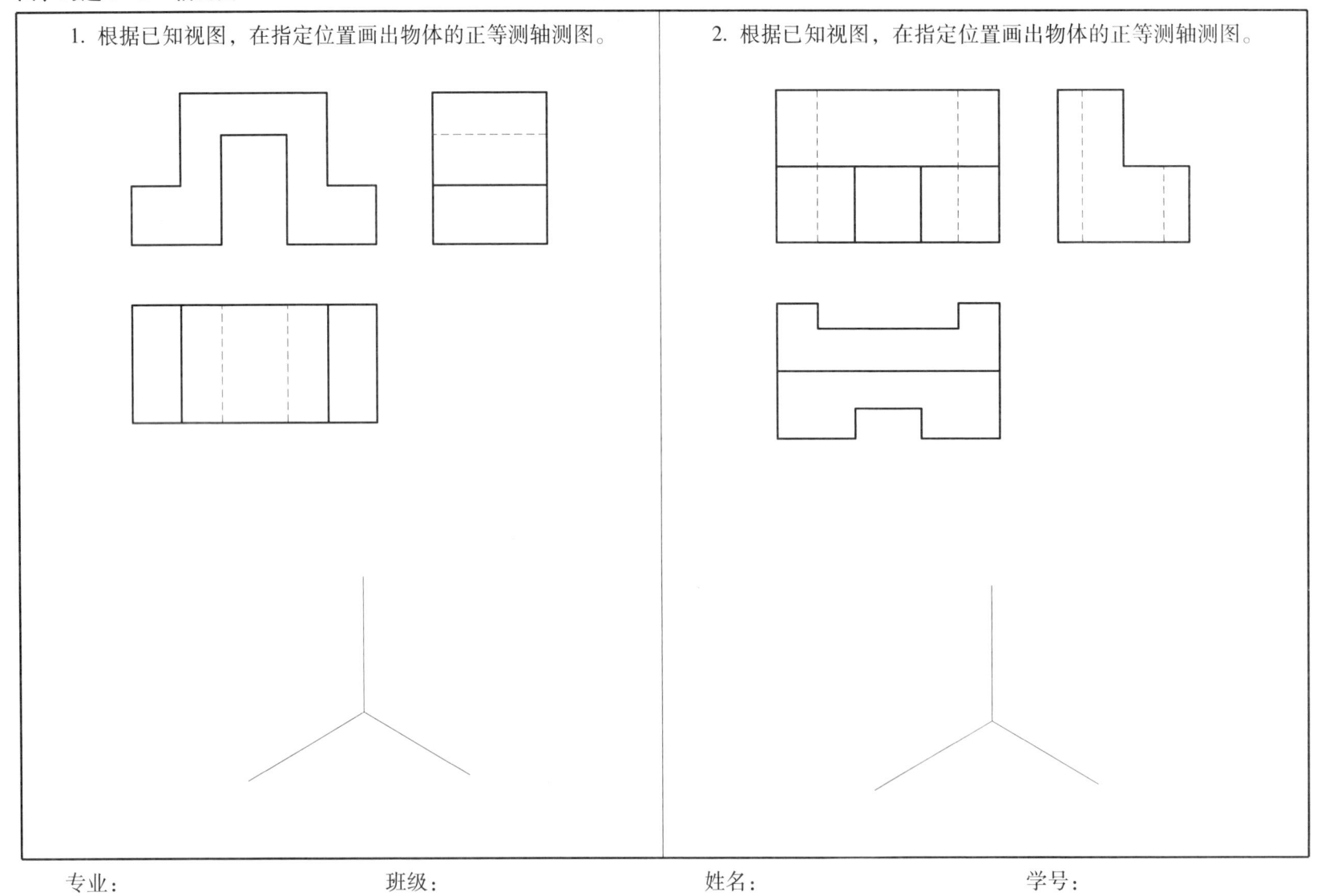

1. 根据已知视图，在指定位置画出物体的正等测轴测图。

2. 根据已知视图，在指定位置画出物体的正等测轴测图。

| 专业： | 班级： | 姓名： | 学号： |

习题 8－2　轴测图

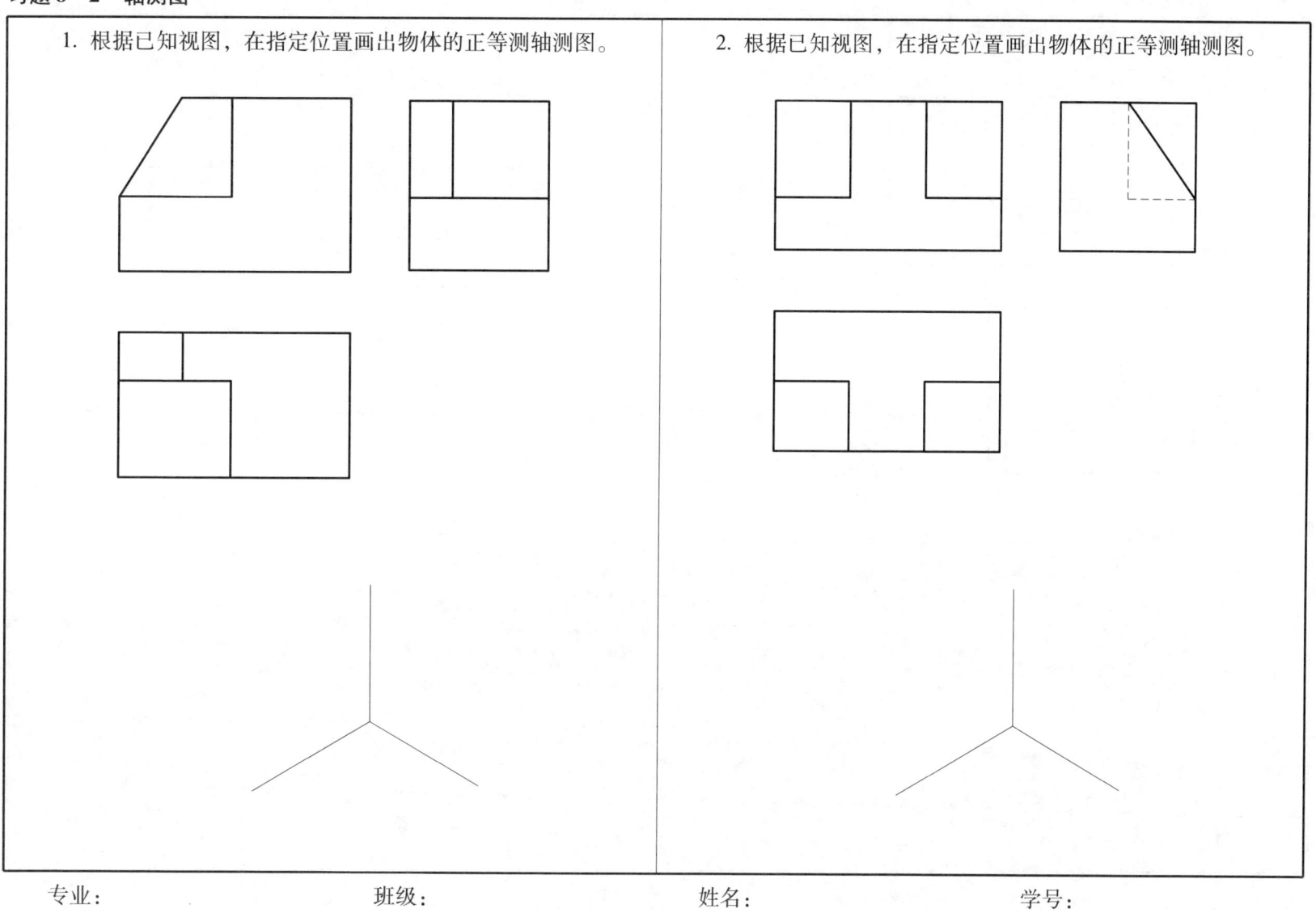

1. 根据已知视图，在指定位置画出物体的正等测轴测图。

2. 根据已知视图，在指定位置画出物体的正等测轴测图。

专业：　　　　　　　班级：　　　　　　　姓名：　　　　　　　学号：

习题 8－3　轴测图

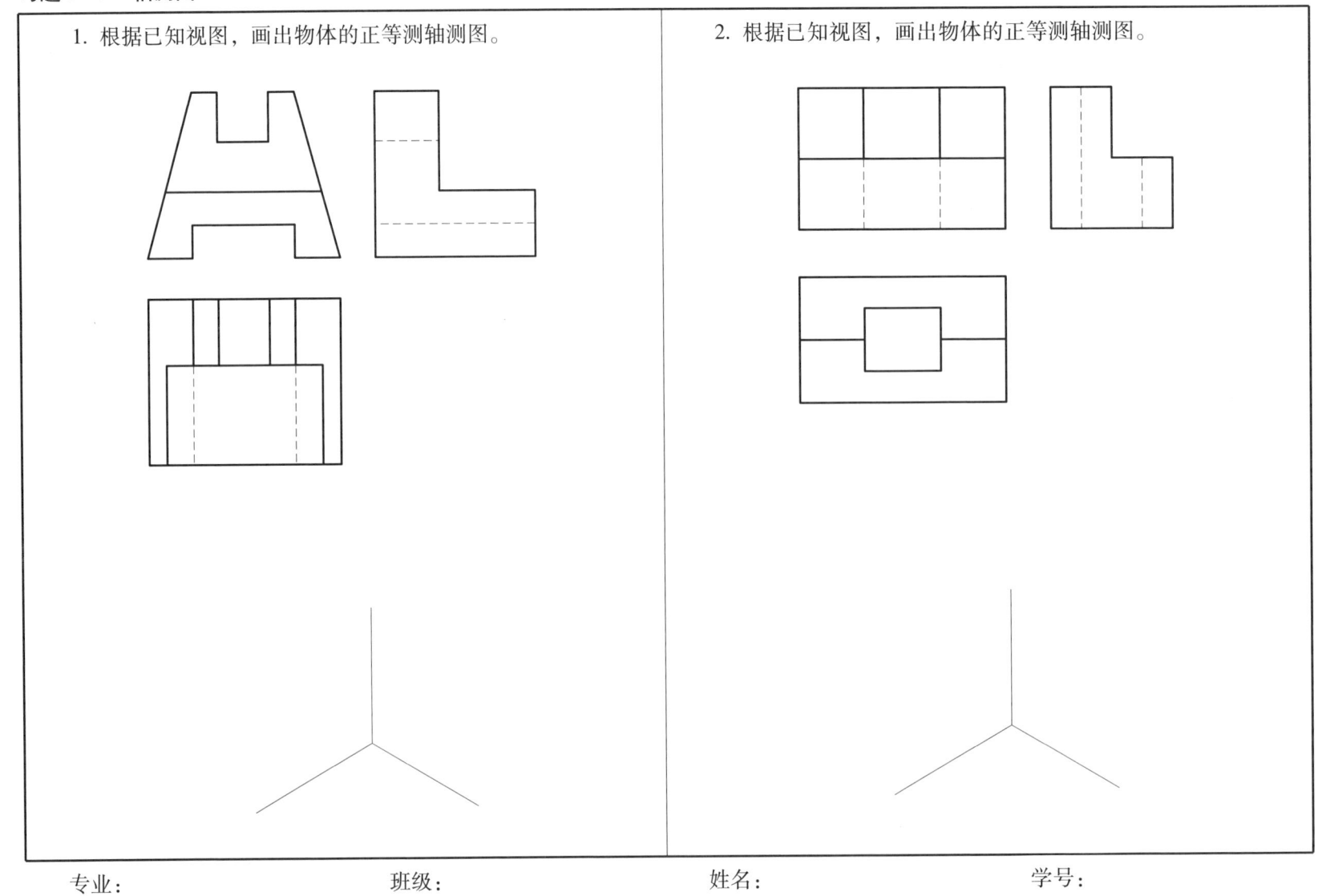

1. 根据已知视图，画出物体的正等测轴测图。

2. 根据已知视图，画出物体的正等测轴测图。

专业：　　　　　　　　班级：　　　　　　　　姓名：　　　　　　　　学号：

习题 8-4　轴测图

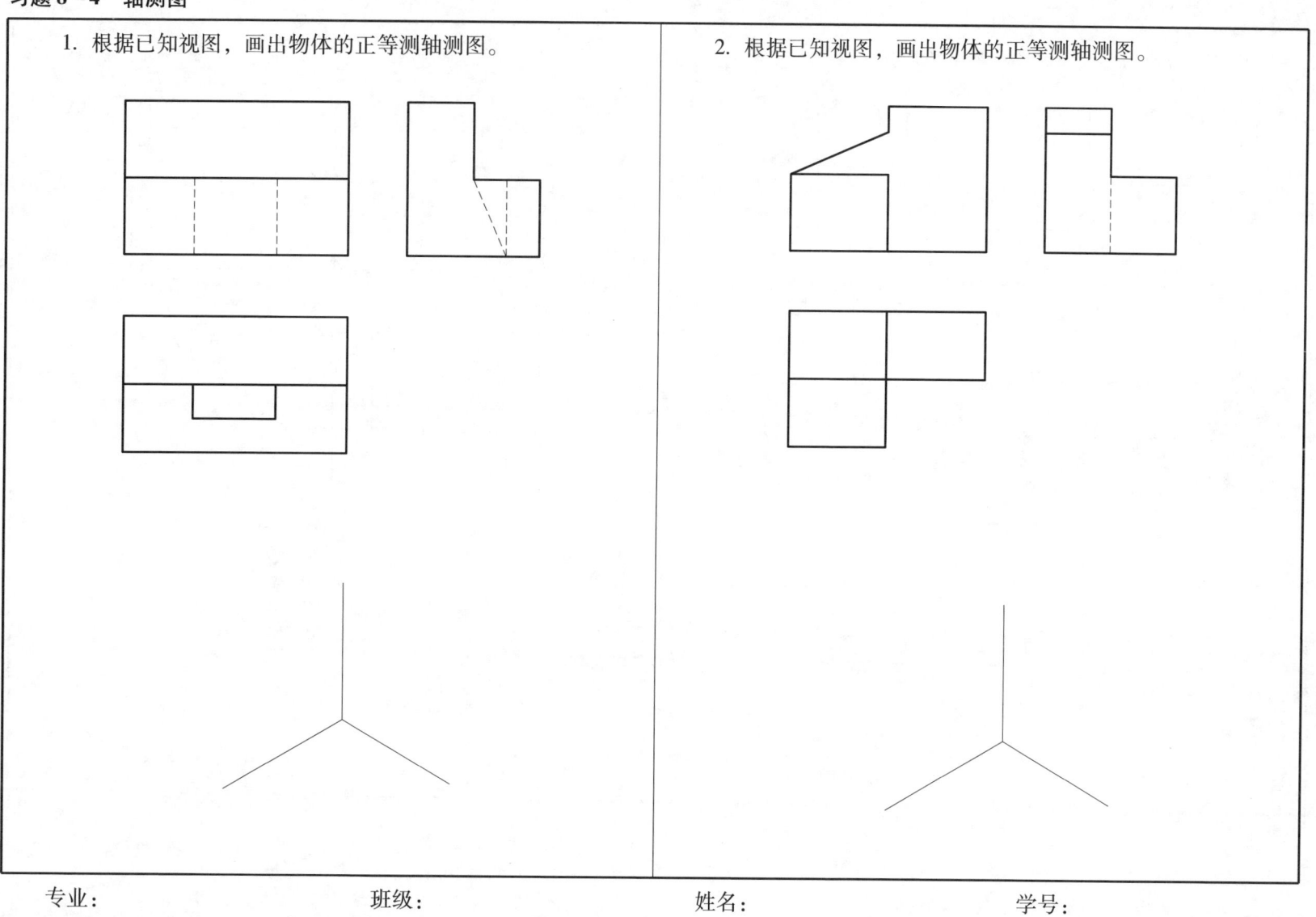

1. 根据已知视图，画出物体的正等测轴测图。

2. 根据已知视图，画出物体的正等测轴测图。

专业：　　　　　　班级：　　　　　　姓名：　　　　　　学号：

习题 8-5 轴测图

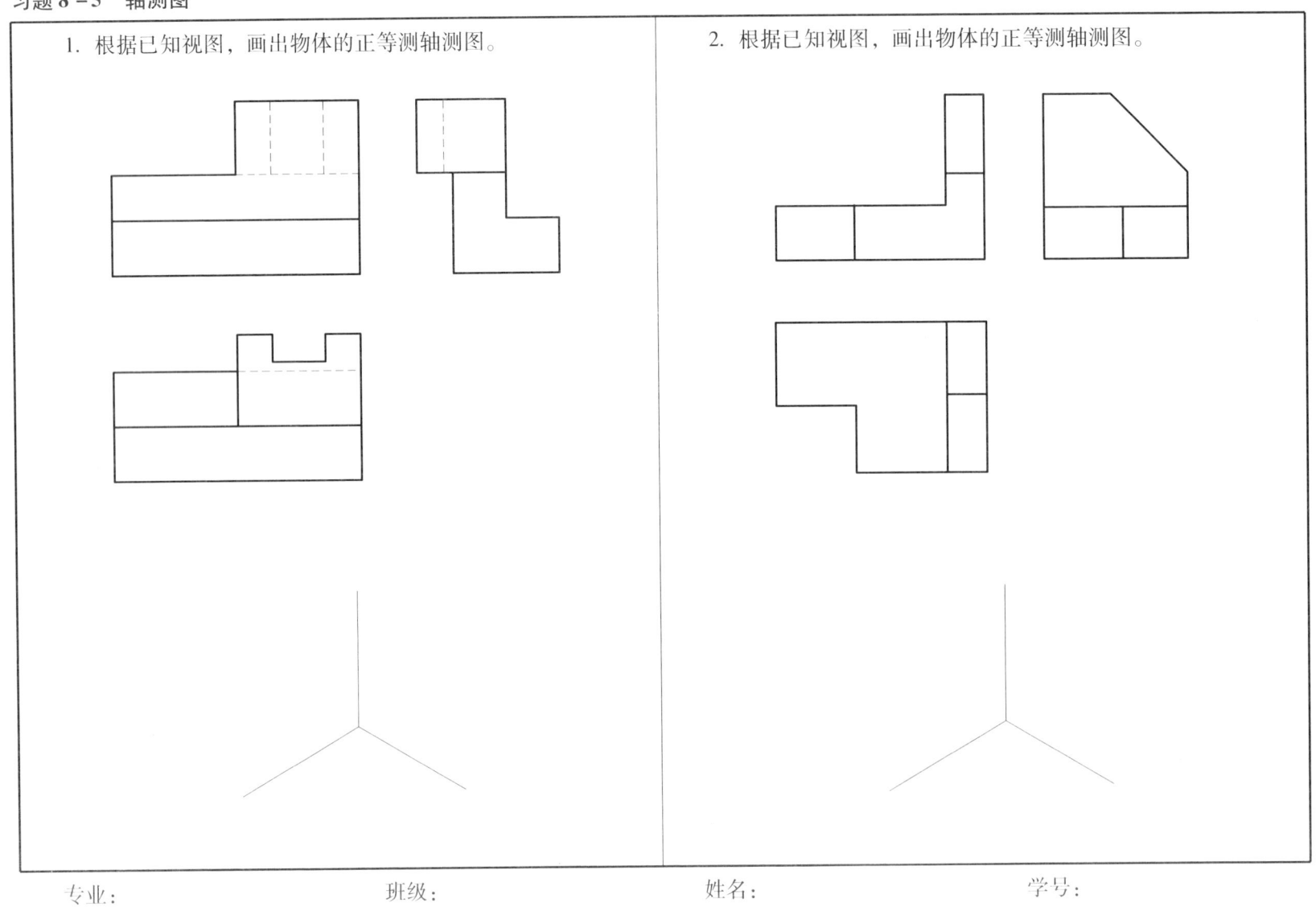

1. 根据已知视图，画出物体的正等测轴测图。

2. 根据已知视图，画出物体的正等测轴测图。

专业：　　　　　　　　班级：　　　　　　　　姓名：　　　　　　　　学号：

习题 8-6 轴测图

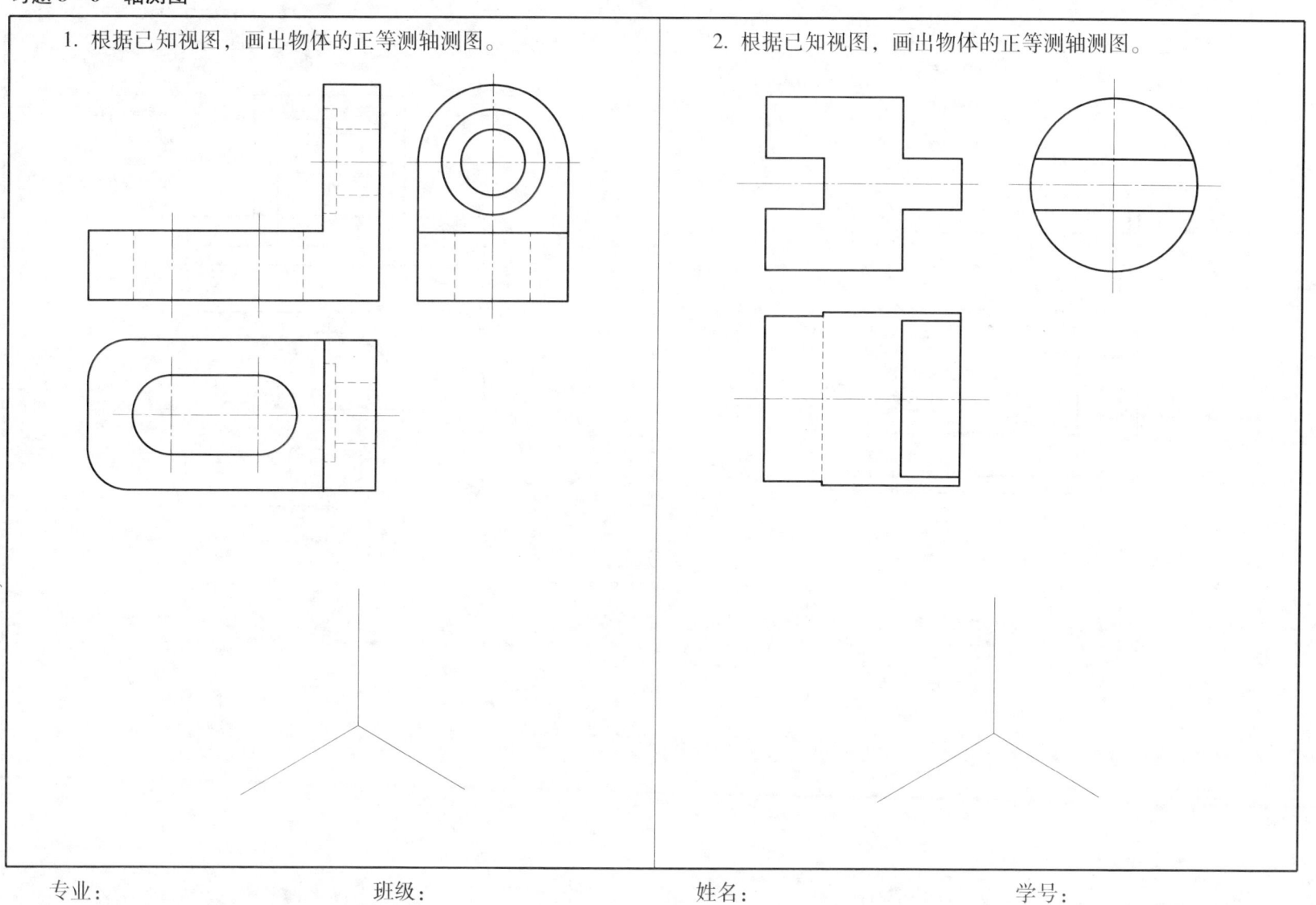

1. 根据已知视图，画出物体的正等测轴测图。

2. 根据已知视图，画出物体的正等测轴测图。

专业：　　　　　　　班级：　　　　　　　姓名：　　　　　　　学号：

— 155 —

习题 8-7　轴测图

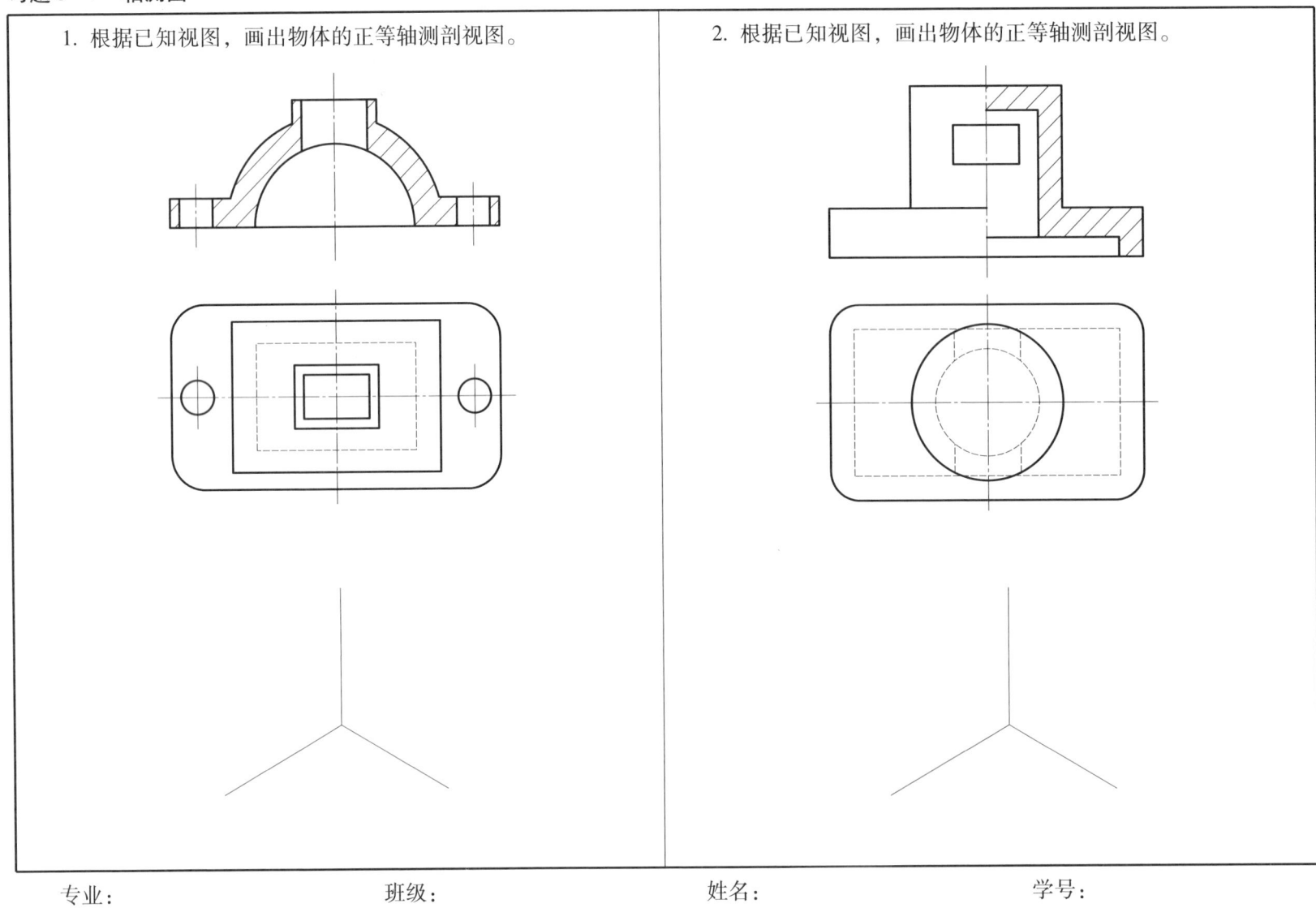

1. 根据已知视图，画出物体的正等轴测剖视图。

2. 根据已知视图，画出物体的正等轴测剖视图。

专业：　　　　　　　　　班级：　　　　　　　　　姓名：　　　　　　　　　学号：

习题 8−8　轴测图

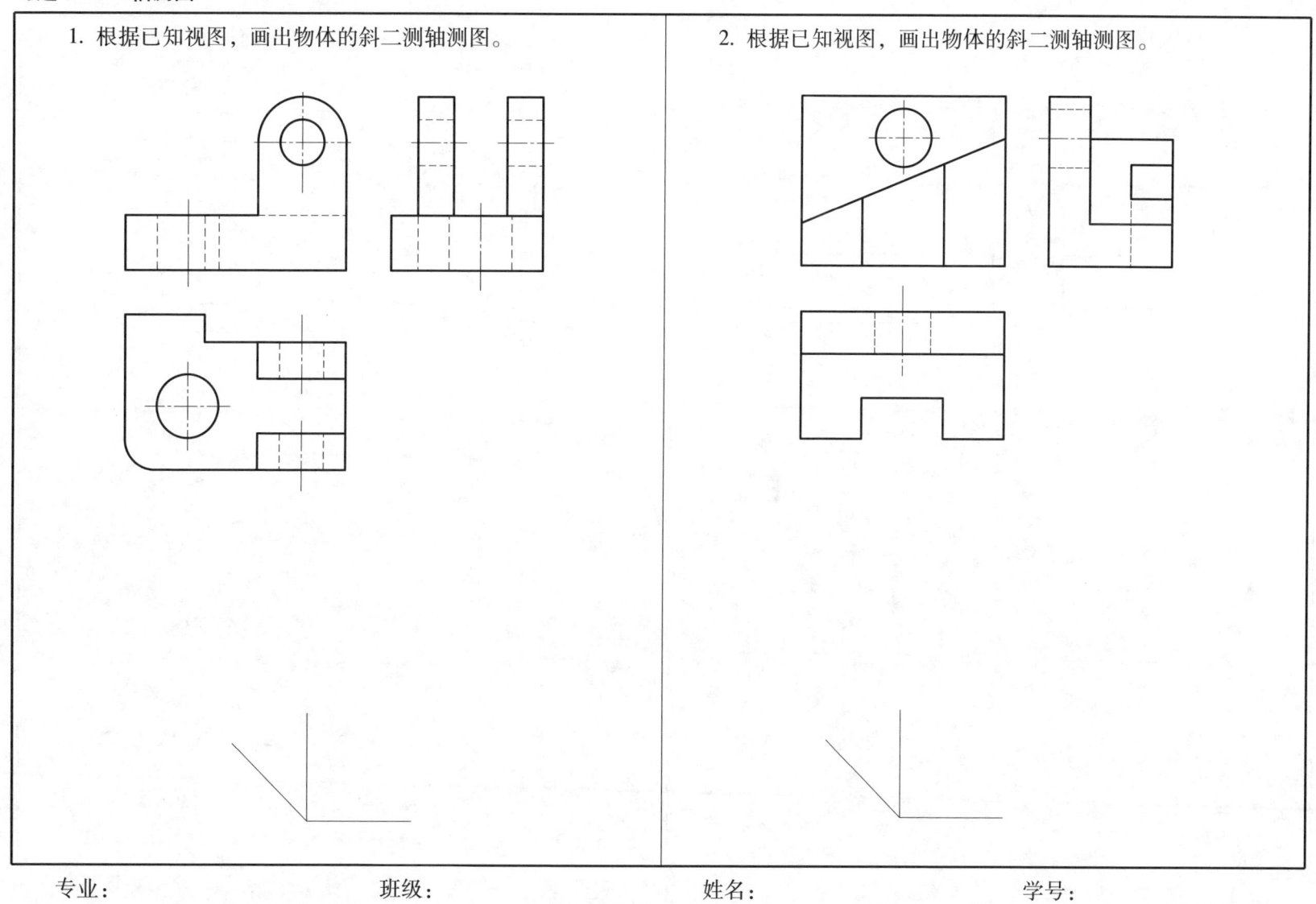

1. 根据已知视图，画出物体的斜二测轴测图。

2. 根据已知视图，画出物体的斜二测轴测图。

专业：　　　　　　　班级：　　　　　　　姓名：　　　　　　　学号：

习题 8－9 轴测图

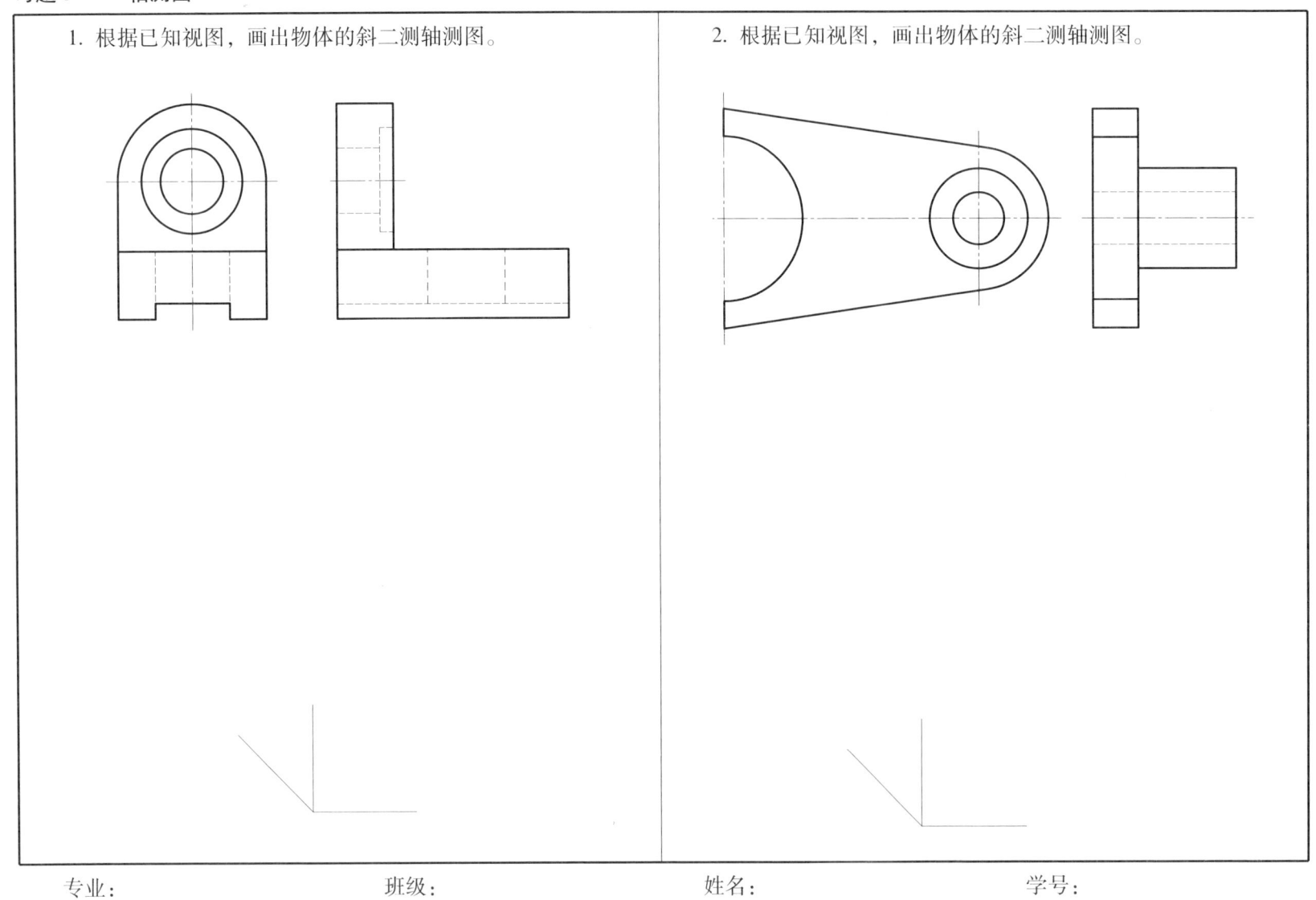

1. 根据已知视图，画出物体的斜二测轴测图。

2. 根据已知视图，画出物体的斜二测轴测图。

专业：　　　　　　　　　　班级：　　　　　　　　　　姓名：　　　　　　　　　　学号：

习题 8-10 轴测图

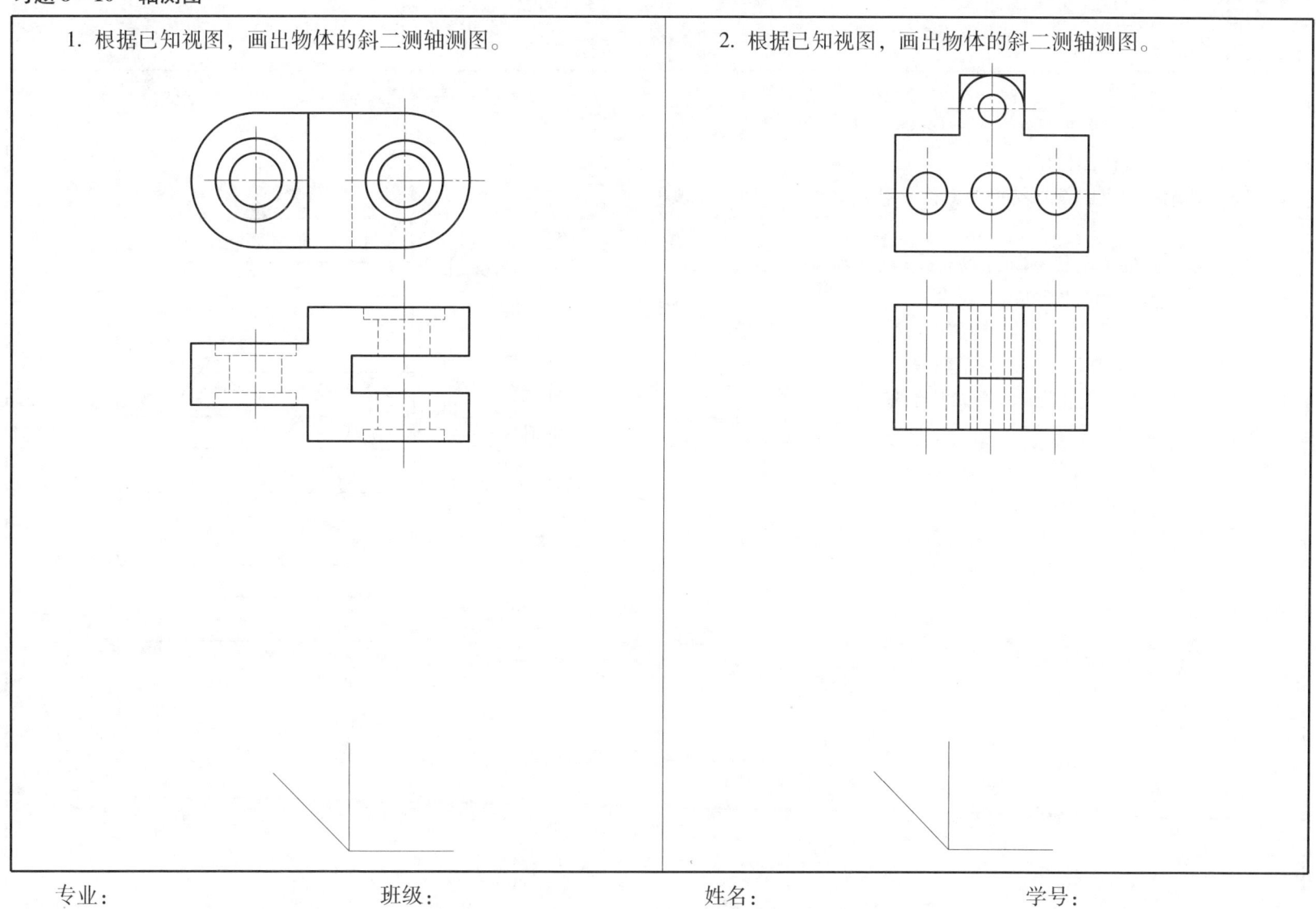

1. 根据已知视图，画出物体的斜二测轴测图。

2. 根据已知视图，画出物体的斜二测轴测图。

专业：　　　　　　班级：　　　　　　姓名：　　　　　　学号：

第9章 零件图

一、内容概要

1. 目的要求。

零件图是生产、检验零件是否合格的一个技术依据。要求：

（1）了解零件图的作用和内容。

（2）熟悉零件上的常见结构及其图示特点，掌握典型零件视图表达。

（3）了解零件图上尺寸标注的合理性，能确定一般零件长、宽、高三个方向尺寸的主要基准。

（4）了解表面粗糙度、尺寸公差与配合的概念，熟悉其符（代）号含义，掌握其标注方法。掌握徒手测绘方法及计算机绘制零件图的方法，能测绘、阅读中等难度的零件图。

2. 重点、难点。

（1）零件测绘。

（2）典型零件的视图选择与画法。

（3）零件图的尺寸标注及公差选择。

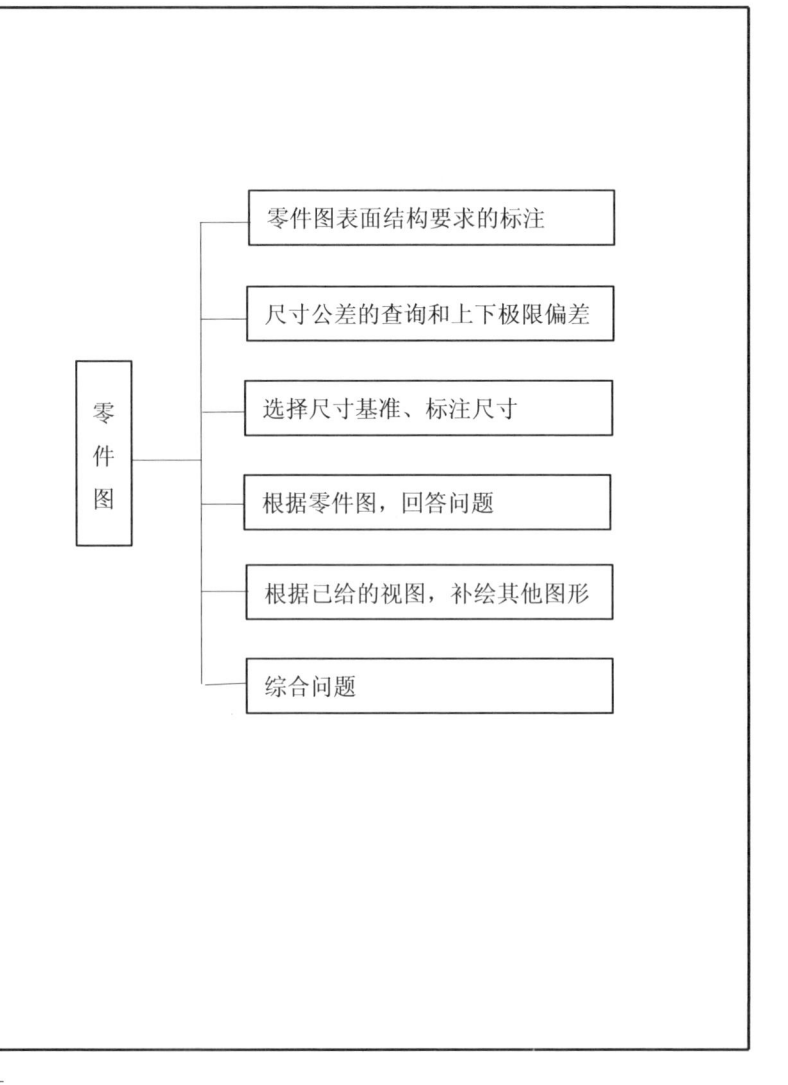

二、题目类型

零件图
- 零件图表面结构要求的标注
- 尺寸公差的查询和上下极限偏差
- 选择尺寸基准、标注尺寸
- 根据零件图，回答问题
- 根据已给的视图，补绘其他图形
- 综合问题

三、示例及解题方法　　例 9-1　标注表面结构要求问题示例

题目　1. 已知零件表面加工要求如下，试标注表面结构要求代号。

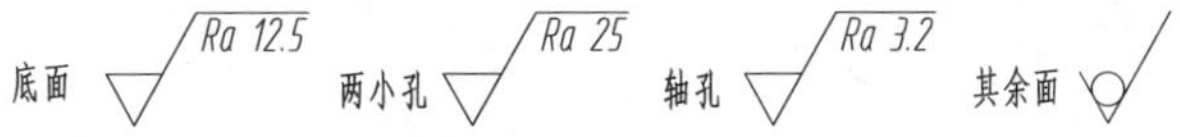

底面 ∇Ra 12.5　　两小孔 ∇Ra 25　　轴孔 ∇Ra 3.2　　其余面 ∇

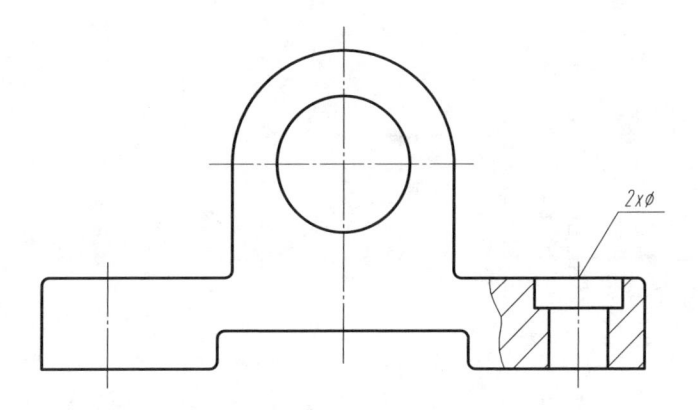

解题步骤

（1）"下底面"表面结构要求代号的标记尖端要朝上、与底面投影直线相交或画在其延长线上。

（2）"两小孔"和"轴孔"的表面结构要求代号的标记见下图。

（3）"其余的表面结构要求代号"的标记要标注在标题栏的上方或左方，具体见下图。

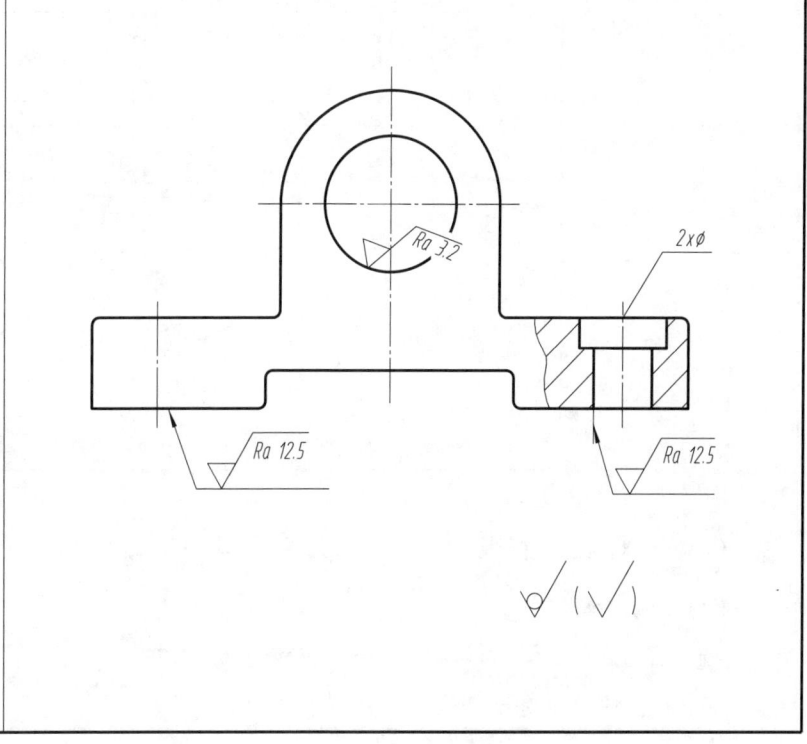

分析　表面结构要求是评定表面质量的一个重要参数，在图上用表面结构要求代（符）号来表示。代（符）号一般标注在可见轮廓线、尺寸界线、引出线或它们的延长线上，符号的尖端必须从材料外指向材料内，同一个图样上，每一表面一般只标注一次，非连续的同一表面，先用细实线连接，然后只标注一个表面结构要求代（符）号。

专业：　　　　　班级：　　　　　姓名：　　　　　学号：

— 161 —

例 9-2 读齿轮轴零件图，补画图中所缺的移出断面图，并回答问题

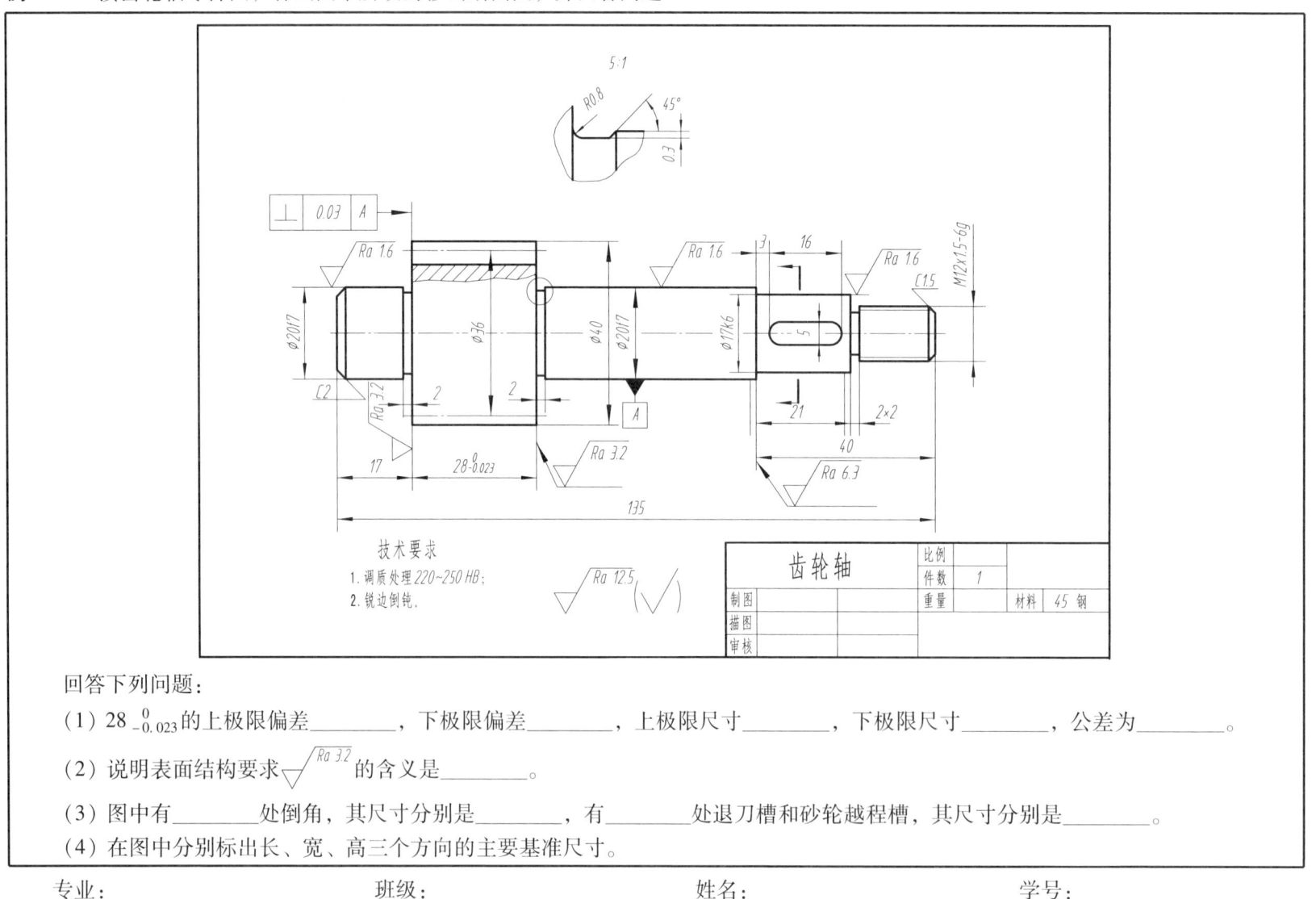

回答下列问题：

（1）$28_{-0.023}^{0}$ 的上极限偏差_____，下极限偏差_____，上极限尺寸_____，下极限尺寸_____，公差为_____。

（2）说明表面结构要求 $\sqrt{Ra\ 3.2}$ 的含义是_____。

（3）图中有_____处倒角，其尺寸分别是_____，有_____处退刀槽和砂轮越程槽，其尺寸分别是_____。

（4）在图中分别标出长、宽、高三个方向的主要基准尺寸。

例 9-2　读齿轮轴零件图，解题分析

分析

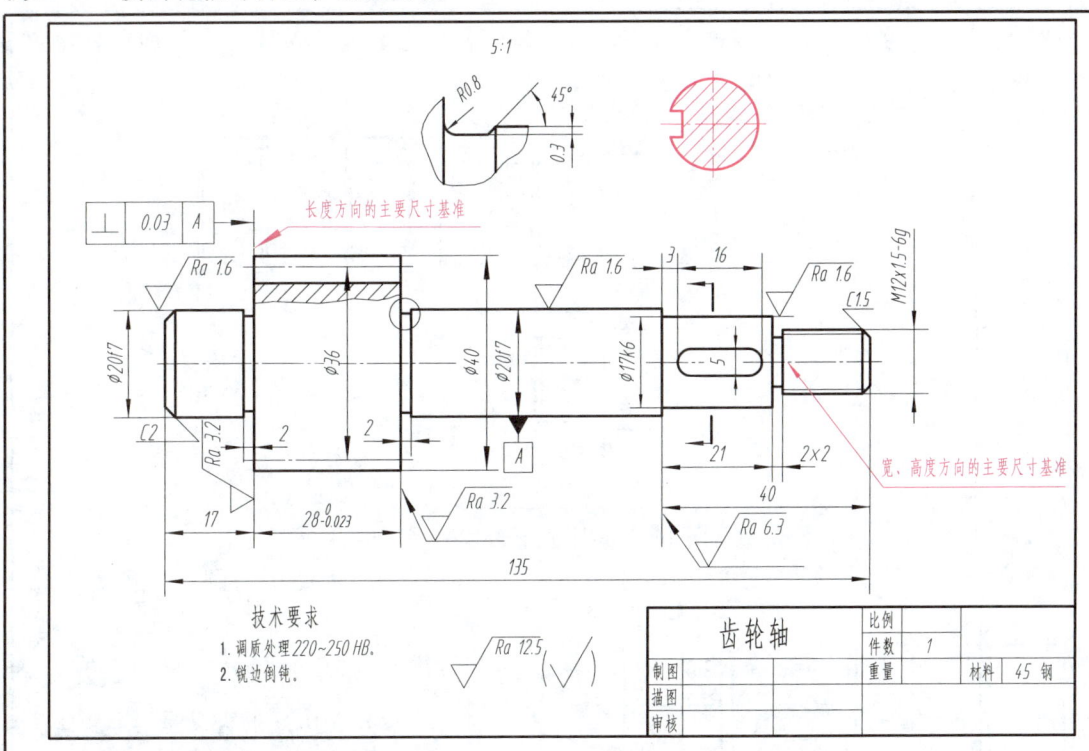

看零件图先从标题栏入手，了解零件的名称、材料、画图比例等内容。其次分析图样的表达方法和各图的表达重点，分析零件的内外结构形状。明确长、宽、高三个方向的尺寸基准，分析尺寸的类型、主要尺寸和一般尺寸。最后看懂图中的技术要求，包括表面结构要求、尺寸公差要求和形位公差要求等。

该零件的名称为齿轮轴，材料为45钢，属于轴套类零件。该零件由一个局部剖的主视图、一个移出断面、一个局部放大图组成。由于齿轮轴段的长度为主要尺寸，因此选择右侧的轴肩作为长度方向的尺寸基准，轴线作为宽、高方向的尺寸基准。齿轮轴段的长度，第一、三、四处轴段的直径为主要尺寸，其余为一般尺寸。对于齿轮轴段的左端面要求与轴线有0.03的垂直度要求，零件各表面的质量要求不相同，分别为 $Ra1.6$、$Ra3.2$ 和 $Ra12.5$，参数数值越小，表面质量越高。

回答下列问题：

（1）$28_{-0.023}^{0}$ 的上极限偏差 __0__，下极限偏差 __-0.023__，上极限尺寸 __28__，下极限尺寸 __27.977__，公差为 __0.023__。

（2）说明表面结构要求 $\sqrt{Ra\ 3.2}$ 的含义是 去除材料加工，表面最大粗糙度为3.2 μm。

（3）图中有 __2__ 处倒角，尺寸分别是 __C1.5、C2__，有 __2__ 处砂轮越程槽，尺寸都是 __0.3×2__。

（4）长、宽、高三个方向的主要基准尺寸见图。

四、习题 9–1　公差与配合在图样上的标注

1. 根据装配图中的配合尺寸，在相应的零件图上标注出公称尺寸、公差带代号和偏差值。

2. 根据零件图的孔、轴公称尺寸和公差带代号，分别在装配图上注出配合尺寸。

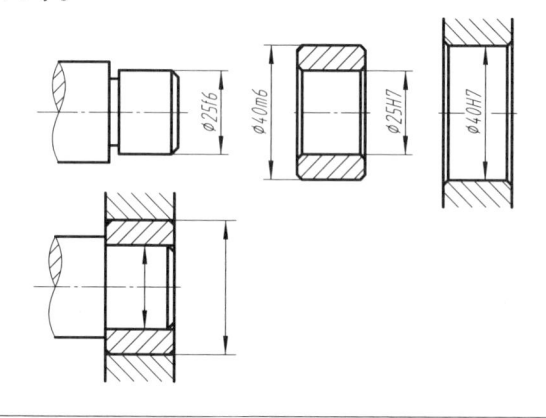

3. 说明下图中零件的配合代号及其含义。

（1）零件Ⅰ与圆柱销的配合代号为_____。零件Ⅱ与圆柱销的配合代号为_____。

（2）$\phi 10 \dfrac{F8}{h6}$ 的含义是_____。

① 相配合孔、轴的基本尺寸为_____。

② 配合的基准制为_____。

③ 孔的基本偏差代号为_____，公差等级为_____。

④ 轴的基本偏差代号为_____，公差等级为_____。

| 专业： | 班级： | 姓名： | 学号： |

习题 9-2 表面结构要求在图样上的标注

1. 已知零件表面加工要求如下，试标注表面结构要求代号。
（1）小轴。

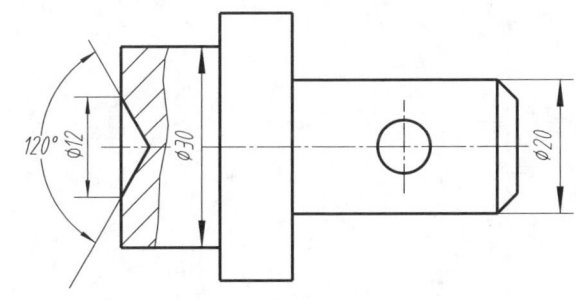

$\phi 20$、$\phi 30$ 圆柱表面为 $\sqrt{Ra\ 3.2}$；端面、120°内锥面为 $\sqrt{Ra\ 12.5}$。

（2）齿轮。

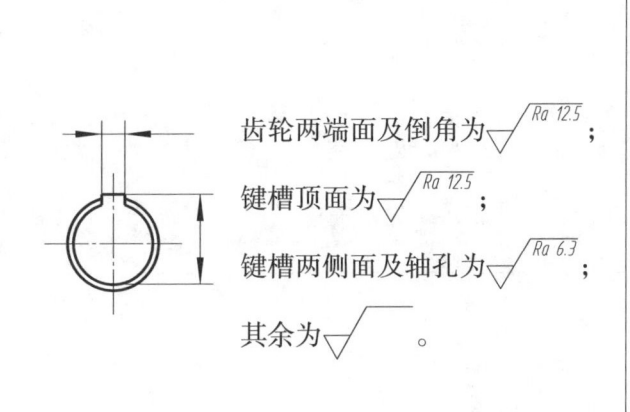

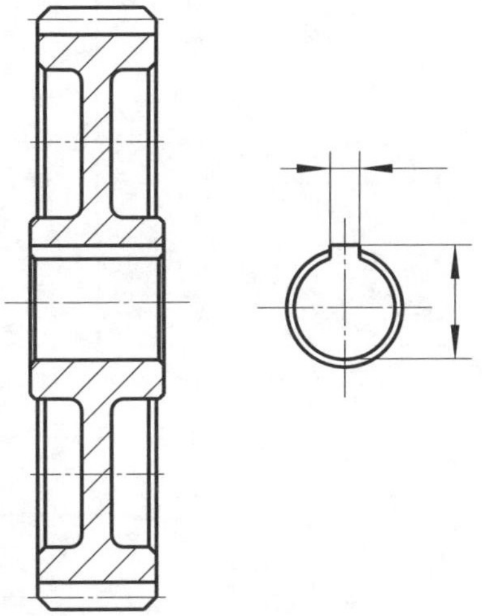

齿轮两端面及倒角为 $\sqrt{Ra\ 12.5}$；

键槽顶面为 $\sqrt{Ra\ 12.5}$；

键槽两侧面及轴孔为 $\sqrt{Ra\ 6.3}$；

其余为 $\sqrt{\ }$。

2. 找出下面图（1）中表面结构要求代号在标注方面的错误，并在图（2）中作正确的标注。

（1）

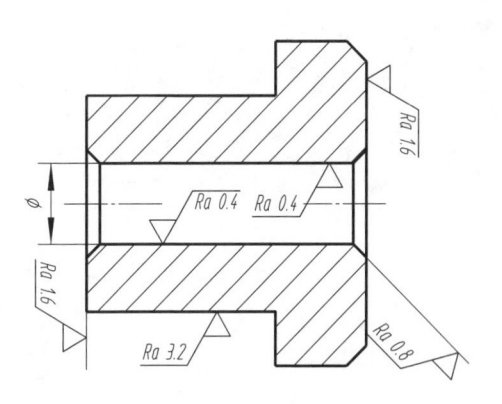

（2）

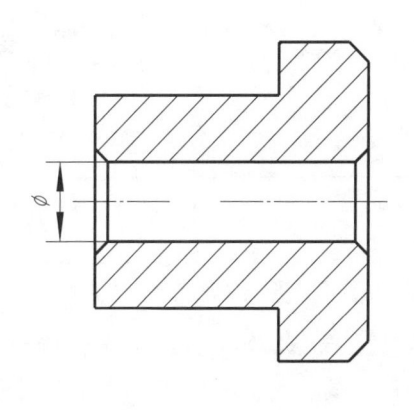

专业：　　　　　班级：　　　　　姓名：　　　　　学号：

习题 9－3　读端盖零件图，补画右视图，然后回答下列问题

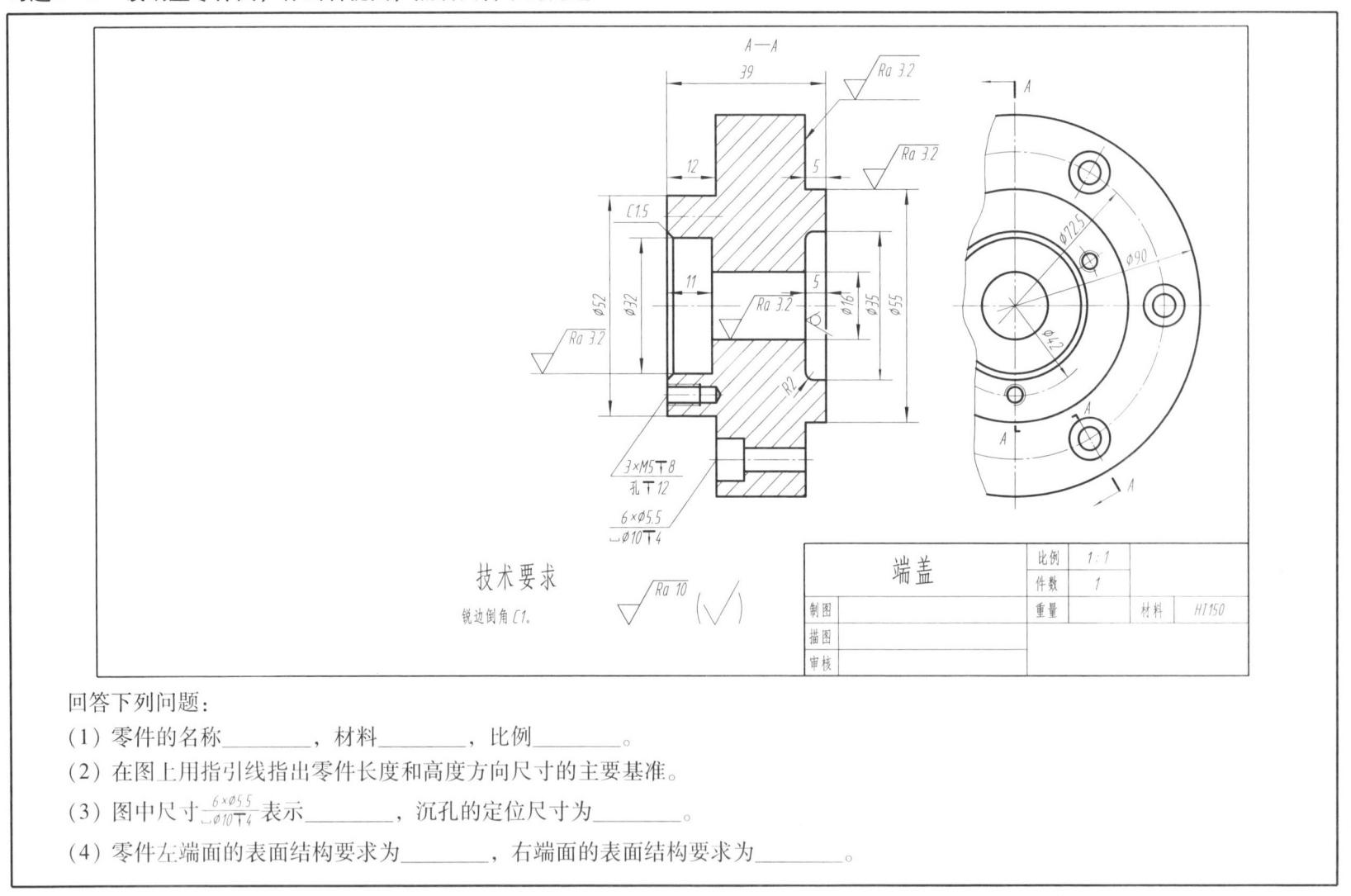

回答下列问题：
(1) 零件的名称_____，材料_____，比例_____。
(2) 在图上用指引线指出零件长度和高度方向尺寸的主要基准。
(3) 图中尺寸 $\frac{6\times\phi5.5}{\sqcup\phi10\mathsf{T}4}$ 表示_____，沉孔的定位尺寸为_____。
(4) 零件左端面的表面结构要求为_____，右端面的表面结构要求为_____。

习题 9-4　读托架零件图

（1）在指定位置补画 D—D 剖视图；（2）在图中用指引线和文字标出长、宽、高方向的主要尺寸基准。

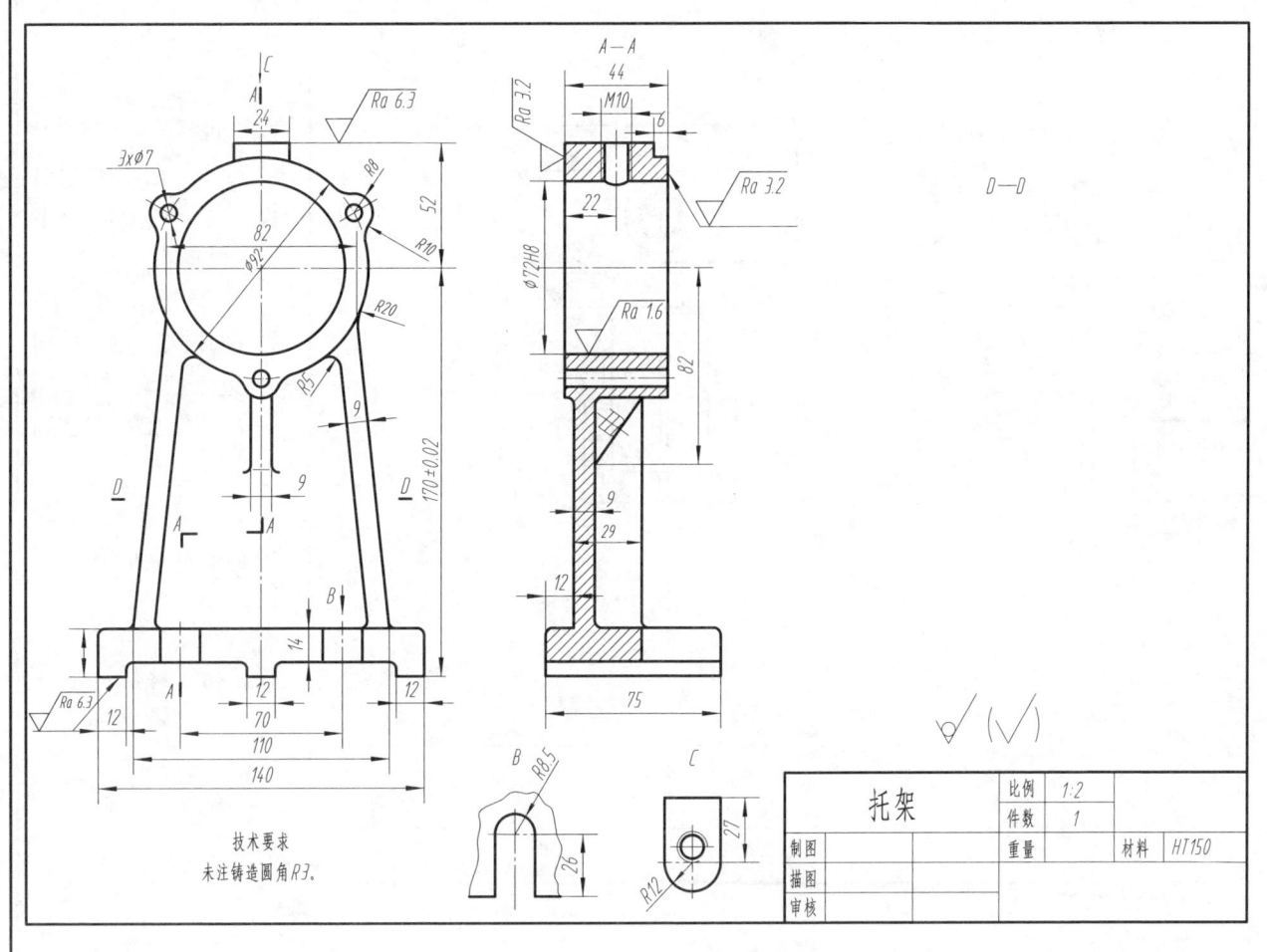

回答下列问题：
（1）该零件图采用_____表达方法。
（2）M10 的定位尺寸是_____。
（3）说明 φ72H8 的含义：φ72 是_____，H8 是_____，H 是_____，8 是_____。
（4）该零件用_____材料制造的。

技术要求
未注铸造圆角 R3。

托架　比例 1:2　件数 1　材料 HT150

专业：　　　班级：　　　姓名：　　　学号：

— 167 —

习题 9–5　读支架零件图

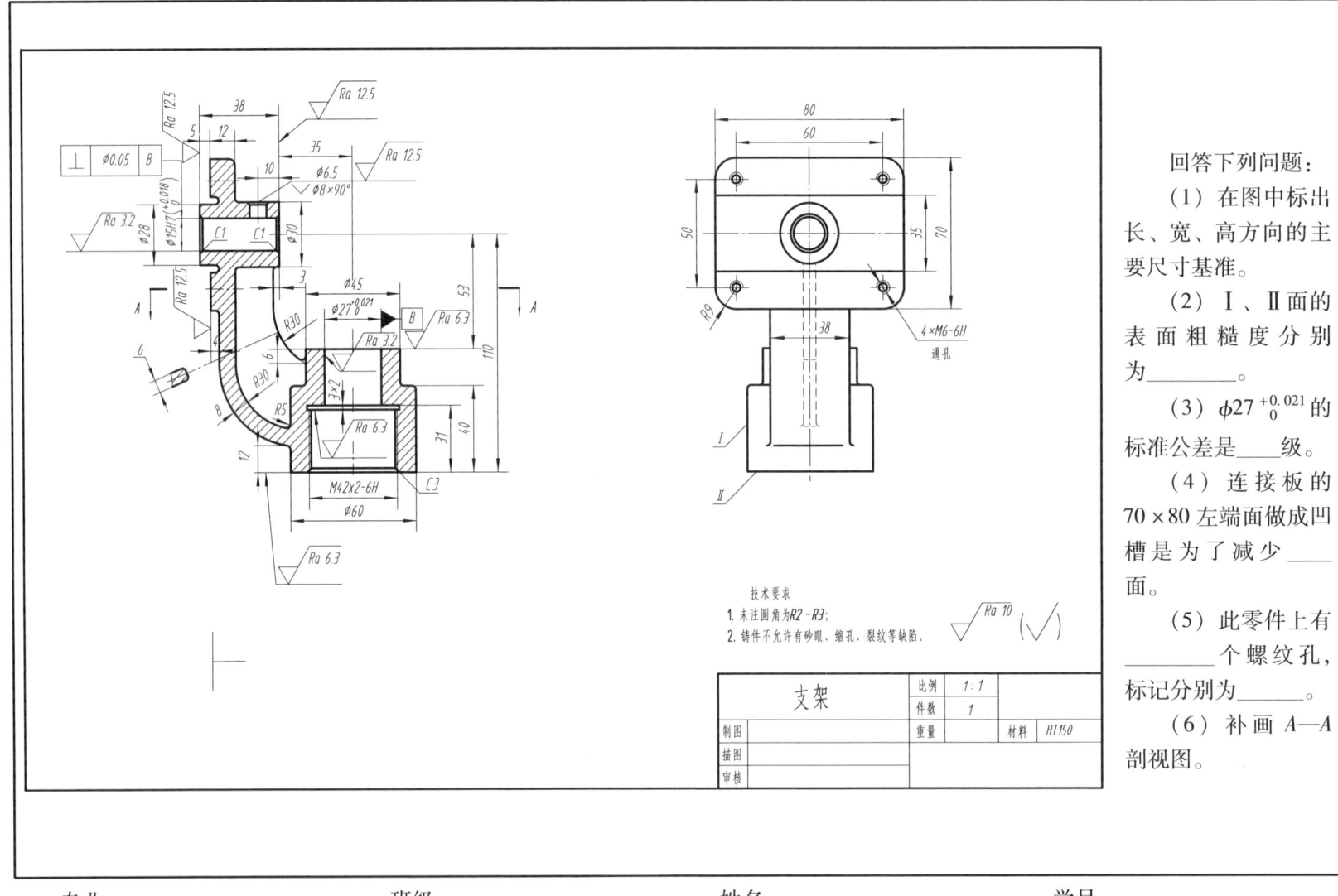

回答下列问题：

（1）在图中标出长、宽、高方向的主要尺寸基准。

（2）Ⅰ、Ⅱ面的表面粗糙度分别为＿＿＿。

（3）$\phi 27^{+0.021}_{0}$ 的标准公差是＿＿级。

（4）连接板的 70×80 左端面做成凹槽是为了减少＿＿面。

（5）此零件上有＿＿个螺纹孔，标记分别为＿＿。

（6）补画 A—A 剖视图。

第10章 标准件及常用件

一、内容概要

1. 目的要求。

在机器或部件的装配、安装中，广泛使用的连接件有螺纹紧固件（螺栓、双头螺柱、螺钉、螺母、垫圈）、键、销等，在机械的支承、减震等方面广泛使用轴承、弹簧等，这些零件的结构形状都已经标准化，尺寸已经系列化，称为标准件。在机械的传动方面广泛使用齿轮、蜗轮、蜗杆等，这些零件的局部结构已经标准化，参数已经系列化，称为常用件。要求学生通过学习掌握以下内容：

（1）掌握常用件的基本参数计算、画法、代号及它们的应用。

（2）掌握螺纹的基本要素（牙型、公称直径、螺距和导程、线数及旋向）。

（3）熟练掌握内、外螺纹的画法、内外螺纹旋合的画法及螺纹的标注。

（4）熟练掌握螺纹紧固件的连接（螺栓连接、双头螺柱连接、螺钉连接）的画法；掌握螺纹紧固件的规定标记。

（5）掌握键连接的画法及键的规定标记。

（6）掌握销连接的画法及销的规定标记。

2. 重点、难点。

（1）圆柱齿轮基本参数计算，单个齿轮的规定画法及尺寸注法；两个齿轮啮合的规定画法。

（2）内螺纹、外螺纹、内外螺纹旋合的画法及其螺纹的标注。

（3）螺纹紧固件的画法及规定标记。

（4）螺纹紧固件连接的画法。

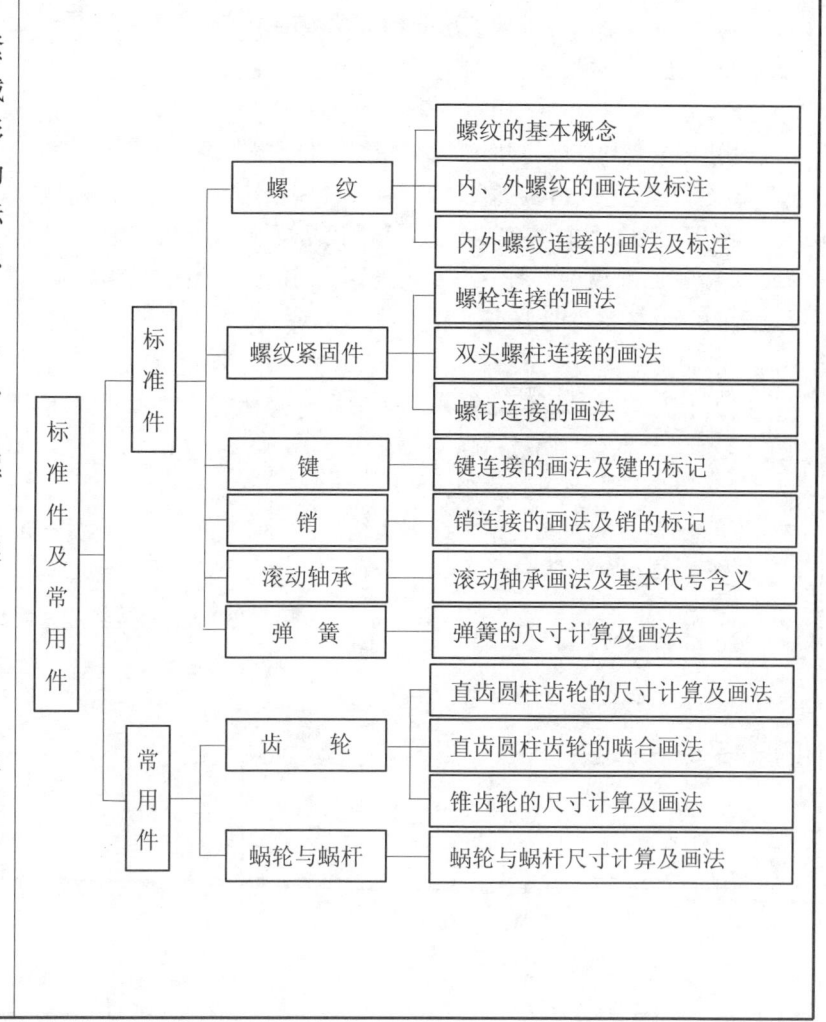

二、题目类型

```
标准件及常用件
├─ 标准件
│  ├─ 螺纹
│  │  ├─ 螺纹的基本概念
│  │  ├─ 内、外螺纹的画法及标注
│  │  └─ 内外螺纹连接的画法及标注
│  ├─ 螺纹紧固件
│  │  ├─ 螺栓连接的画法
│  │  ├─ 双头螺柱连接的画法
│  │  └─ 螺钉连接的画法
│  ├─ 键 ── 键连接的画法及键的标记
│  ├─ 销 ── 销连接的画法及销的标记
│  ├─ 滚动轴承 ── 滚动轴承画法及基本代号含义
│  └─ 弹簧 ── 弹簧的尺寸计算及画法
└─ 常用件
   ├─ 齿轮
   │  ├─ 直齿圆柱齿轮的尺寸计算及画法
   │  ├─ 直齿圆柱齿轮的啮合画法
   │  └─ 锥齿轮的尺寸计算及画法
   └─ 蜗轮与蜗杆 ── 蜗轮与蜗杆尺寸计算及画法
```

三、示例及解题方法　　例 10-1　内外螺纹连接画法示例

题目　已知内、外螺纹大径 M20，外螺纹长 30，螺杆长画 40 后断开，螺孔深 30，钻孔深 40，螺纹倒角 C2。

（1）分别画出内、外螺纹旋合前的主视图。
（2）画出内外螺纹旋合的主视图，旋合长度为 20。

分析

（1）内外螺纹旋合连接前，外螺纹大径画粗实线，小径画细实线，螺纹长度终止线画粗实线；内螺纹大径画细实线，小径画粗实线，螺纹长度终止线画粗实线，锥坑画粗实线，锥顶夹角 120°。

（2）内外螺纹旋合连接后，按规定，旋合部分按外螺纹画，没旋合的部分按各自的画法画出。

注意

（1）内外螺纹长度终止线易错画为细实线。
（2）旋合部分大径易错画为细实线。
（3）锥坑锥顶夹角易错画为 90°。
（4）内螺纹剖面线易错画到细实线处。

内外螺纹旋合连接前画法

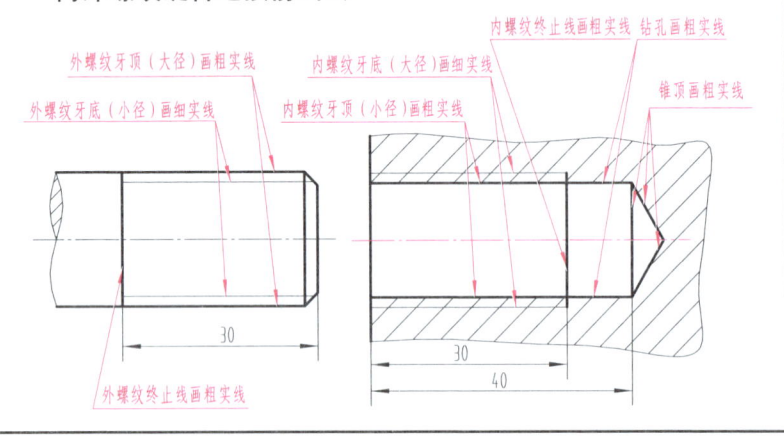

内外螺纹连接正确画法

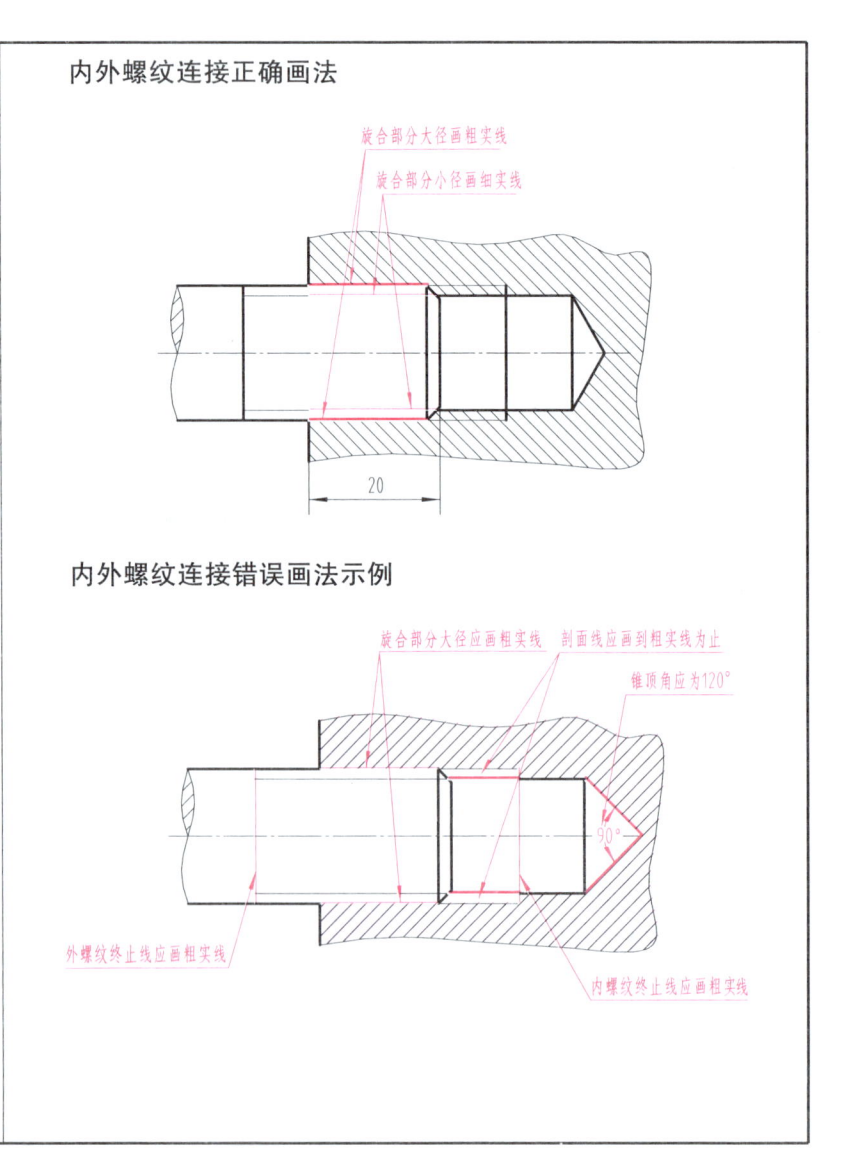

内外螺纹连接错误画法示例

例 10–2　螺栓连接画法示例

题目　分析改正螺栓连接三视图中的错误，补全缺画的图线。

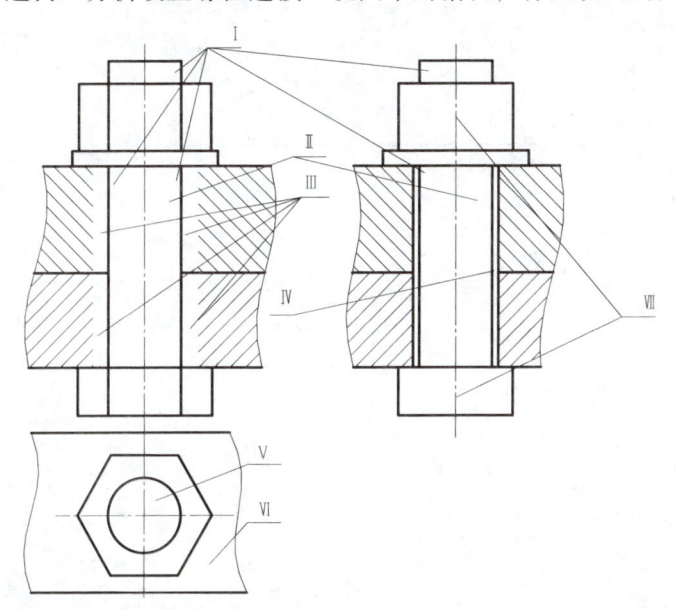

分析　根据规定，画螺栓连接剖视图时，螺栓、螺母、垫圈按视图画出；若零件与零件接触，则画一条线；若零件与零件不接触，则画两条线；螺栓的螺纹长度终止线画到上面零件顶面的下方；两个零件的剖面线不一样。

看图时从上往下看，主视图、左视图中，Ⅰ处漏画螺纹小径，Ⅱ处漏画螺纹终止线，Ⅲ处螺栓杆与零件孔壁不接触应是两条线，漏画孔的转向轮廓线，Ⅳ处零件的接触线应画到螺栓杆处，俯视图中，Ⅴ处漏画小径的 3/4 的细实线圆，Ⅵ处漏画垫圈的投影；左视图中，Ⅶ处漏画螺栓盘头、螺母的棱线。将以上漏画的图线补画上，如右图所示。

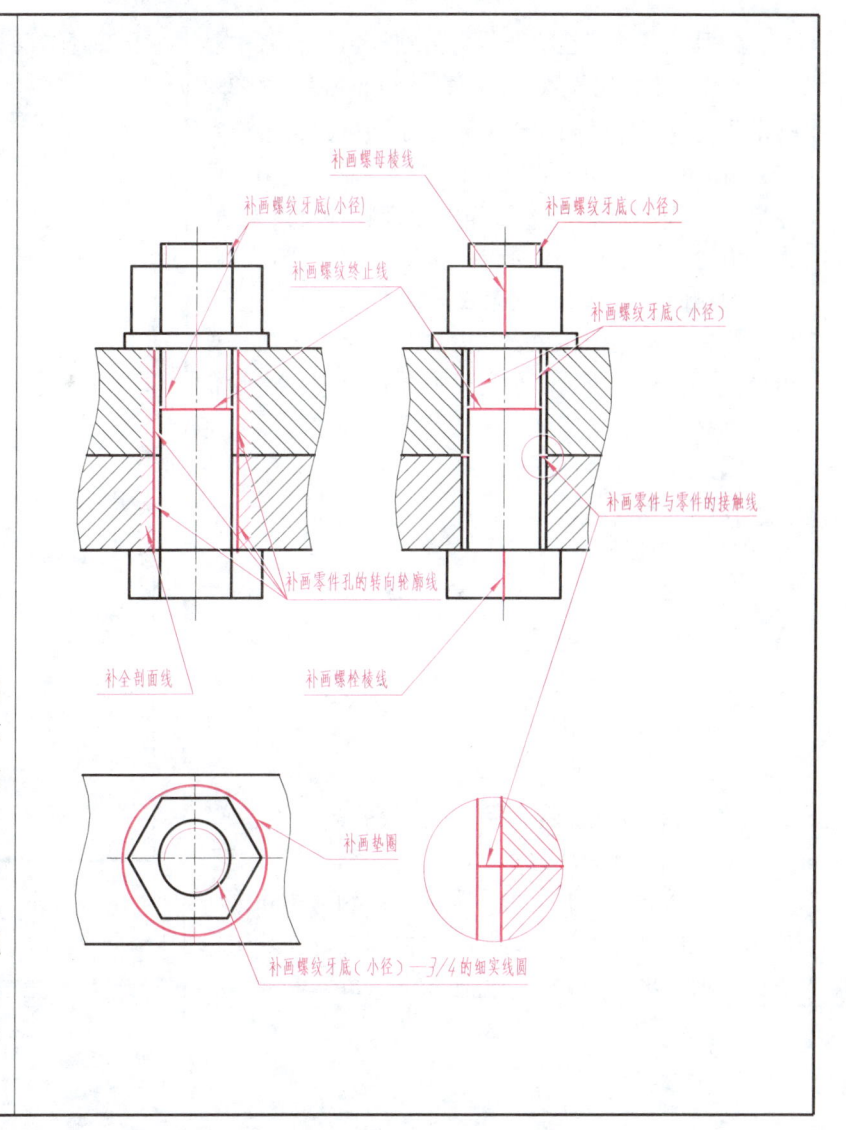

— 171 —

例 10-3　直齿圆柱齿轮的尺寸计算与绘图示例

题目　一对相互啮合的直齿圆柱齿轮，其中心距 $a=81$、小齿轮齿数 $z_1=25$，大齿轮齿数 $z_2=29$，画出小齿轮的零件图。小齿轮画成平板式，齿轮宽 22，齿轮轴孔直径为 $\phi 20H7$，齿轮与轴用键 6×14 连接；倒角 $C1$，齿轮各表面的表面粗糙度参数 Ra 为：齿轮表面、$\phi 20H7$ 孔为 $Ra3.2$，齿顶圆表面、键槽两侧面为 $Ra6.3$，其余表面为 $Ra12.5$。

分析　根据中心距、大齿轮及小齿轮齿数计算出模数，再根据模数、小齿轮齿数计算出小齿轮轮齿各部分尺寸，依据这些尺寸及已知尺寸按照规定画法画出齿轮的零件图。

作图步骤

（1）求模数：

$$m = 2a/(z_1+z_2) = 2\times 81/(25+29) = 3$$

（2）计算分度圆直径：

$$d_1 = m\times z_1 = 3\times 25 = 75$$

（3）计算齿顶圆直径：

$$d_a = m\times (z_1+2) = 3\times (25+2) = 81$$

（4）计算齿根圆直径：

$$d_f = m\times (z_1-2.5) = 3\times (25-2.5) = 67.5$$

（5）根据计算尺寸及已知尺寸绘制该齿轮的工作图。标注尺寸、尺寸公差、表面粗糙度、技术要求以及列出齿轮的模数、齿数和齿形角等参数。

解题结果

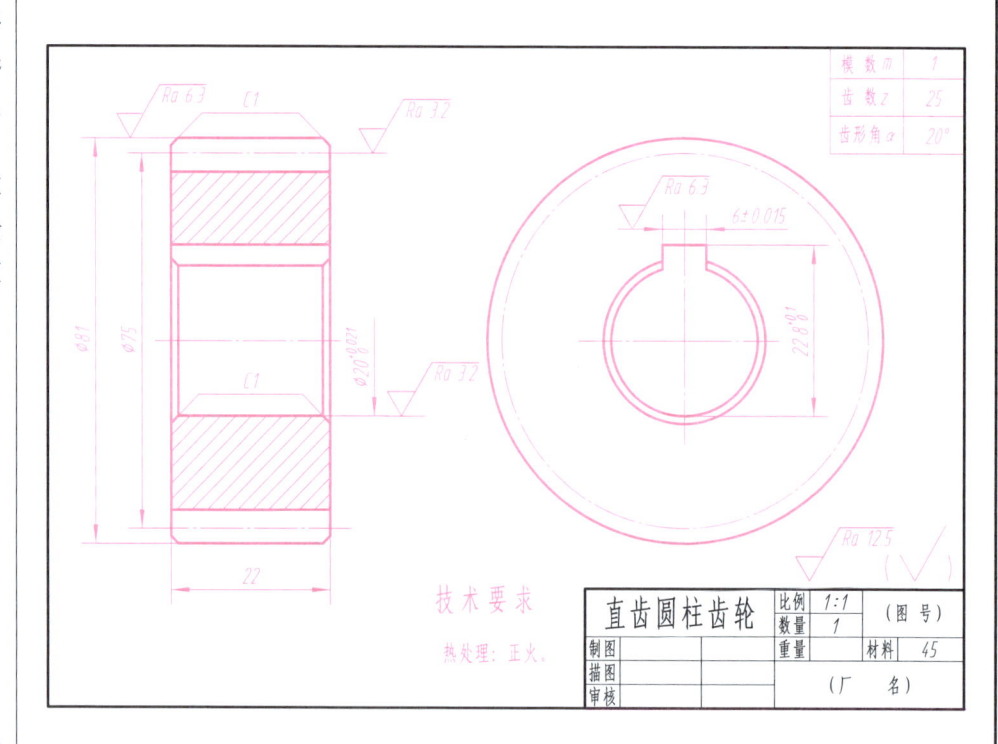

四、习题 10-1　分析图中错误画法，在其旁边画出正确的图形

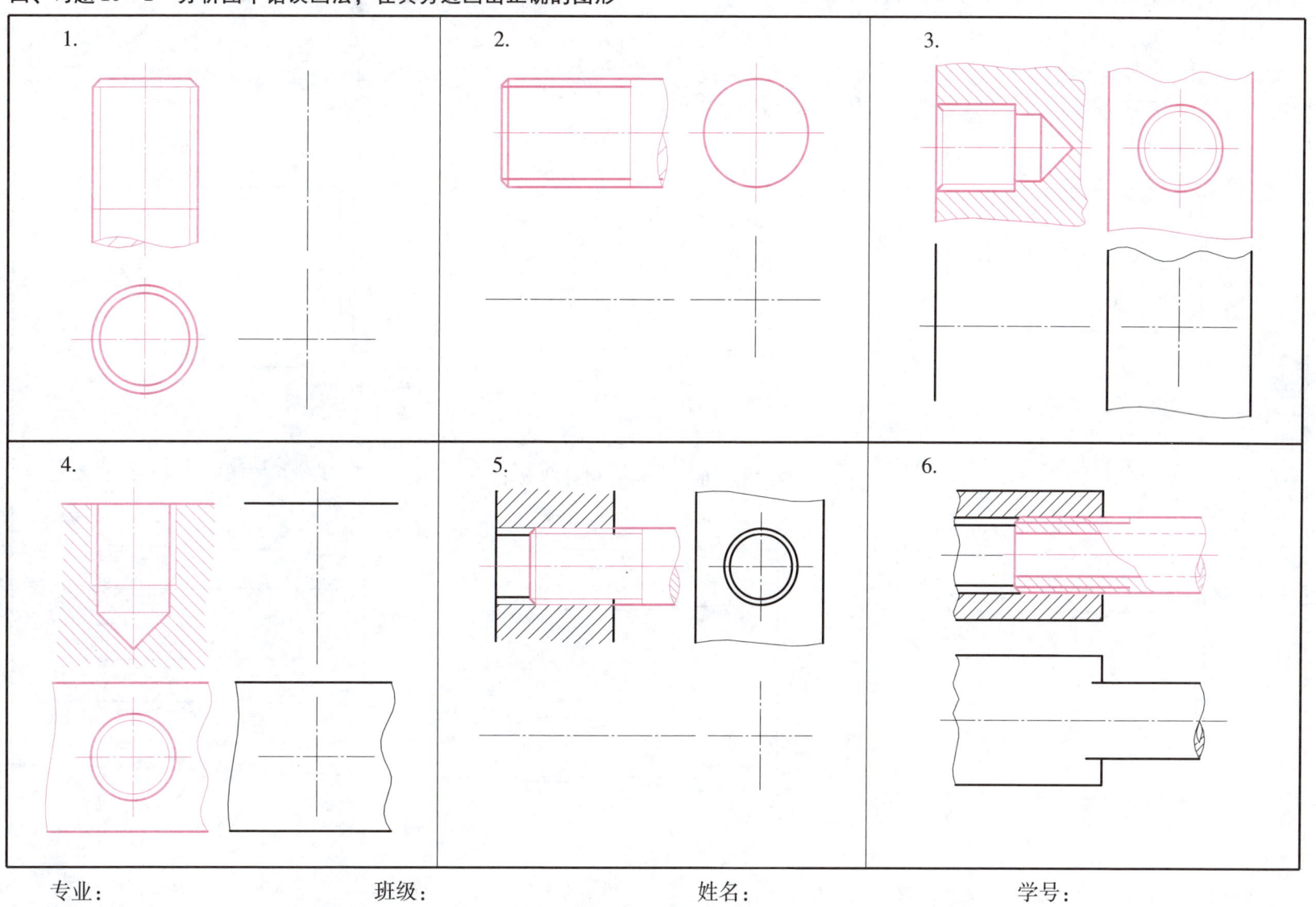

专业：　　　　　　　　班级：　　　　　　　　姓名：　　　　　　　　学号：

习题 10－2　根据给定螺纹要素，对各螺纹进行正确标注

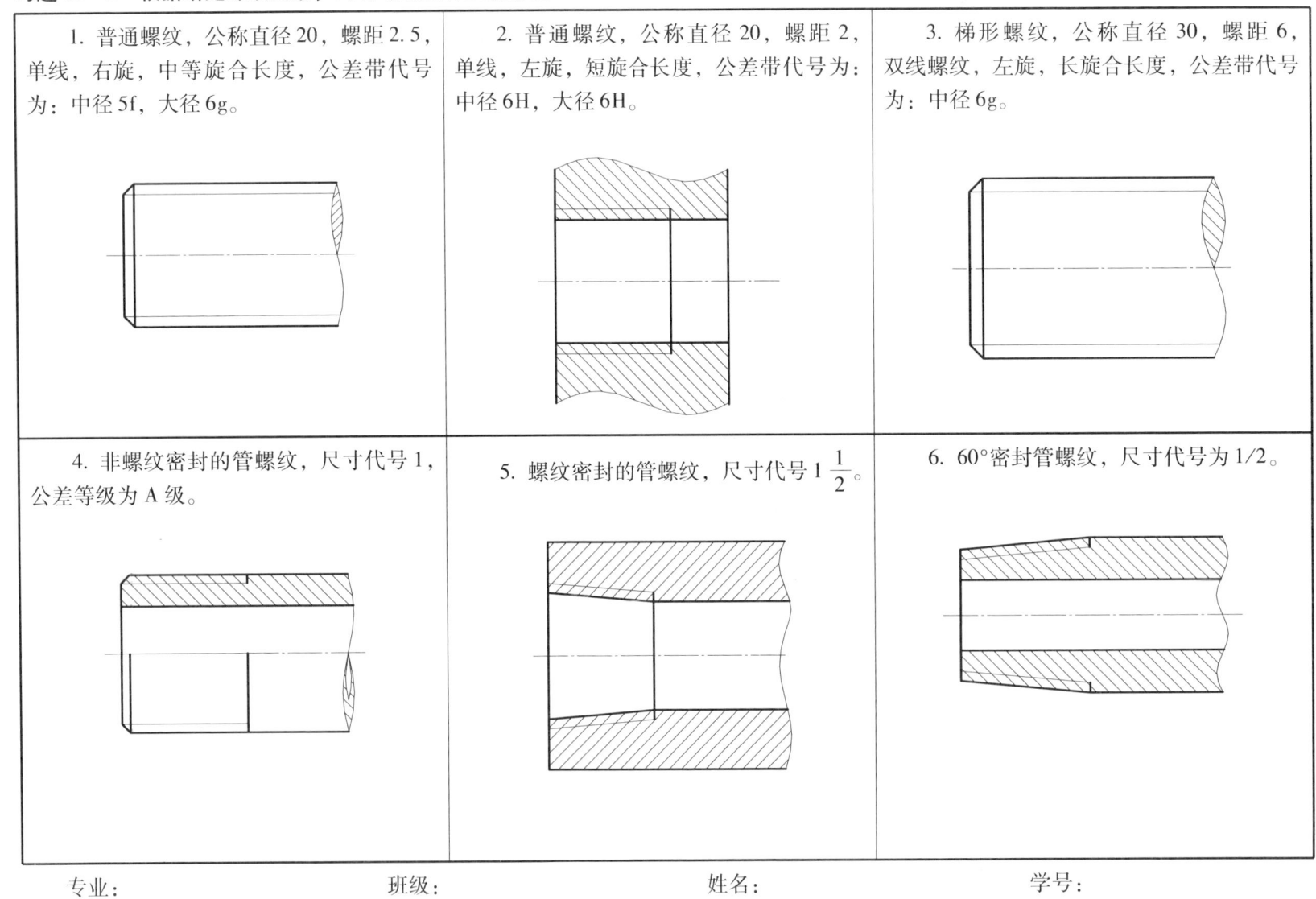

1. 普通螺纹，公称直径 20，螺距 2.5，单线，右旋，中等旋合长度，公差带代号为：中径 5f，大径 6g。	2. 普通螺纹，公称直径 20，螺距 2，单线，左旋，短旋合长度，公差带代号为：中径 6H，大径 6H。	3. 梯形螺纹，公称直径 30，螺距 6，双线螺纹，左旋，长旋合长度，公差带代号为：中径 6g。
4. 非螺纹密封的管螺纹，尺寸代号 1，公差等级为 A 级。	5. 螺纹密封的管螺纹，尺寸代号 $1\frac{1}{2}$。	6. 60°密封管螺纹，尺寸代号为 1/2。

专业：　　　　　　　　　班级：　　　　　　　　姓名：　　　　　　　　学号：

习题 10−3　查表确定下列螺纹紧固件尺寸，在图中标注出这些尺寸，并写出其标记

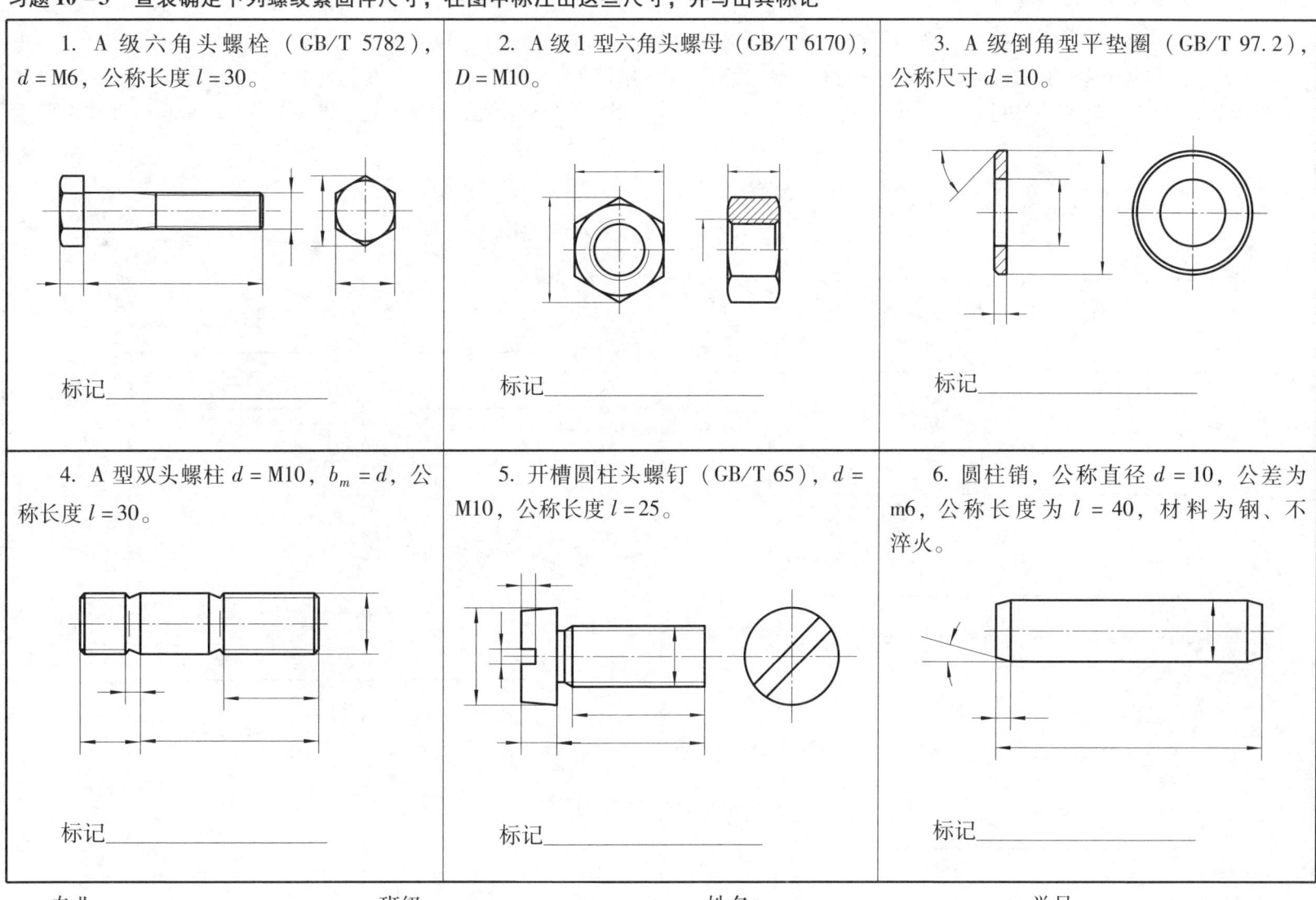

1. A级六角头螺栓（GB/T 5782），d = M6，公称长度 l = 30。	2. A级1型六角头螺母（GB/T 6170），D = M10。	3. A级倒角型平垫圈（GB/T 97.2），公称尺寸 d = 10。
标记_____	标记_____	标记_____
4. A型双头螺柱 d = M10，$b_m = d$，公称长度 l = 30。	5. 开槽圆柱头螺钉（GB/T 65），d = M10，公称长度 l = 25。	6. 圆柱销，公称直径 d = 10，公差为 m6，公称长度为 l = 40，材料为钢、不淬火。
标记_____	标记_____	标记_____

专业：　　　　　　　班级：　　　　　　　姓名：　　　　　　　学号：

习题 10-4　螺纹紧固件连接的画法

1. 用 M16 的螺栓（GB/T 5782）、螺母（GB/T 6170）及垫圈（GB/T 97.1）将两个零件连接起来，试选定螺栓的公称长度，作出其连接的主视图和俯视图，并注上尺寸 l 的数值。

2. 用 M16 的双头螺柱（GB/T 898）、螺母（GB/T 6170）及垫圈（GB/T 93）将两个材料为铸铁的零件连接起来，试选定双头螺柱的公称长度，作出其连接的主视图和俯视图，并注上尺寸 l、H_1、H_2 的数值。

专业：　　　　　　班级：　　　　　　姓名：　　　　　　学号：

习题 10-5 螺纹紧固件连接的画法

1. 用 M16 的内六角圆柱头螺钉（GB/T 70.1）将两个材料为钢的零件连接起来，试选定螺钉的公称长度，作出其连接的主视图和俯视图，并注上尺寸 l 的数值。

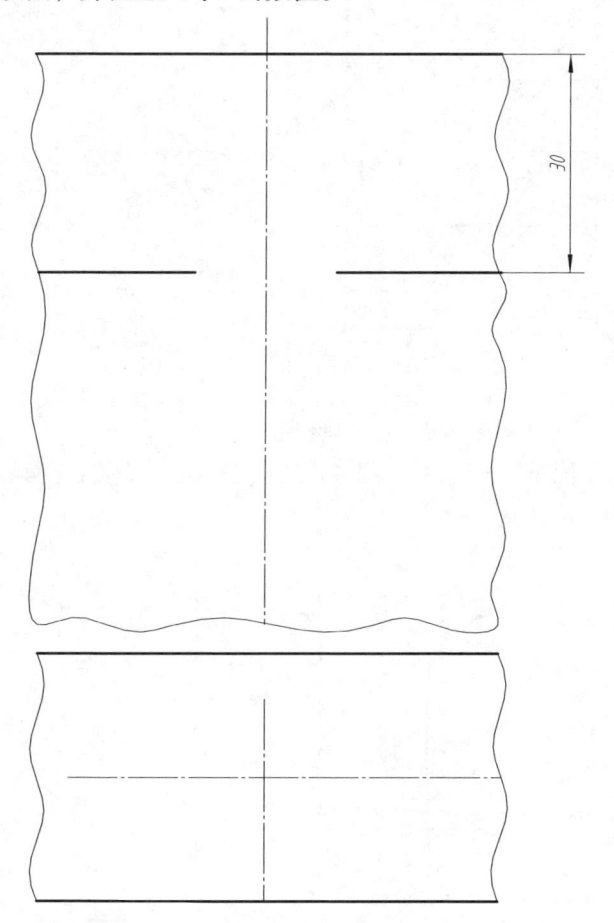

2. 用 M8 的开槽沉头螺钉（GB/T 68）将两个材料为钢的零件连接起来，试选定螺钉的公称长度，用 2∶1 的比例作出其连接的主视图和俯视图，并注上尺寸 l、H_1、H_2 的数值。

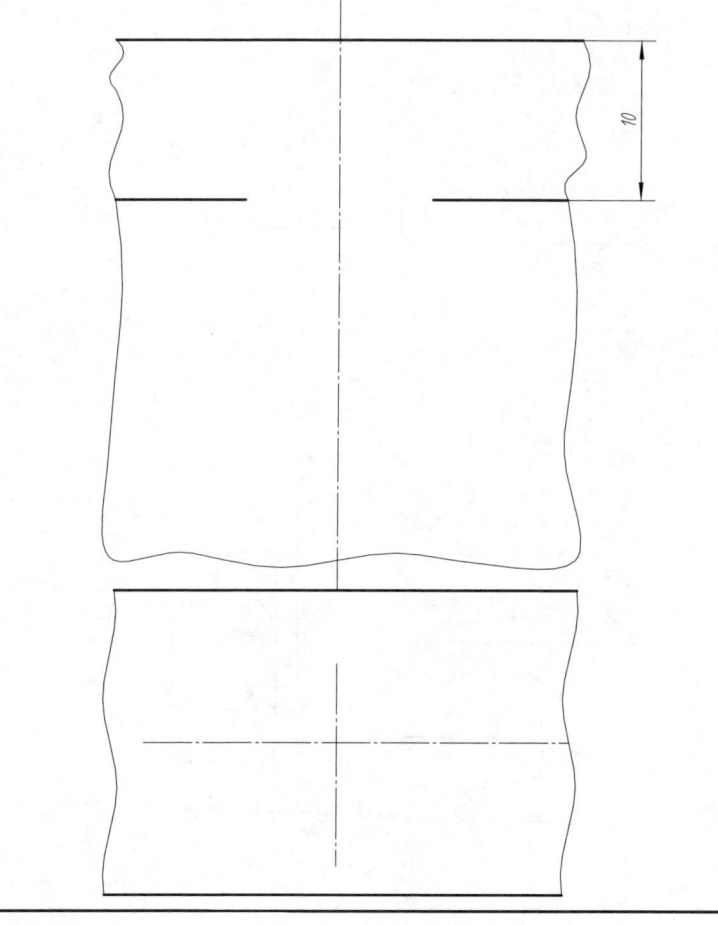

习题 10-6　键、销的标记及连接的画法

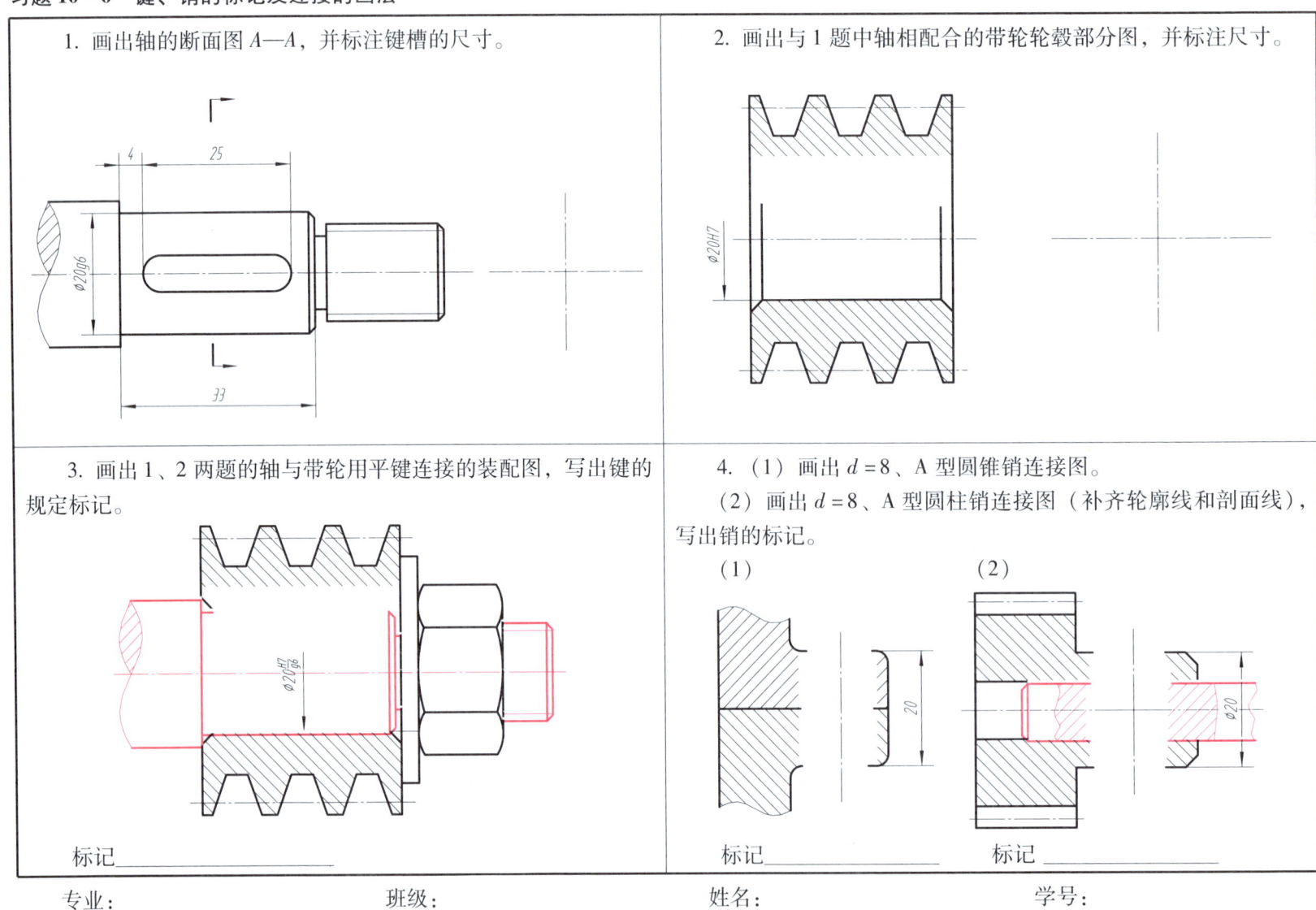

1. 画出轴的断面图 A—A，并标注键槽的尺寸。

2. 画出与 1 题中轴相配合的带轮轮毂部分图，并标注尺寸。

3. 画出 1、2 两题的轴与带轮用平键连接的装配图，写出键的规定标记。

标记_____

4. （1）画出 d = 8、A 型圆锥销连接图。
（2）画出 d = 8、A 型圆柱销连接图（补齐轮廓线和剖面线），写出销的标记。

(1)　　　(2)

标记_____　　　标记_____

专业：　　　　　班级：　　　　　姓名：　　　　　学号：

习题 10-7　轴承、弹簧的画法

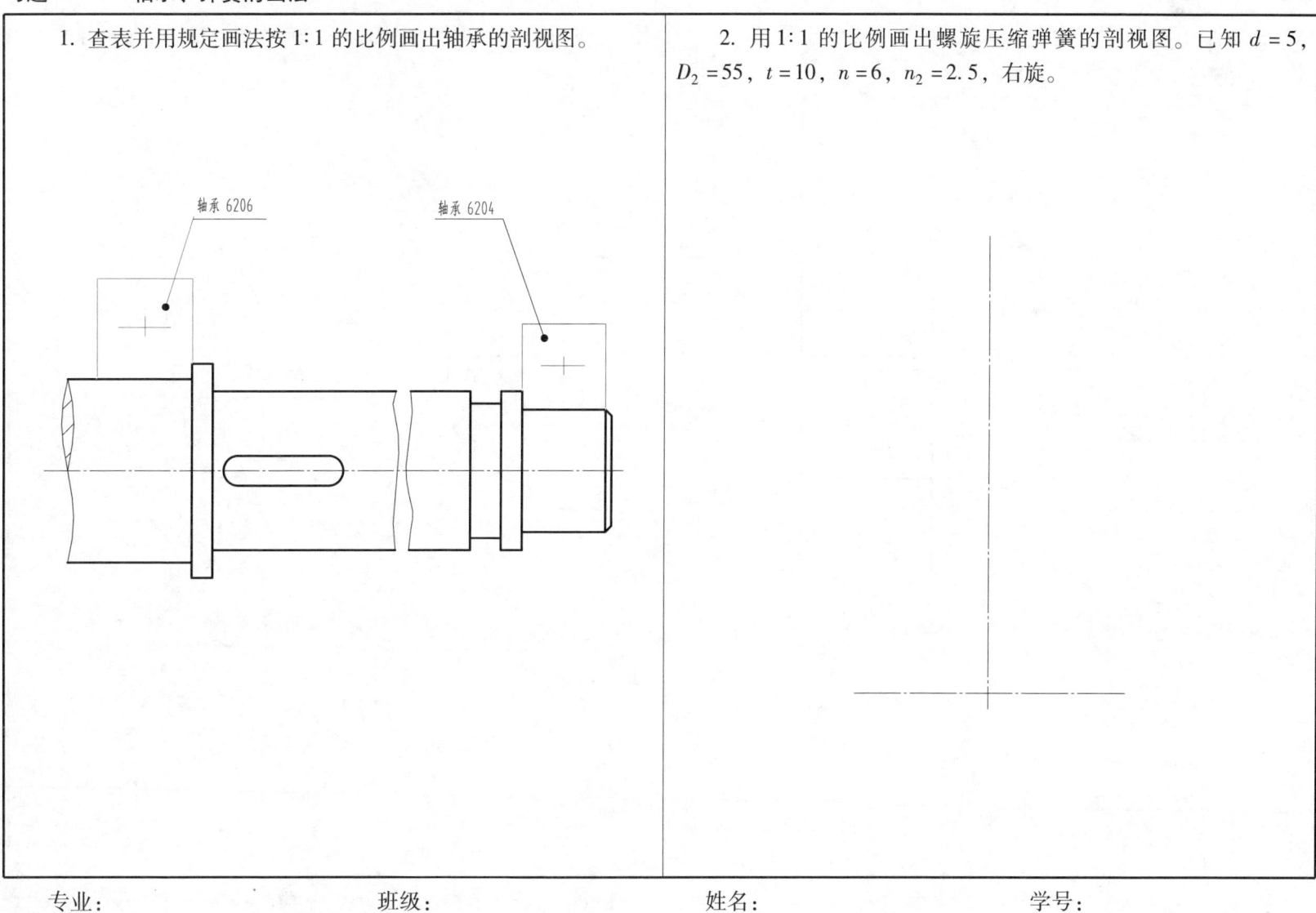

1. 查表并用规定画法按 1:1 的比例画出轴承的剖视图。

轴承 6206　　　轴承 6204

2. 用 1:1 的比例画出螺旋压缩弹簧的剖视图。已知 $d=5$，$D_2=55$，$t=10$，$n=6$，$n_2=2.5$，右旋。

专业：　　　　　　　　班级：　　　　　　　　姓名：　　　　　　　　学号：

习题 10−8　直齿圆柱齿轮的规定画法

已知直齿圆柱齿轮的模数 $m=3$，齿数 $z=22$，列式计算齿顶圆直径、分度圆直径、齿根圆直径，补全两视图并标注轮齿尺寸。

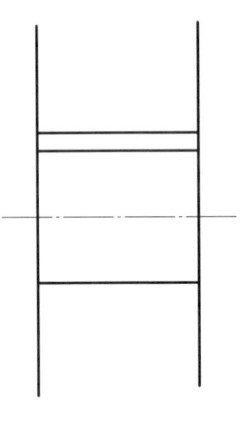

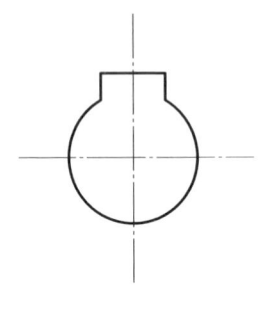

专业：　　　　　　　　　班级：　　　　　　　　　姓名：　　　　　　　　　学号：

习题 10-9　直齿圆柱齿轮的啮合画法

已知大齿轮的模数 $m = 3$，齿数 $z_2 = 22$，两齿轮的中心距 $a = 57$，试计算两齿轮的分度圆、齿顶圆和齿根圆的直径及传动比。采用 1∶1 的比例完成下列直齿圆柱齿轮的啮合图。将计算公式及计算过程写在左侧空白处。

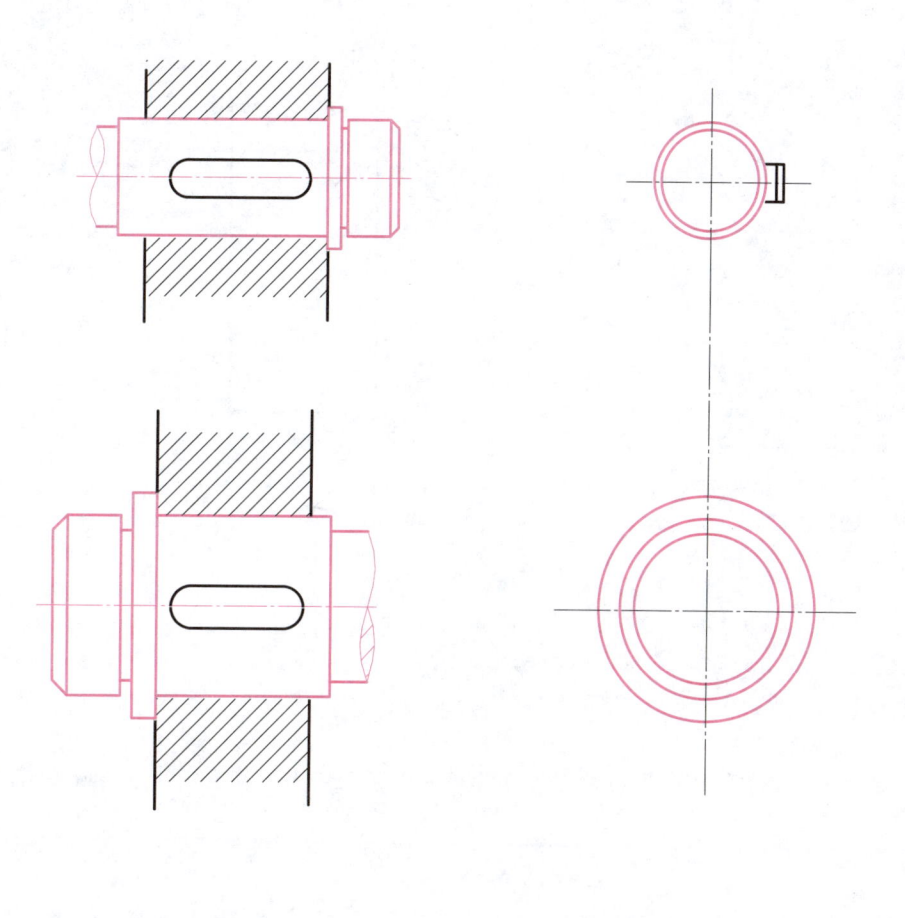

专业：　　　　　　班级：　　　　　　姓名：　　　　　　学号：

习题 10－10　锥齿轮啮合、蜗轮与蜗杆的啮合画法

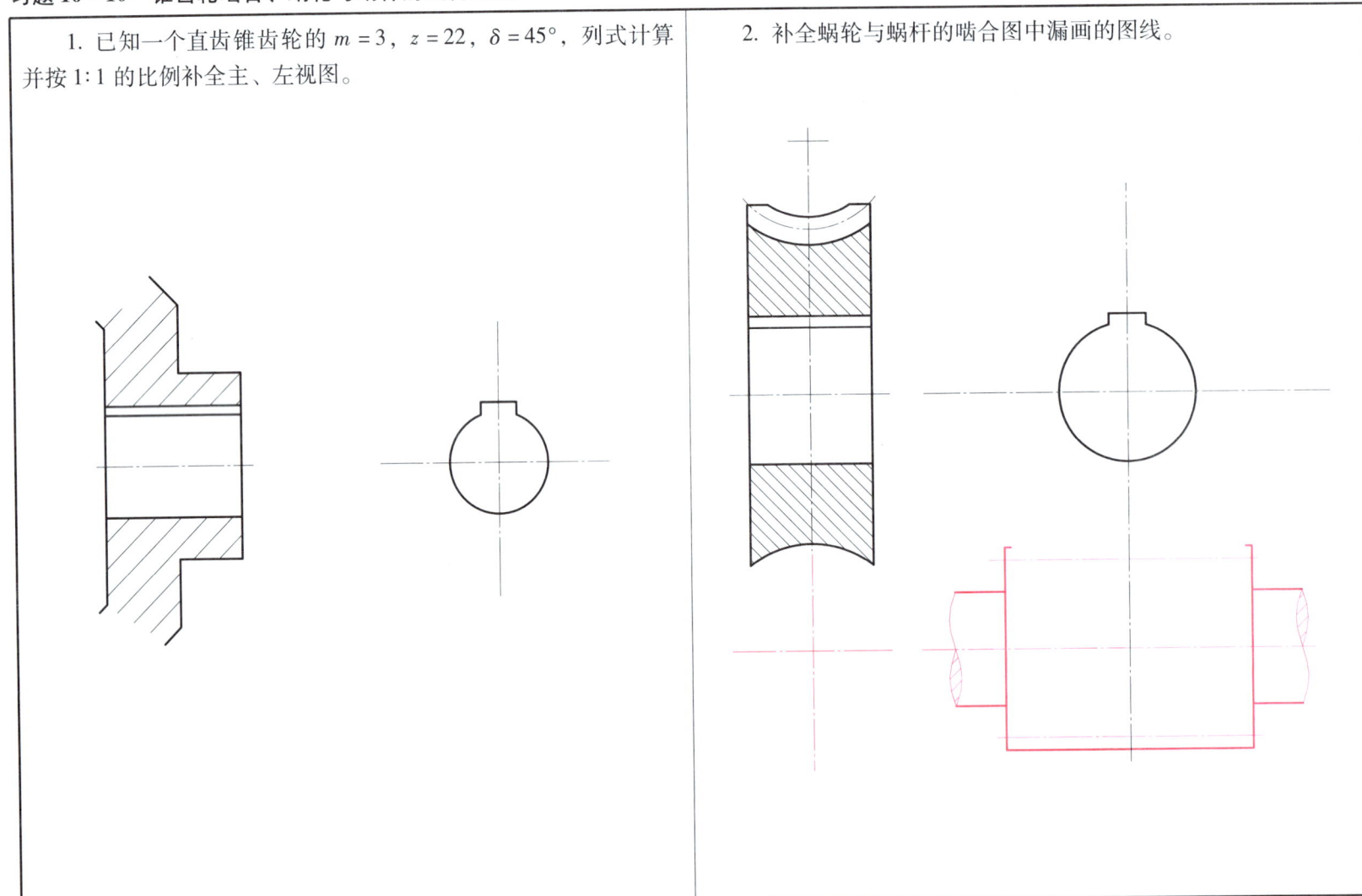

1. 已知一个直齿锥齿轮的 $m=3$，$z=22$，$\delta=45°$，列式计算并按 1:1 的比例补全主、左视图。

2. 补全蜗轮与蜗杆的啮合图中漏画的图线。

专业：　　　　　　　　班级：　　　　　　　　姓名：　　　　　　　　学号：

第11章 装 配 图

一、内容概要

1. 目的要求。

装配图是表达部件或机器的图样。它反映部件或机器的工作原理、传动路线和零件间的装配关系以及对其提出的技术要求等重要内容。图样所表达的对象是部件或机器的整体状况，在表达方法、尺寸标注、技术要求等多方面都与零件图有所不同，针对这些特殊性，机械制图国家标准制定了装配图的规定画法与特殊表达方法，学习本章的目的就是要掌握这些规定，并将其正确地运用于绘制和阅读装配图的实践中。

2. 重点、难点。

（1）装配图的规定画法：重点掌握相邻两个零件的接触面与非接触面在图样上的处理方法、实心轴等零件在剖视图中的规定表达方法。

（2）部件的特殊表达方法：重点掌握沿零件的结合面剖切以及拆卸画法、展开画法、假想画法。

（3）看装配图：重点把握工作原理和装配关系分析、尺寸分析。

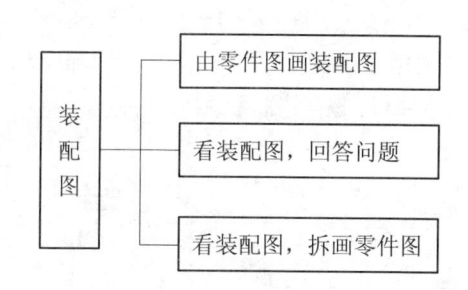

二、题目类型

装配图
- 由零件图画装配图
- 看装配图，回答问题
- 看装配图，拆画零件图

考试时一般考核看装配图，回答问题，并拆画零件图内容，主要考核以下内容：

（1）能看懂装配图，掌握根据装配图拆画零件图的方法。

（2）清楚装配图的表达方式，掌握各零件之间的装配连接关系，了解装配体中各零件的拆卸顺序。

（3）装配图中各项尺寸标注的含义。

（4）极限与配合的标注和含义。

前一项通过拆画指定的零件图进行考核，后三项通过解释（填空）进行考核。

专业：　　　　　班级：　　　　　姓名：　　　　　学号：

三、示例及解题方法　例 11-1　看装配图示例

题目　读铣刀头装配图（下页图），回答下列问题。

1. 填空

（1）主视图中 155 为_____尺寸，115 为_____尺寸。

（2）左视图采用了拆卸画法、_____剖和简化画法。

（3）欲拆下件 5，必须按顺序拆出件_____，便可取下件 5。

（4）在配合尺寸 φ28H8/k7 中，其中 φ28 是_____尺寸，H 表示_____，k 表示_____，8、7 表示_____，该配合尺寸属于_____制_____配合。

2. 画出件 8 的主视图（外形图，不画虚线）和 B—B 剖视图（按图形实际大小画图，不注尺寸）。

铣刀头工作原理：铣刀头是一小型铣削加工用部件。铣刀头（右端双点画线所示）通过件 16、15、14 与件 7 固定，件 7（轴）通过件 4（带轮）和件 5（键）传递运动，使件 7 旋转，从而带动铣刀头旋转进行铣削加工。

分析　看装配图回答问题时，应首先参看部件的工作原理介绍，仔细阅读装配图，了解部件的工作用途、工作原理和零件间的装配关系。

（1）装配图上一般标注的尺寸有：特征尺寸、装配尺寸、安装尺寸、外形尺寸、其他主要尺寸，通过读图确认 155 和 115 皆为安装尺寸。

（2）第 2 问考核的是装配图的表达方法，应包括零件的各种表达方法和部件的特殊表达方法。

（3）第 3 问需看懂铣刀头的装配关系方能回答。

（4）第 4 问考核的是极限与配合内容。

填空题答案

（1）安装，安装。

（2）局部。

（3）2、3、4。

（4）基本，基准孔代号，基本偏差代号，公差等级，基孔，过渡。

件 8 的主视图的外形图和 B—B 剖视图如下：

（主视外形图）

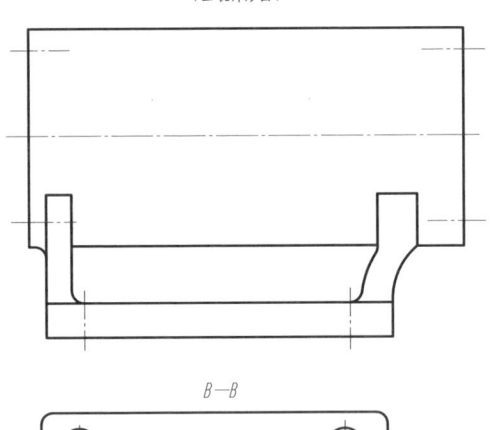

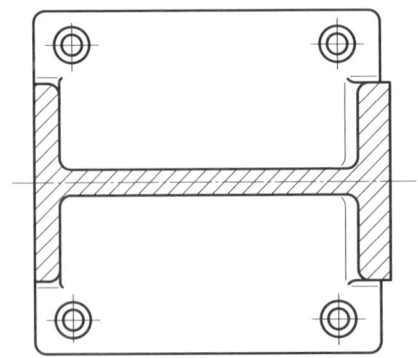

B—B

例 11-1　铣刀头装配图

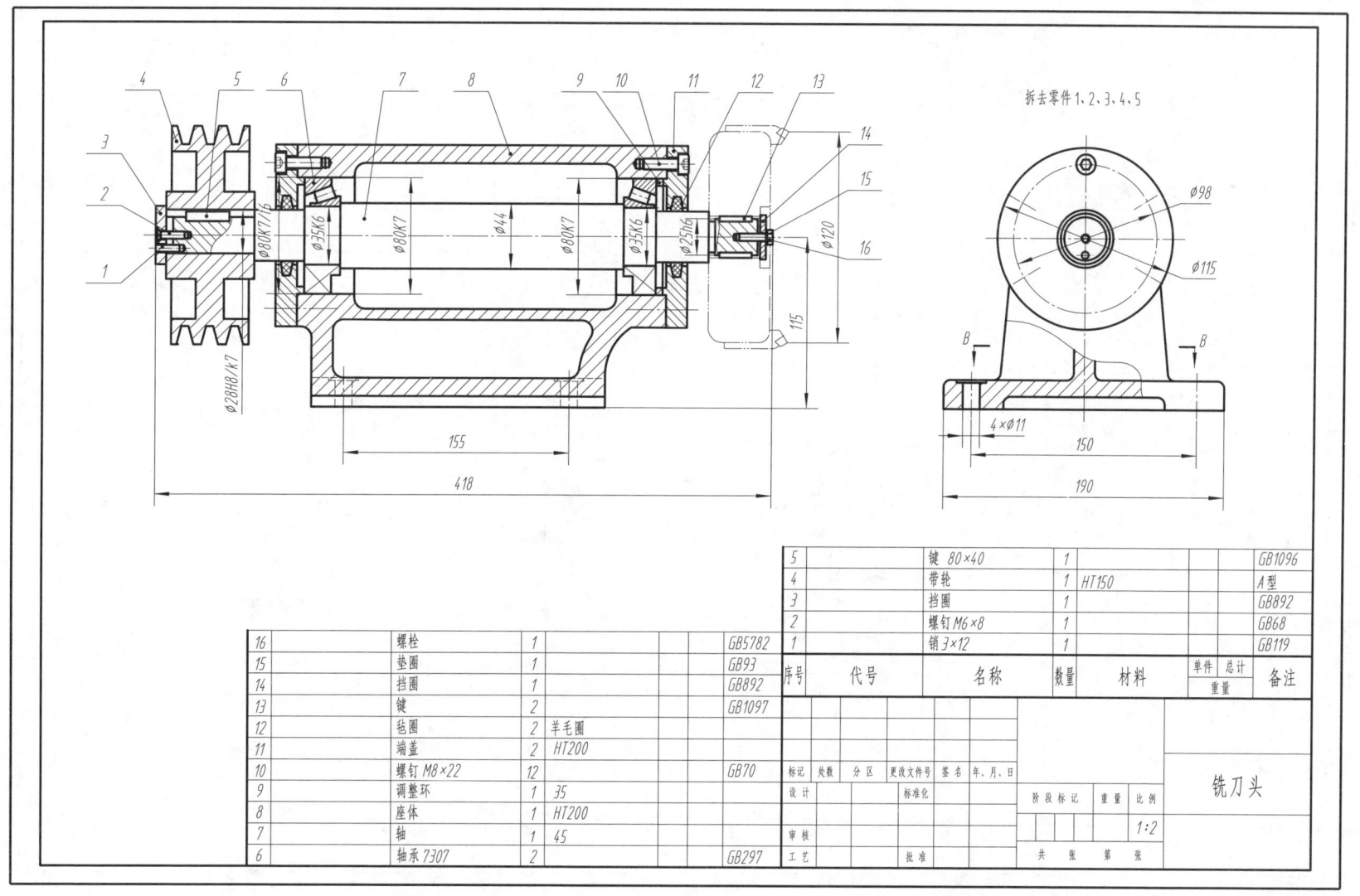

拆去零件1、2、3、4、5

5		键 80×40	1			GB1096
4		带轮	1	HT150		A型
3		挡圈	1			GB892
2		螺钉 M6×8	1			GB68
1		销 3×12	1			GB119
16		螺栓	1			GB5782
15		垫圈	1			GB93
14		挡圈	1			GB892
13		键	2			GB1097
12		毡圈	2	羊毛圈		
11		端盖	2	HT200		
10		螺钉 M8×22	12			GB70
9		调整环	1	35		
8		座体	1	HT200		
7		轴	1	45		
6		轴承 7307	2			GB297

铣刀头
比例 1:2

四、习题 11-1　由零件图拼画装配图

作业指导书

1. 目的

熟悉和掌握装配图的内容及表达方法。

2. 内容与要求

(1) 仔细阅读千斤顶的零件图（见习题 11-2、习题 11-3），并参照千斤顶装配示意图，拼画千斤顶装配图。

(2) 绘图比例及图纸幅面，根据千斤顶零件图的尺寸自己确定。

3. 注意事项

(1) 参考千斤顶的装配示意图和动画演示，搞清千斤顶的工作原理及各个零件的装配、连接关系。

(2) 根据千斤顶的装配示意图及零件图，选定表达方案。要先在草稿纸上试画，经检查无误后，再正式绘制。

(3) 标准件要查阅有关标准确定。

(4) 应注意，相邻零件剖面线的方向和间隔要有明显的区别。

4. 图例

千斤顶装配示意图见右图，千斤顶零件图见习题 11-2、习题 11-3。

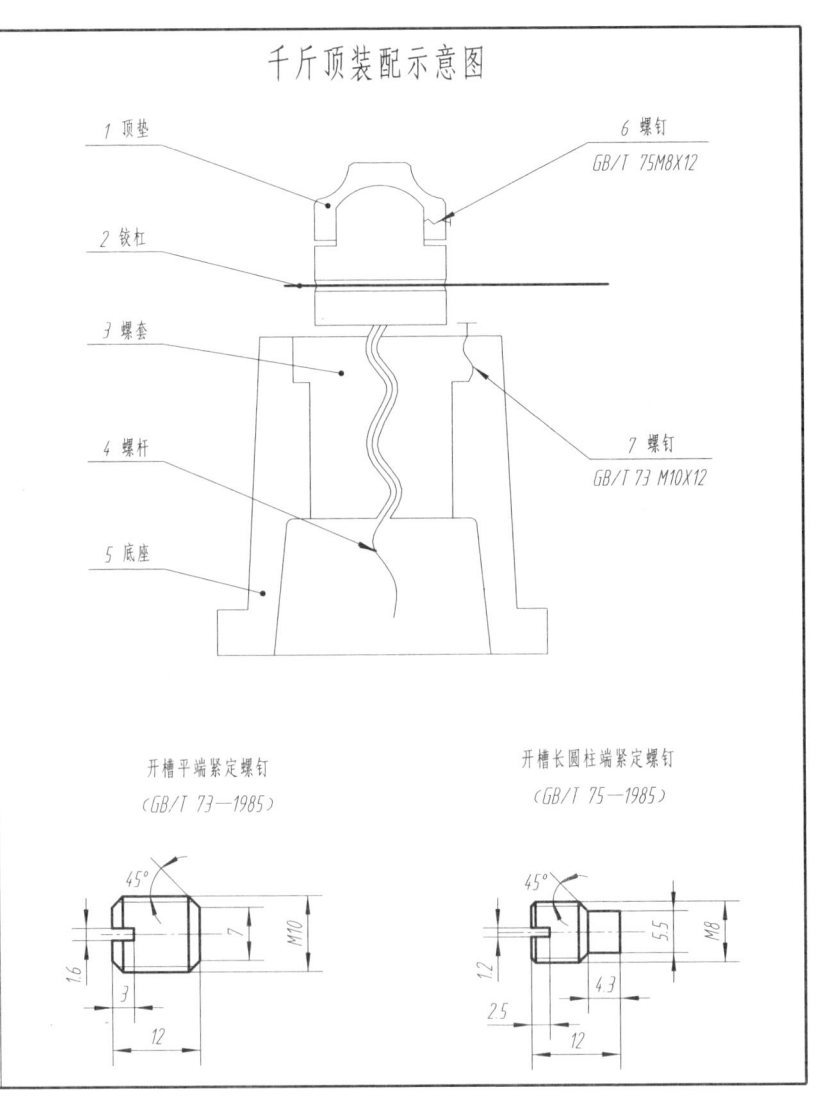

千斤顶装配示意图

1 顶垫　2 铰杠　3 螺套　4 螺杆　5 底座　6 螺钉 GB/T 75 M8×12　7 螺钉 GB/T 73 M10×12

开槽平端紧定螺钉 (GB/T 73—1985)

开槽长圆柱端紧定螺钉 (GB/T 75—1985)

专业：　　　　　班级：　　　　　姓名：　　　　　学号：

习题 11-2　千斤顶零件图（一）

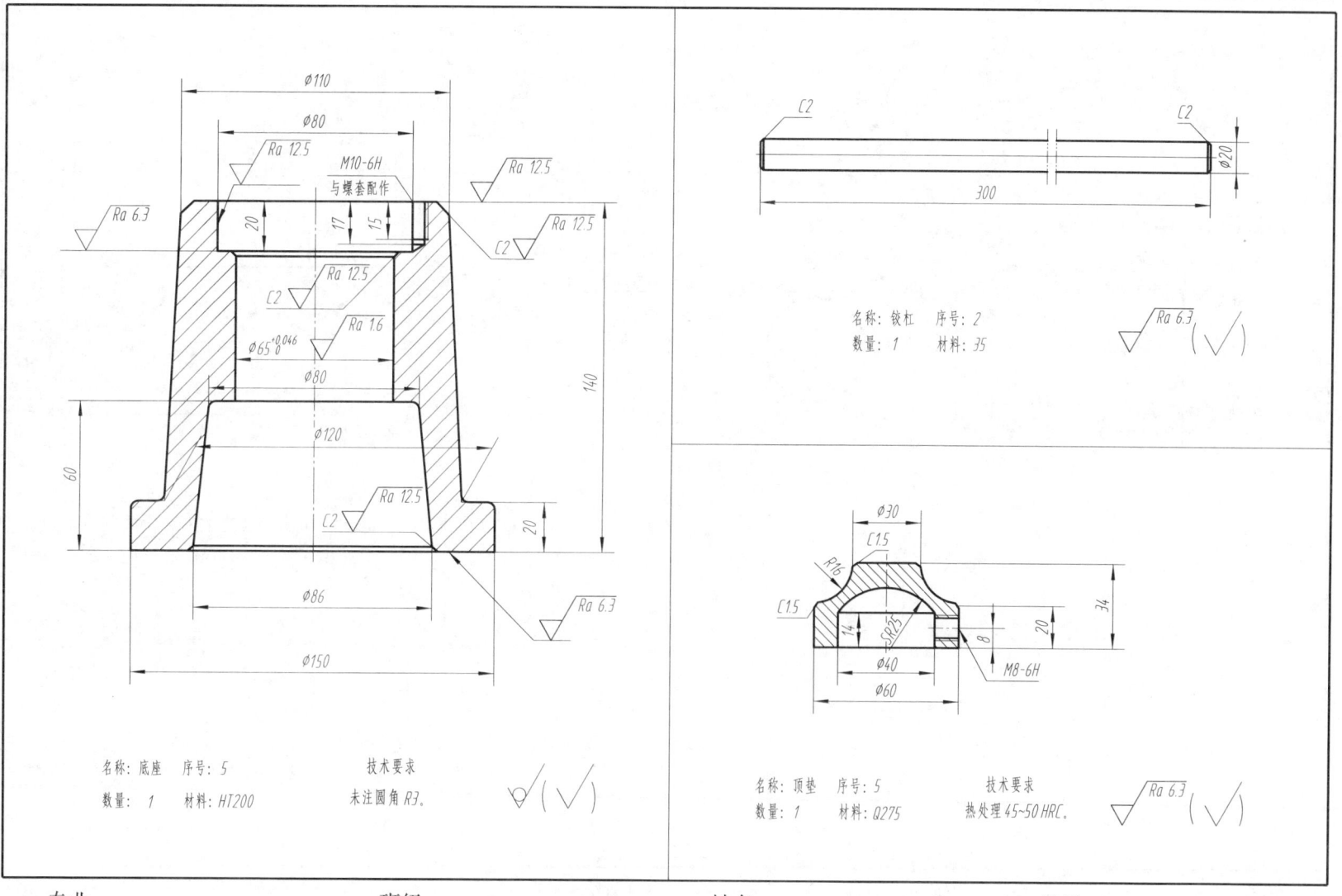

习题 11-3　千斤顶零件图（二）

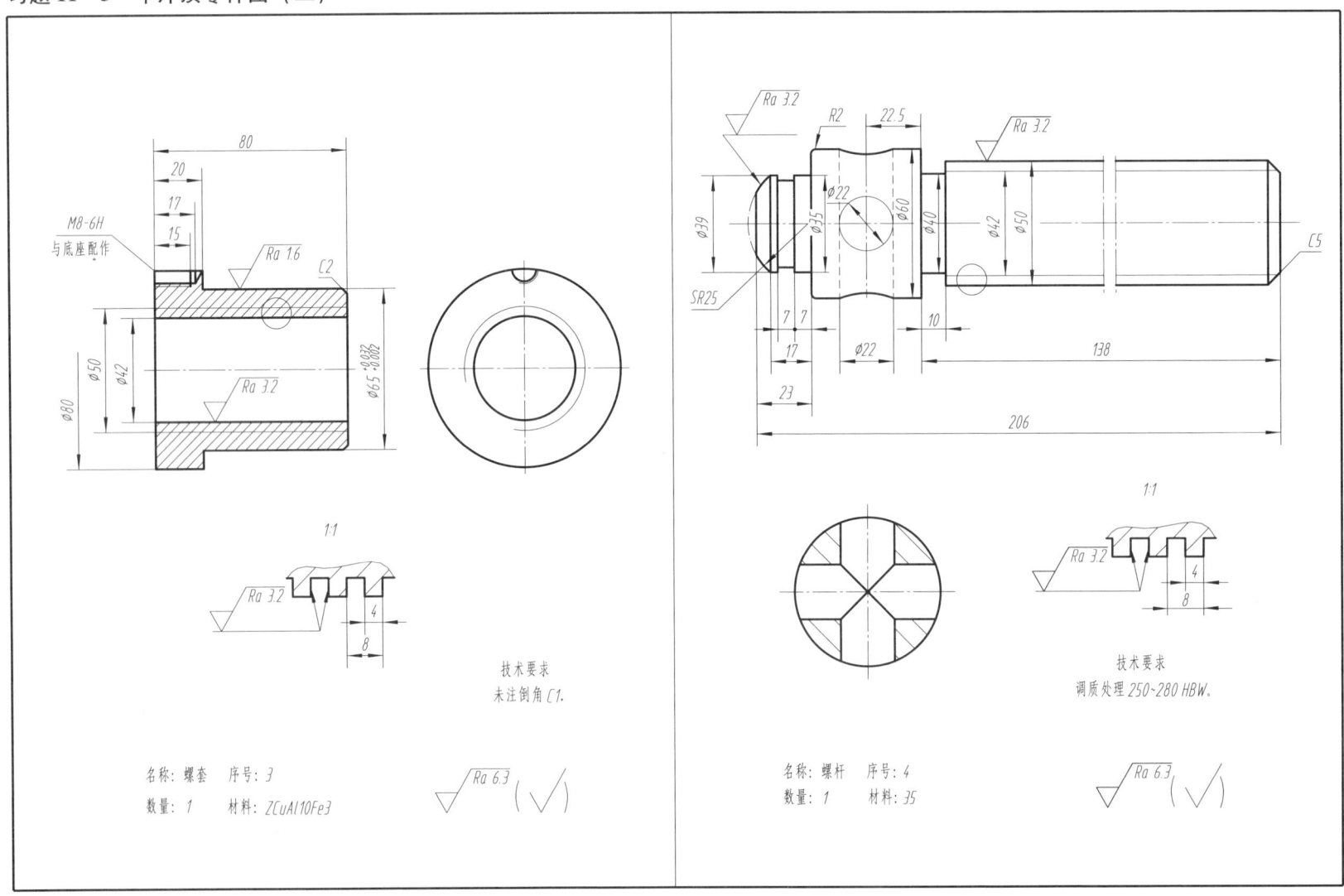

习题 11-4　由零件图拼画装配图

作业指导书

1. 作业目的

　　熟悉装配体中零件的装配关系和装拆顺序，培养由零件图画装配图的能力。

2. 内容与要求

（1）根据回油阀零件图上的尺寸，按1∶1拼画装配图。

（2）恰当地确定回油阀的表达方案，清晰地表达回油阀的工作原理、装配关系及零件的主要结构形状。

（3）正确地标注装配图上的尺寸和技术要求。

3. 注意事项

（1）仔细阅读每张零件图，想出零件的结构形状；参看回油阀装配示意图，弄清回油阀的工作原理、各零件间的装配关系和零件的作用。

（2）选定回油阀的表达方案后，要先画主体零件，然后按一定顺序拼画装配图。注意正确运用装配图的规定画法、特殊表达方法和简化画法。

（3）注意装配结构的合理性以及相关零件间尺寸的协调关系。

（4）标注必要的尺寸，编写零件序号、填写明细栏、标题栏和技术要求。

（5）标题栏和明细栏按教材绘制。明细栏中的序号应按自下而上顺序排列，并与图上的序号一致。

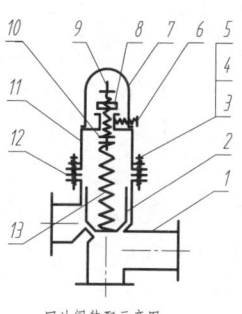

回油阀装配示意图

序号	代号	名称	数量	材料	备注
13		弹簧	1	65Mn	
12		垫片	1	纸板	
11		阀盖	1	ZL102	
10		弹簧垫	1	H62	
9		螺杆	1	35	
8	GB/T 6170	螺母 M16	1		
7		罩子	1	ZL102	
6	GB/T 75	螺钉 M6×16	1		
5	GB/T 97.1	垫圈 12	4		
4	GB/T 6170	螺母 M12	4		
3	GB/T 899	螺柱 M12×35	4		
2		阀芯	1	H62	
1		阀体	1	ZL102	

回油阀　　共　张第　张

制图　　　　比例 1∶1
描图
审核

专业：　　　　　班级：　　　　　姓名：　　　　　学号：

习题 11-5　回油阀工作原理和零件图（一）

回油阀工作原理

回油阀是供油管路上的装置。

在正常工作时，阀芯 2 靠弹簧 13 的压力处在关闭位置，此时油从阀体右孔流入，经阀体下部的孔进入导管。

当导管中油压增高超过弹簧压力时，阀芯被顶开，油就顺阀体左端孔经另一导管流回油箱，以保证管路的安全。

弹簧压力的大小靠螺杆 9 来调节。为防止螺杆松动，在螺杆上部用螺母 8 拧紧。罩子 7 用来保护螺杆。阀芯两侧有小圆孔，其作用是使进入阀芯内腔的油流出来。阀芯的内腔底部有螺孔，是供拆卸时用的。阀体 1 与阀盖 11 采用四个螺柱连接，中间有垫片 12 以防漏油。

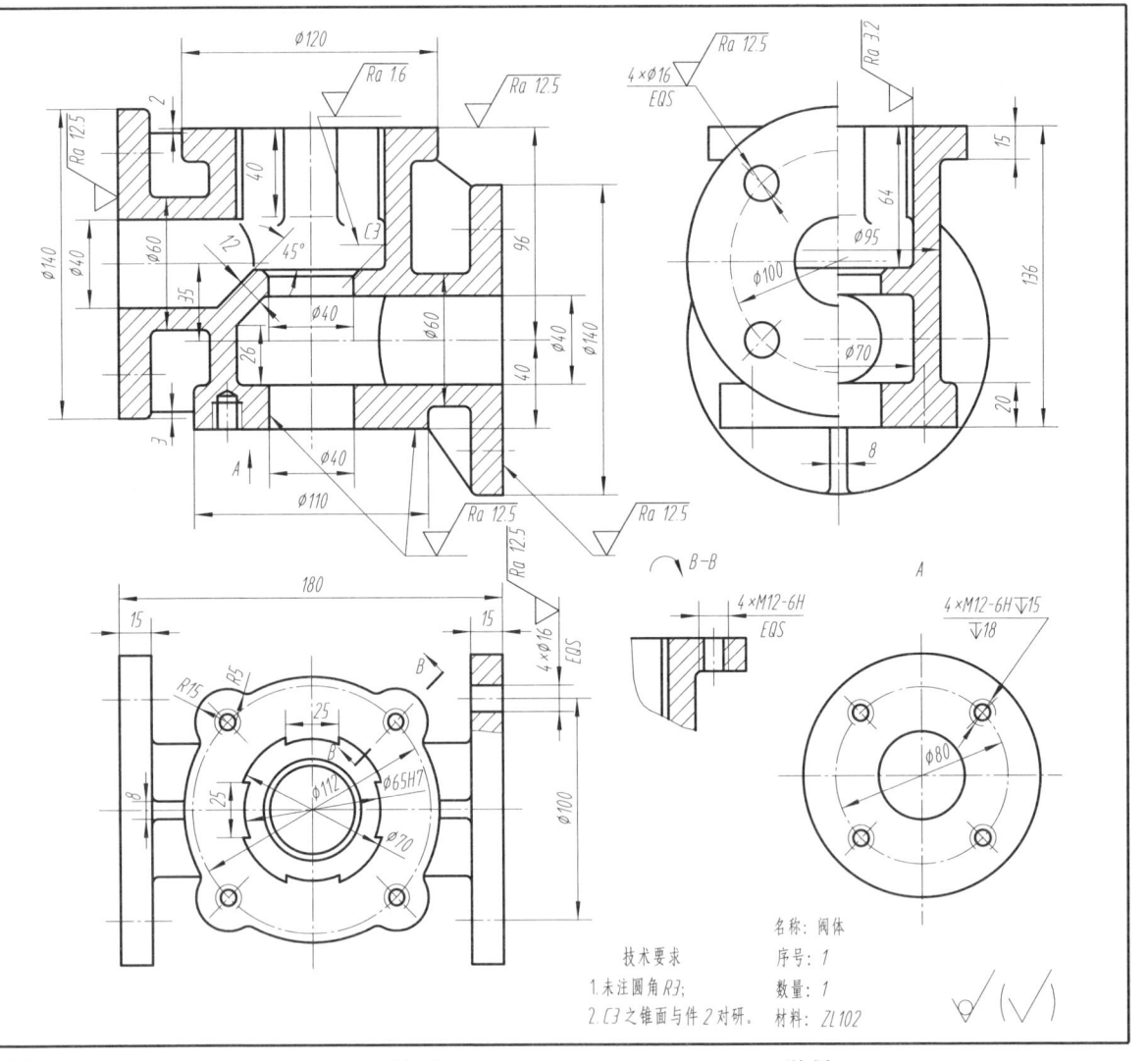

技术要求
1. 未注圆角 R3；
2. C3 之锥面与件 2 对研。

名称：阀体
序号：1
数量：1
材料：ZL102

习题 11-6　回油阀零件图（二）

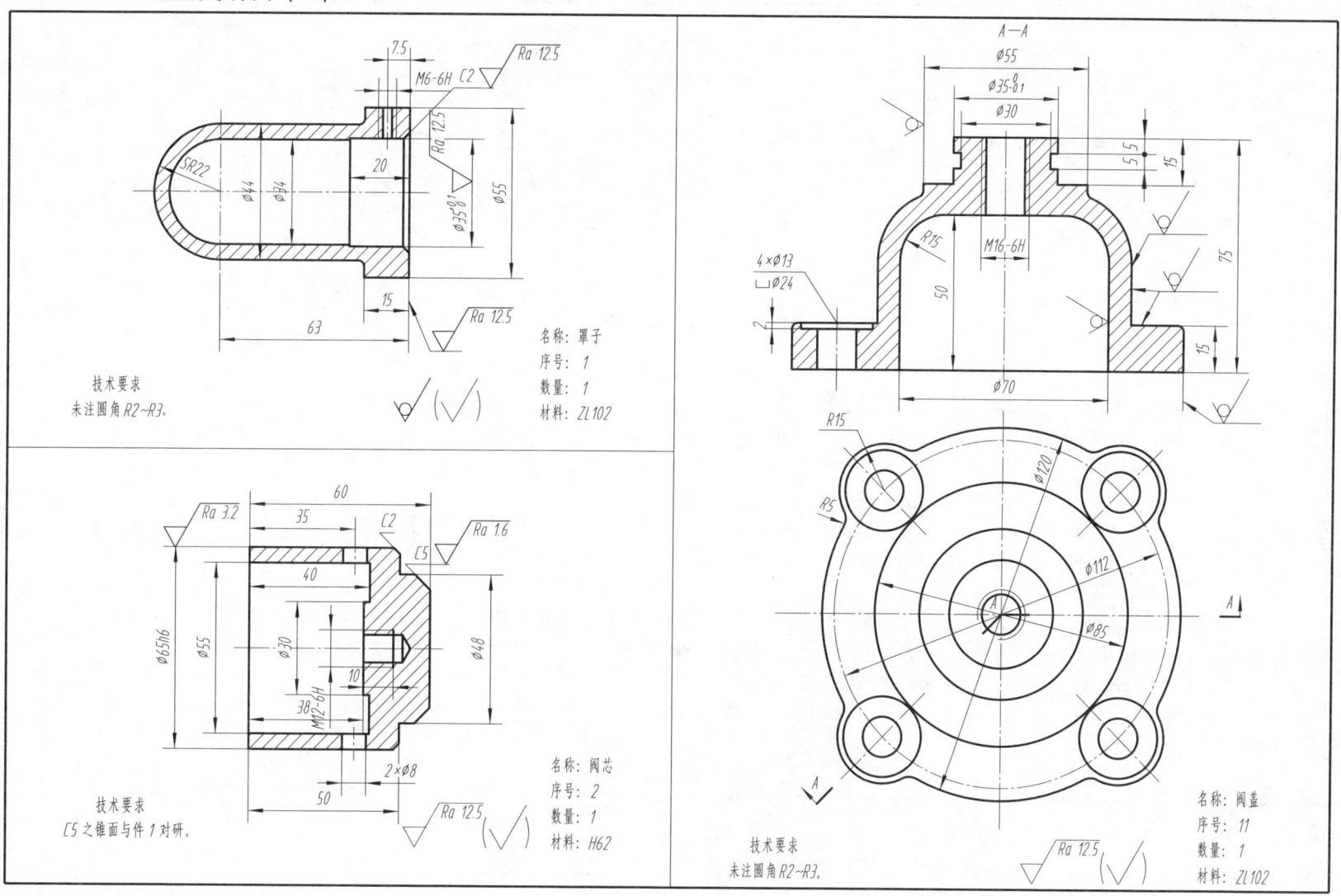

习题 11-7　回油阀零件图（三）

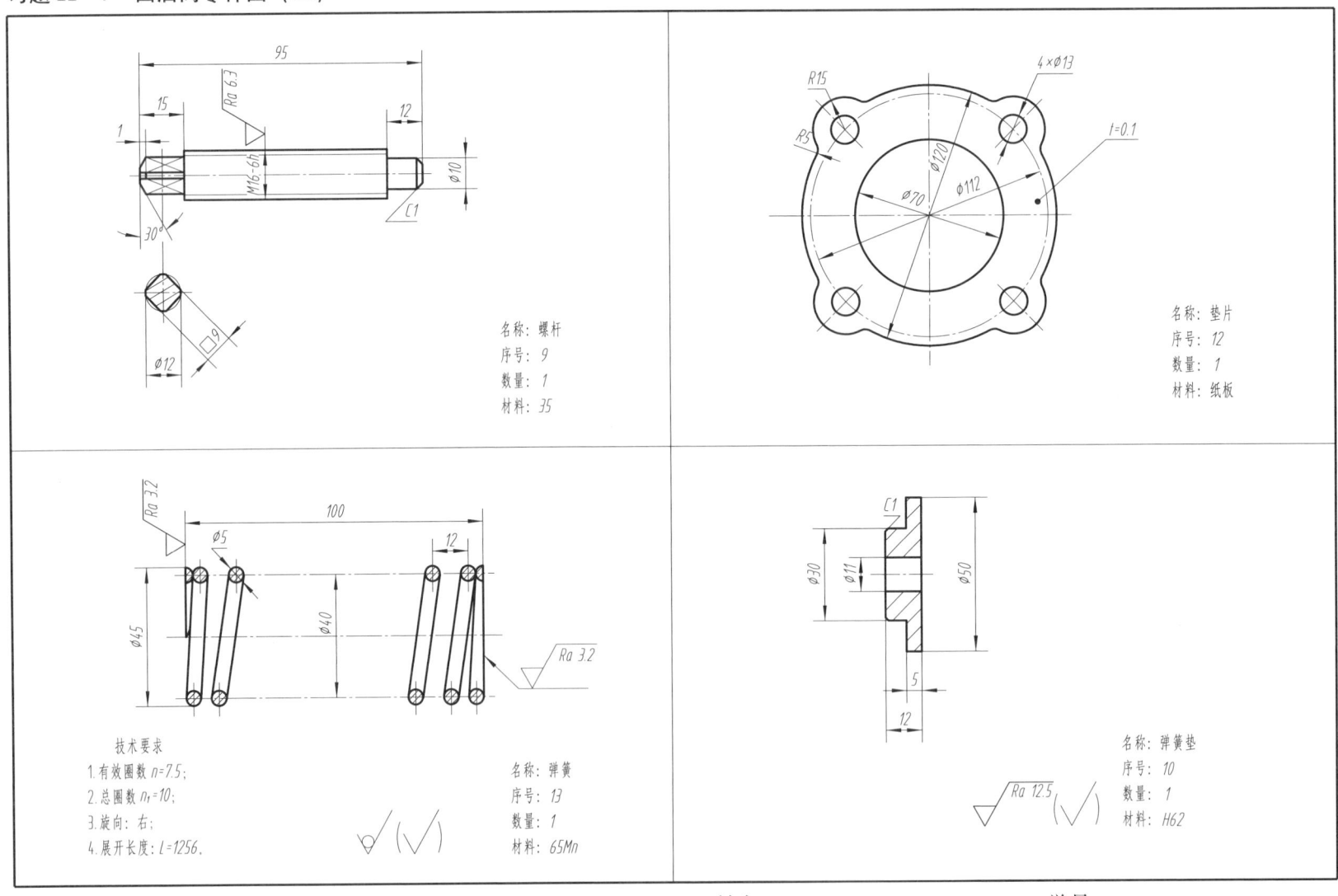

— 192 —

习题 11-8 读装配图，回答问题

读机用平口虎钳装配图，回答问题

1. 机用平口虎钳由_____种零件组成，其中标准件_____个。
2. 装配图由_____个图形组成。三个基本视图分别采用了_____剖视、_____剖视和_____剖视。另三个图形分别为_____图、_____图和_____画法。
3. 件 9 的中部为_____结构，其牙型为_____型，大径为_____，小径为_____，螺距为_____。
4. 件 9 右端的断面形状为_____形，两组相交的细实线代表其所在线框为_____面。
5. 图中的细虚线均为件_____的轮廓线。
6. 图中件 9、件 6 与件 5 是_____连接。
7. 活动钳身是依靠件_____带动而运动的，件 8 是通过件_____来固定的。
8. 图中 φ20H8/f8 是表示件_____与件_____为基_____制配合，配合性质为_____配合。在零件图上标注这一配合要求时，孔的标注方法是_____，轴的标注方法是_____。
9. 图中件 3 上两个小孔用于_____时。
10. 写出装配图中下列尺寸：
装配尺寸_____；
安装尺寸_____；
外形尺寸_____。
11. 简述机用平口虎钳的拆卸顺序。
12. 拆画固定钳身 1 的零件图。

专业：　　　　　　班级：　　　　　　姓名：　　　　　　学号：

习题 11-8　读装配图，回答问题

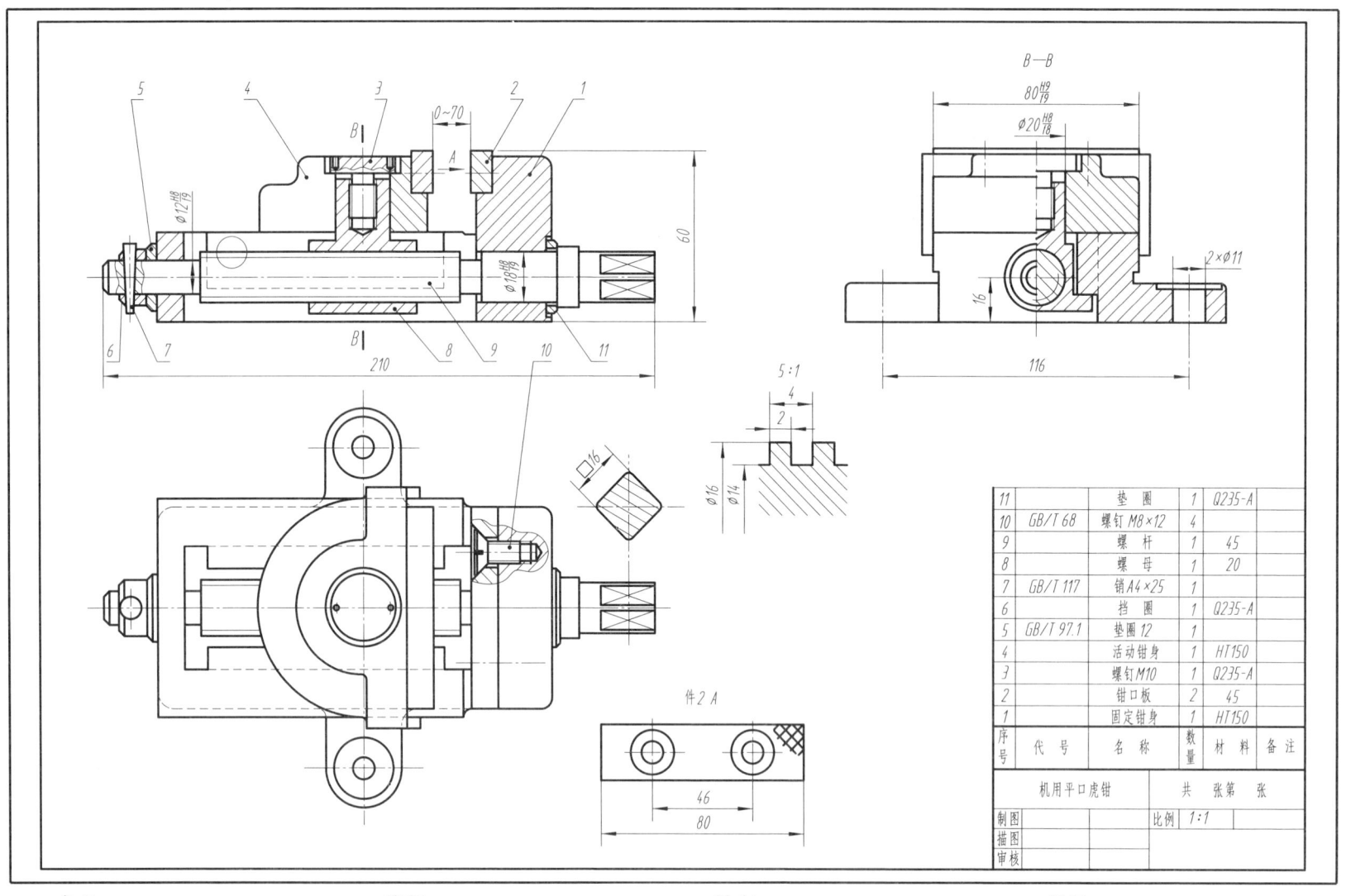

习题 11-9 看机油泵装配图，画出泵体、泵高的零件图

机油泵的工作原理及结构

机油泵是机器润滑系统中的一个部件，其工作原理如下图所示。

在泵体 2 内装有一对啮合的齿轮 3 和 6，齿轮的齿顶圆柱及侧面均与泵体内壁接触，因此各个齿的槽间均形成密封的工作空间，油泵的内腔被相互啮合的轮齿分为两个互不相通的空腔 a 和 b，分别与进油孔 m 和排油孔 n 相通。当主动齿轮按逆时针方向旋转时，吸油腔 a 处轮齿逐渐分离，工作空间的容积逐渐增大，形成部分真空，因此油箱中的油液在大气压力的作用下，经吸油管从泵体底部的吸油孔 m 进入油泵的低压区——吸油腔 a。进入各个齿槽间的油液在密封的工作空间中随齿轮的旋转，沿箭头方向被带到油泵的高压区——排油腔 b，因为这里的轮齿逐渐啮合，工作空间的容积逐渐缩小，所以齿槽间的油液被挤出，从排油孔 n 经油管输出。

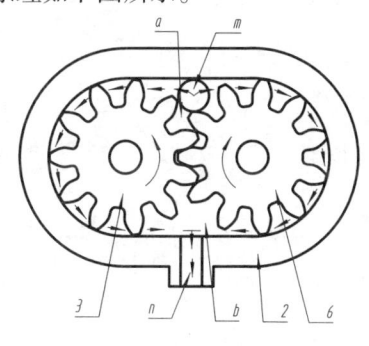

机油泵原理图

从机油泵的装配图中可看出，齿轮 3 和 6 装在泵体 2 上部的内腔中，泵盖 4 与泵体 2 间用四个螺栓 8 及弹簧垫圈 9 连接，并装有垫片 10 以防止漏油。主动齿轮 3 用销 5 固定在主动轴 1 上，由主动轴 1 带动旋转。从动轴 7 与泵体孔间采用过盈配合，因而该轴是不转动的，从动齿轮 6 活套在从动轴 7 上旋转。齿轮 6 中间的小孔，可使齿槽间的油液流入齿轮 6 与轴 7 间的配合面中，从而获得润滑。泵体下部的 $\phi 10$ 孔即为进油孔 m，前方的 $M12 \times 1$ 螺孔与管接头 17 连接，并用垫片 16 密封，此处即为排油孔 n，由此将油液输送到机器中需要润滑的部分。

在泵盖中还有一个安全阀，当输出管道中发生堵塞，则高压油可以顶开钢球，使弹簧 14 压缩，从而阀门打开，油液流回低压区返回油箱，从而起到安全保护作用。弹簧 14 的压力可用螺钉 11 调节以控制油压，螺钉 11 调节好后，再用螺母 12 锁紧。

作业指导书

1. 作业目的

在看懂部件装配图的基础上，培养由装配图拆画零件图的能力。

2. 内容与要求

（1）根据机油泵装配图上的尺寸，拆画泵体、泵盖的零件图。

（2）正确确定零件的形状和视图的表达方案。

（3）正确地标注零件图上的尺寸和技术要求。

3. 注意事项

（1）首先参看机油泵原理图和工作原理介绍，仔细阅读装配图，了解机油泵的工作用途、工作原理和零件间的装配关系，确定所拆零件的结构形状。

（2）根据零件的结构形状确定视图的表达方案。

（3）确定零件的尺寸：装配图注出的尺寸，应按尺寸数值注入零件图中，装配图中未注出的尺寸，应根据该零件的作用和加工工艺的要求，结合形体分析和结构分析，选择合适的基准，将尺寸注出。

（4）根据零件的作用参考有关资料确定表面粗糙度和技术要求。

（5）填写标题栏。

专业：　　　　班级：　　　　姓名：　　　　学号：

习题 11-9　看机油泵装配图，画出泵体、泵盖的零件图

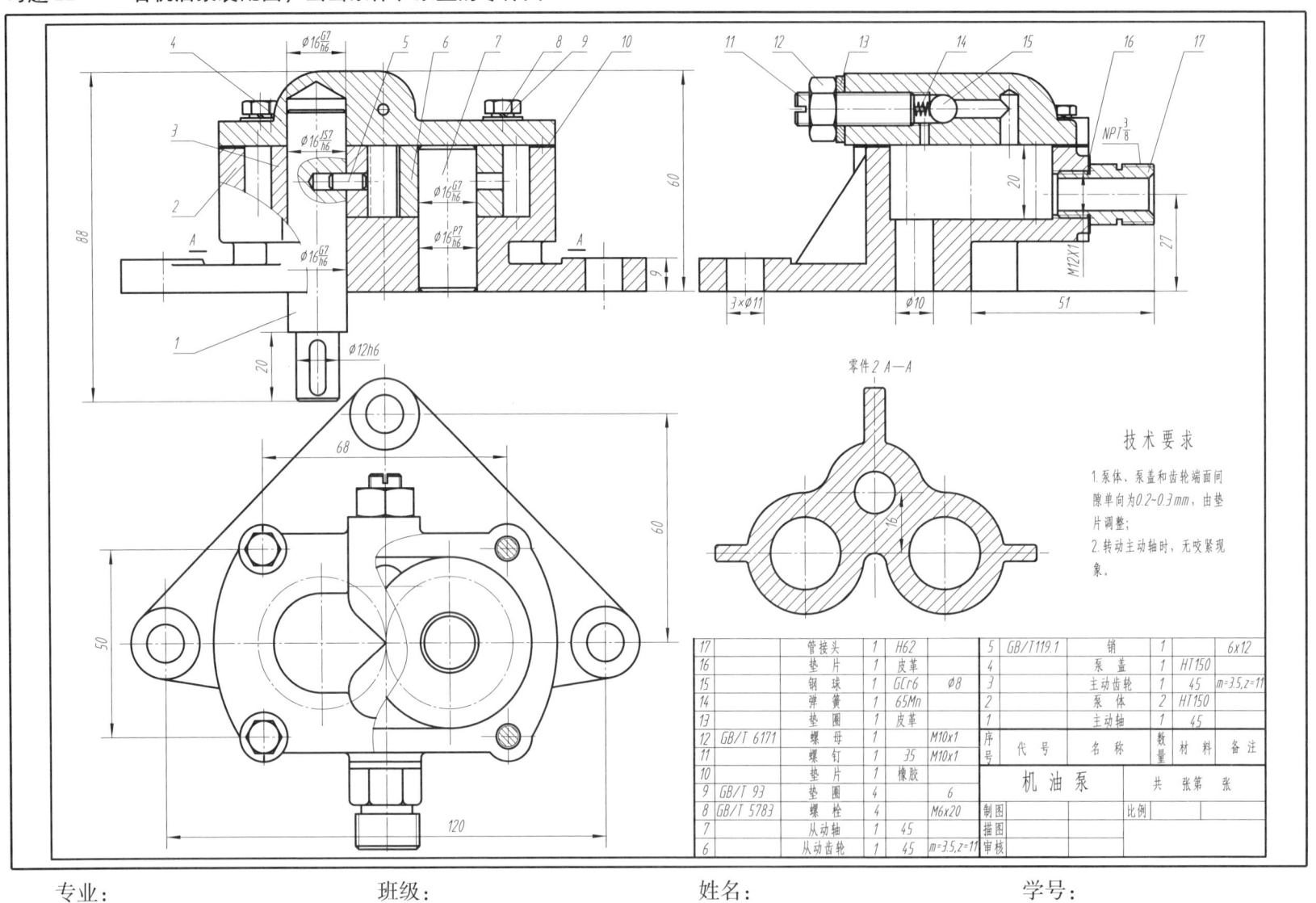

参 考 文 献

[1] 王兰美,殷昌贵. 画法几何与机械制图习题集 [M]. 北京:机械工业出版社,2007.
[2] 胡建生. 机械制图习题集 [M]. 北京:机械工业出版社,2009.
[3] 刘小年,王菊魁. 工程制图习题集 [M]. 2版. 北京:高等教育出版社,2009.
[4] 焦永和,林宏. 画法几何及机械制图习题集 [M]. 修订版. 北京:北京理工大学出版社,2011.
[5] 全国技术产品文件标准化技术委员会. 技术产品文件标准汇编:技术制图卷 [G]. 2版. 北京:中国标准出版社,2009.
[6] 全国技术产品文件标准化技术委员会. 技术产品文件标准汇编:机械制图卷 [G]. 北京:中国标准出版社,2009.